危险化学品安全丛书
（第二版）

“十三五”
国家重点出版物出版规划项目

应急管理部化学品登记中心
中国石油化工股份有限公司青岛安全工程研究院 组织编写
清华大学

工作场所化学品安全使用

李 涛 等编著
王 生 审

化学工业出版社
·北京·

内 容 简 介

《工作场所化学品安全使用》是“危险化学品安全丛书”（第二版）的一个分册。

本书以贯彻落实国家法律法规和标准为目的，编写过程中借鉴了国际化学品安全和健康管理的通用要求，结合职业健康风险评估理论和实践，为促进工作场所化学品的安全生产、使用和健康管理提供系统性知识。内容主要包括化学品安全使用主要法律法规和标准、化学品形态和危害、化学品毒性效应、职业性化学中毒及预防、化学品火灾和爆炸危险、危险化学品管理、化学品危害控制、健康风险评估、实验室的化学品安全使用、个体防护装备、化学事故应急救援及案例、化学品安全使用的行为干预等章节。

本书内容全面、实用，对于工作场所化学品安全使用和管理具有重要的指导作用，可供生产、使用危险化学品的企业、环境安全健康管理人员、职业安全卫生监管人员、技术人员以及高等学校相关专业师生学习参考。

图书在版编目（CIP）数据

工作场所化学品安全使用/应急管理部化学品登记中心，中国石油化工股份有限公司青岛安全工程研究院，清华大学组织编写；李涛等编著. —北京：化学工业出版社，2021.9

（危险化学品安全丛书：第二版）

“十三五”国家重点出版物出版规划项目

ISBN 978-7-122-39470-5

Ⅰ.①工…　Ⅱ.①应…②中…③清…④李…　Ⅲ.①化学品-危险物品管理　Ⅳ.①TQ086.5

中国版本图书馆 CIP 数据核字（2021）第 130705 号

责任编辑：杜进祥　高　震　　　文字编辑：向　东

责任校对：李雨晴　　　装帧设计：韩　飞

出版发行：化学工业出版社（北京市东城区青年湖南街 13 号　邮政编码 100011）

印　　装：三河市延风印装有限公司

710mm×1000mm　1/16　印张 17¾　字数 302 千字　　2022 年 1 月北京第 1 版第 1 次印刷

购书咨询：010-64518888　　　售后服务：010-64518899

网　　址：http://www.cip.com.cn

凡购买本书，如有缺损质量问题，本社销售中心负责调换。

定　　价：88.00 元

“危险化学品安全丛书”（第二版）编委会

嵇建军　中国石油和化学工业联合会，教授级高级工程师
江桂斌　中国科学院生态环境研究中心，中国科学院院士
姜　威　中南财经政法大学，教授
蒋军成　南京工业大学/常州大学，教授
李　涛　中国疾病预防控制中心职业卫生与中毒控制所，主任医师
李运才　应急管理部化学品登记中心，教授级高级工程师
卢林刚　中国人民警察大学，教授
鲁　毅　北京风控工程技术股份有限公司，教授级高级工程师
路念明　中国化学品安全协会，教授级高级工程师
骆广生　清华大学，教授
吕　超　北京化工大学，教授
牟善军　中国石油化工股份有限公司青岛安全工程研究院，教授级高级工程师
钱　锋　华东理工大学，中国工程院院士
钱新明　北京理工大学，教授
粟镇宇　上海瑞迈企业管理咨询有限公司，高级工程师
孙金华　中国科学技术大学，教授
孙丽丽　中国石化工程建设有限公司，中国工程院院士
孙万付　中国石油化工股份有限公司青岛安全工程研究院/应急管理部化学品登记中心，教授级高级工程师
涂善东　华东理工大学，中国工程院院士
万平玉　北京化工大学，教授
王　成　北京理工大学，教授
王凯全　常州大学，教授
王　生　北京大学，教授
卫宏远　天津大学，教授
魏利军　中国安全生产科学研究院，教授级高级工程师
谢在库　中国石油化工集团有限公司，中国科学院院士
胥维昌　中化集团沈阳化工研究院，教授级高级工程师
杨元一　中国化工学会，教授级高级工程师
俞文光　浙江中控技术股份有限公司，高级工程师
袁宏永　清华大学，教授
袁纪武　应急管理部化学品登记中心，教授级高级工程师

张来斌　中国石油大学（北京），教授
赵东风　中国石油大学（华东），教授
赵劲松　清华大学，教授
赵由才　同济大学，教授
郑小平　清华大学，教授
周伟斌　化学工业出版社，编审
周　炜　交通运输部公路科学研究院，研究员
周竹叶　中国石油和化学工业联合会，教授级高级工程师

本书编委会

主　任：李　涛　中国疾病预防控制中心职业卫生与中毒控制所，主任医师

副主任：李朝林　中国疾病预防控制中心职业卫生与中毒控制所，研究员

马文军　北京大学医学部，副教授

凌瑞杰　湖北省中西医结合医院/湖北省职业病医院，主任医师

王焕强　中国疾病预防控制中心职业卫生与中毒控制所，研究员

王忠旭　中国疾病预防控制中心职业卫生与中毒控制所，研究员

李　霜　中国疾病预防控制中心职业卫生与中毒控制所，研究员

李　珏　北京市化工职业病防治院，研究员

丁春光　国家卫生健康委职业安全卫生研究中心，副研究员

邱　兵　中国民用航空局民用航空医学中心，副研究员

王恩业　3M中国有限公司，高级工程师

委　员（按姓氏笔画排序）：

丁晓文　北京市化工职业病防治院，高级工程师

王会宁　北京市化工职业病防治院，副主任医师

王红松　南京海关危险货物与包装检测中心，高级工程师

牛东升　北京市化工职业病防治院，副研究员

尹　艳　上海市疾病预防控制中心，主任医师

朱晓俊　国家卫生健康委职业安全卫生研究中心，研究员

刘　飞　湖北省中西医结合医院/湖北省职业病医院，主治医师

刘洪涛　军事医学科学院卫生学环境医学研究所，教授

汤礼军　南京海关，二级研究员

李丹丹　黑龙江省第二医院，主任医师

杨　强　中国民航科学技术研究院，副研究员

邹志辉　广东药科大学，高级实验室

张　星　中国疾病预防控制中心职业卫生与中毒控制所，研究员

陈青松　广东药科大学，主任医师

陈章健　北京大学医学部，讲师
邵　华　山东省职业卫生与职业病防治研究院，研究员
贾　光　北京大学医学部，教授
徐　沙　湖北省中西医结合医院/湖北省职业病医院，副主任医师
程东浩　中国民航科学技术研究院，副研究员

学术秘书：

朱晓俊　国家卫生健康委职业安全卫生研究中心，研究员

丛书序言

人类的生产和生活离不开化学品（包括医药品、农业杀虫剂、化学肥料、塑料、纺织纤维、电子化学品、家庭装饰材料、日用化学品和食品添加剂等）。化学品的生产和使用极大丰富了人类的物质生活，推进了社会文明的发展。如合成氨技术的发明使世界粮食产量翻倍，基本解决了全球粮食短缺问题；合成染料和纤维、橡胶、树脂三大合成材料的发明，带来了衣料和建材的革命，极大提高了人们生活质量……化学工业是国民经济的支柱产业之一，是美好生活的缔造者。近年来，我国已跃居全球化学品第一生产和消费国。在化学品中，有一大部分是危险化学品，而我国危险化学品安全基础薄弱的现状还没有得到根本改变，危险化学品安全生产形势依然严峻复杂，科技对危险化学品安全的支撑保障作用未得到充分发挥，制约危险化学品安全状况的部分重大共性关键技术尚未突破，化工过程安全管理、安全仪表系统等先进的管理方法和技术手段尚未在企业中得到全面应用。在化学品的生产、使用、储存、销售、运输直至作为废物处置的过程中，由于误用、滥用，化学事故处理或处置不当，极易造成燃烧、爆炸、中毒、灼伤等事故。特别是天津港危险化学品仓库“8·12”爆炸及江苏响水“3·21”爆炸等一些危险化学品的重大着火爆炸事故，不仅造成了重大人员伤亡和财产损失，还造成了恶劣的社会影响，引起党中央国务院的重视和社会舆论广泛关注，使得“谈化色变”“邻避效应”以及“一刀切”等问题日趋严重，严重阻碍了我国化学工业的健康可持续发展。

危险化学品的安全管理是当前各国普遍关注的重大国际性问题之一，危险化学品产业安全是政府监管的重点、企业工作的难点、公众关注的焦点。危险化学品的品种数量大，危险性类别多，生产和使用渗透到国民经济各个领域以及社会公众的日常生活中，安全管理范围包括劳动安全、健康安全和环境安全，危险化学品安全管理的范围包括从“摇篮”到“坟墓”的整个生命周期，即危险化学品生产、储存、销售、运输、使用以及废弃后的处理处置活动。“人民安全是国家安全的基石。”过去十余年来，科技部、国家自然科学基金委员会等围绕危险化学品安全设置了一批重大、重点项目，取得了示范性成果，愈来愈多的国内学者投身于危险化学品安全领域，推动了危险化学品安全技术与管理方法的不断创新。

自2005年“危险化学品安全丛书”出版以来，经过十余年的发展，危险化学品安全技术、管理方法等取得了诸多成就，为了系统总结、推广普及危险化学品安全领域的新技术、新方法及工程化成果，由应急管理部化学品登记中心、中国石油化工股份有限公司青岛安全工程研究院、清华大学联合组织编写了“十三五”国家重点出版物出版规划项目“危险化学品安全丛书”（第二版）。

丛书的编写以党的十九大精神为指引，以创新驱动推进我国化学工业高质量发展为目标，紧密围绕安全、环保、可持续发展等迫切需求，对危险化学品安全新技术、新方法进行阐述，为减少事故，践行以人民为中心的发展思想和“创新、协调、绿色、开放、共享”五大发展理念，树立化工（危险化学品）行业正面社会形象意义重大。丛书全面突出了危险化学品安全综合治理，着力解决基础性、源头性、瓶颈性问题，推进危险化学品安全生产治理体系和治理能力现代化，系统论述了危险化学品从“摇篮”到“坟墓”全过程的安全管理与安全技术。丛书包括危险化学品安全总论、化工过程安全管理、化学品环境安全、化学品分类与鉴定、工作场所化学品安全使用、化工过程本质安全化设计、精细化工反应风险与控制、化工过程安全评估、化工过程热风险、化工安全仪表系统、危险化学品储运、危险化学品消防、危险化学品企业事故应急管理、危险化学品污染防治等内容。丛书是众多专家多年潜心研究的结晶，反映了当今国内外危险化学品安全领域新发展和新成果，既有很高的学术价值，又对学术研究及工程实践有很好的指导意义。

相信丛书的出版，将有助于读者了解最新、较全的危险化学品安全技术和管理方法，对减少化学品事故、提高危险化学品安全科技支撑能力、改变人们“谈化色变”的观念、增强社会对化工行业的信心、保护环境、保障人民健康安全、实现化工行业的高质量发展具有重要意义。

中国工程院院士 陈丙珍

中国工程院院士

2020年10月

丛书第一版序言

危险化学品，是指那些易燃、易爆、有毒、有害和具有腐蚀性的化学品。危险化学品是一把双刃剑，它一方面在发展生产、改变环境和改善生活中发挥着不可替代的积极作用；另一方面，当我们违背科学规律、疏于管理时，其固有的危险性将对人类生命、物质财产和生态环境的安全构成极大威胁。危险化学品的破坏力和危害性，已经引起世界各国、国际组织的高度重视和密切关注。

党中央和国务院对危险化学品的安全工作历来十分重视，全国各地区、各部门和各企事业单位为落实各项安全措施做了大量工作，使危险化学品的安全工作保持着总体稳定，但是安全形势依然十分严峻。近几年，在危险化学品生产、储存、运输、销售、使用和废弃危险化学品处置等环节上，火灾、爆炸、泄漏、中毒事故不断发生，造成了巨大的人员伤亡、财产损失及环境重大污染，危险化学品的安全防范任务仍然相当繁重。

安全是和谐社会的重要组成部分。各级领导干部必须树立以人为本的执政理念，树立全面、协调、可持续的科学发展观，把人民的生命财产安全放在第一位，建设安全文化，健全安全法制，强化安全责任，推进安全科技进步，加大安全投入，采取得力的措施，坚决遏制重特大事故，减少一般事故的发生，推动我国安全生产形势的逐步好转。

为防止和减少各类危险化学品事故的发生，保障人民群众生命、财产和环境安全，必须充分认识危险化学品安全工作的长期性、艰巨性和复杂性，警钟长鸣，常抓不懈，采取切实有效措施把这项“责任重于泰山”的工作抓紧抓好。必须对危险化学品的生产实行统一规划、合理布局和严格控制，加大危险化学品生产经营单位的安全技术改造力度，严格执行危险化学品生产、经营销售、储存、运输等审批制度。必须对危险化学品的安全工作进行总体部署，健全危险化学品的安全监管体系、法规标准体系、技术支撑体系、应急救援体系和安全监管信息管理系统，在各个环节上加强对危险化学品的管理、指导和监督，把各项安全保障措施落到实处。

做好危险化学品的安全工作，是一项关系重大、涉及面广、技术复杂的系统工程。普及危险化学品知识，提高安全意识，搞好科学防范，坚持化害为利，是各级党委、政府和社会各界的共同责任。化学工业出版社组织编写的“危险化学品安全丛书”，围绕危险化学品的生产、包装、运输、储存、营销、使用、消防、事故应急处理等方面，系统、详细地介绍了相关理论知识、先进工艺技术和科学管理制度。相信这套丛书的编辑出版，会对普及危险化学品基本知识、提高从业人员的技术业务素质、加强危险化学品的安全管理、防止和减少危险化学品事故的发生，起到应有的指导和推动作用。

李毅中

2005 年 5 月

前言

《工作场所化学品安全使用》作为“危险化学品安全丛书”（第二版）的一个分册，以贯彻落实国家相关法律法规和标准、保护劳动者健康为目的，以工作场所安全使用化学品为核心内容，借鉴国际化学品安全健康管理的通用要求，结合职业健康风险评估理论和实践，旨在通过系统介绍与化学品安全使用相关的法律法规和标准、化学品健康风险评估与风险管理、化学品危害控制以及劳动者行为因素干预等知识，以促进工作场所化学品的安全生产和使用。

本书以工作场所安全使用化学品为核心内容，重点从人的角度系统论述工作场所化学品的管理及安全使用。本书内容全面、实用，涵盖与化学品安全使用有关的法律法规和标准、化学品的形态和危害、化学品的健康风险评估、化学品管理与危害控制、化学事故应急救援以及行为干预等，对于工作场所化学品的安全使用和管理具有重要的指导作用，可作为生产、使用危险化学品的企业职业卫生管理人员、各级职业卫生监管人员、职业卫生专业技术人员以及高等学校相关专业师生的学习参考资料。

本书在编写过程中，对近年国内外与化学品安全相关的最新研究成果进行了分析整合，以化学品的理化特性和毒理学性质为基础，努力实现化学品危害辨识、检测评价、预防干预、管理等全链条的预防控制，以帮助用人单位职业卫生管理人员和劳动者、职业卫生监督执法及专业技术人员正确认识和把握化学品危害控制的规律，提高化学品职业安全卫生管理水平。

本书是国家重点基础研究（973）项目“环境化学污染物（ECPs）致机体损伤及其防御的基础研究（2002CB512910）”、科技部社会公益研究专项“重要职业病和职业危害调查与防治技术研究（2002DIA40021）”、国家科技支撑计划课题“职业有害因素检测评估及职业中毒等重要职业病防治研究（2014BAI12B01）：职业中毒与职业性肺病的诊断与治疗技术研究”、“十一五”科技支撑项目“高危职业危害监测预警与防治关键技术研究（2006BAK05B02）”、卫生行业科研专项“职业卫生检测与健康监护技术研究分题：DR尘肺病诊断技术（200902006）”等项目及科研成果的结晶，在此对国家科技部、国家卫生健康委员会等多年来的鼎力支持表示衷心感谢。

本书共8章，其中第一章由李涛、王焕强、张星编写，第二章由李涛、马文军、陈章健、贾光、凌瑞杰、李丹丹、邱兵、程东浩、杨强、刘洪涛编写，第三章由李朝林、汤礼军、王红松编写，第四章由朱晓俊、李珏、邵华、王忠旭、李涛、牛东升、王会宁、丁晓文编写，第五章由丁春光、邹志辉、陈青松编写，第六章由王恩业、王忠旭编写，第七章由凌瑞杰、李丹丹、徐沙、刘飞编写，第八章由李霜、尹艳编写。北京大学医学部王生教授对本书提出了许多宝贵意见，在此表示衷心感谢。

本书作者是一批热爱职业卫生事业，具有职业卫生与职业医学理论及实践经验、求真务实的专家和学者。在编写过程中，倾注了大量的心血。但限于作者的水平，在编写过程中难免出现不足，敬请读者指正并提出宝贵意见。

中国疾病预防控制中心　职业卫生首席专家　李涛

2020年5月

目 录

第一章 绪论 1

第一章 绪论

第一节 概述

形形色色的化学品广泛存在于人们的日常物品和周围环境中，成为人们日常生活、工作的一部分，尤其是随着科学技术的飞速发展，各种新化学品产生的速度愈来愈快。据有关资料报道，20 世纪 50 年代，全球化学品的年产量在百万吨数量级，20 世纪末，化学品的年产量已超过 4 亿吨。美国环境保护署（EPA）化学品清单列出约 84000 种可以商用的化学品；欧盟市场估计有超过 14 万种化学品。此外，每年约生产千余种新的化学品，估计目前开发利用的化学品多达 10 万种以上。可以说，化学品的应用越来越广泛，改善了人们的生活质量，提高了人们的生活水平，为全球经济、生活水平和人类健康做出了重要贡献，在人们的生产、生活中发挥着不可替代的作用[1-4]。在农业领域，作为杀虫剂、除草剂、化肥等广泛应用的农用化学品极大地促进了农作物的生长，提高了各类果品、粮食的产量。在医疗领域，用于治疗各类疑难病症，包括心脏病、艾滋病、癌症的新药不断进入市场。在工业领域，碳纤维广泛应用于轻质材料的制造，陶瓷纤维用作绝缘材料并经常作为石棉的替代品。而丙烯酸胶黏剂、超强胶及在环境中能够生物降解的塑料，无不显示出化学品所发挥出的重要作用[5-7]。

化学品对健康、福祉、社会经济和环境既具有正面的影响，也有负面的影响。通常情况下，绝大多数化学品是“安全”的，如果使用得当，许多化学品可以给人们带来巨大的效益，为提高生活质量和健康水平做出显著贡献。然而，有些化学品具有高度危险性，如果管理不善，则可能对环境和人的安全健康带来极大的隐患。大到引起重大火灾、爆炸、毒物泄漏，导致人类生命和财产的重大损失；小到因日常接触化学品给广大劳动者带来不便，严重影响生活质量。据统计，目前市场上流通的化学品中，有近万种对人类构成较严重程度的危害，其中约200种被确认为致癌物，一些化学品或者和几种化学物质混合能引起人体损伤、疾病，某些化学品能导致足以致命的伤害，化学品误用还能导致火灾和爆炸[7-11]。研究表明，当前，许多发达国家化学品生产和使用的增长已放缓，但在许多发展中国家和经济转型国家，化学品生产和使用的增长却在迅速加速，且越来越成为全球扩张的驱动力。化学品生产和使用对环境和人类健康产生的影响也越来越得到重视，包括对空气、水和土壤污染及对野生生物等生态系统资源的不良影响，以及对急性、慢性疾病与失调等人类健康的影响[2]。

虽然近年来国际社会在完善化学品管理方面取得了一定进展，但不健全的化学品管理，如技术事故、自然灾害、恐怖活动等引起的化学品释放，对健康造成的影响依然是国际社会关注的全球公共卫生问题。对此，世界卫生组织（WHO）列出包括苯、二噁英和二噁英类物质、氟化物不足或过量、高度有害杀虫剂、镉、汞、空气污染、铅、砷、石棉在内的10种引起重大公共卫生关注的化学品[12]。红十字会与红新月会国际联合会估计，2000～2009年期间发生近3200起技术灾难，灾难引起的化学品释放导致约100000人丧生，超过150万人受到影响。WHO估计，在全球人类疾病负担当中，有25%以上是由于接触化学品等可预防的环境因素造成的。2004年WHO对化学品所致疾病负担进行了系统性评估，结果表明，因对特定化学品管理不健全导致的环境和职业接触造成490万人死亡，占死亡总人数的8.3%，并造成8600万伤残调整生命年（DALY，占总数的5.7%）。2012年全世界估计有193460人死于意外中毒，因意外中毒导致健康寿命损失超过1070万伤残调整生命年（DALY）。此外，每年有近100万人死于自杀，而化学品在这些死亡中占很大比例。如每年故意摄入农药导致意外死亡的人数估计有355000人，其中2/3的死亡人数出现在发展中国家，在这些国家意外中毒与过量接触及不当使用农药等有毒化学品密切相关[13-15]。

在近乎所有的工作活动中，包括生产过程以及化学品的处理、储存、运输和处置过程中劳动者都可能接触到不同形态的化学品，许多工作场所都存在某些化学风险。如在清洗、脱脂、颜料和涂料混合过程中及在高浓度的化合物稀释过程中，可接触有机溶剂；在制造加工固体状态的化学品过程中，可接触产生的长时间滞留在空气中的粉尘；在工业生产如焊接、制冷或其他各种化学工业，可能使用气体和蒸气状的化学品；在医疗行业，使用一些化学物质作为医用麻醉剂；在农业活动中，许多化学杀虫剂用于控制昆虫，农业劳动者可能接触某些农用化学品，如化肥、杀虫剂、除草剂；学校、研究机构、政府部门以及实验室也都或多或少地使用不同的化学品。此外，工作场所化学品的良好管理也与环境保护密切相关。因此，从工作场所入手，加强化学品的安全生产、安全使用和健康管理，采取相应的预防控制措施，有效减轻和降低化学品引起的重大火灾、爆炸、各种急慢性中毒的发生风险，是维护经济可持续发展、社会和谐稳定的重要手段。

目前，全球人口总数约为75.85亿人，其中就业人口33亿人，占总人口的41.85%，而非正规经济部门就业人口占全球劳动力的61%。我国现有就业人口7.76亿人，占总人口的56%。另外，就业人群平均大约1/3的时间是在工作场所度过的。因此，危险化学品带来的挑战是严峻的。提供良好的工作条件与环境，建立工作场所安全使用化学品的系统方法，健全完善化学品的管理，有效控制工作场所化学品的风险，保护工人免于接触有害化学品，对于保护劳动者、公众和环境的健康，具有重要的意义。

近年来，化学品的安全健康管理取得了新的进展，国际上不断更新有关化学品管理的通用要求，国内也相继制定和修订了一系列相关的法律法规和标准。为了健全危险化学品的安全管理、保护人类健康和生态环境，同时为尚未建立化学品分类制度的发展中国家提供安全管理化学品的框架，联合国相关组织制定了全球化学品统一分类和标签制度（Globally Harmonized System of Classification and Labelling of Chemicals，GHS），包括化学品对人体健康与环境的危害分类标签、化学品物理性安全标准与标签及分类方法，GHS已成为全球化学品安全管理的重要法规之一，目前已陆续被世界各国采纳。我国于2006年制定了《化学品分类、警示标签和警示性说明安全规范》系列标准（GB 20576～20602），并自2011年5月1日起强制实行GHS。2013年10月，国家发布GB 30000.2～30000.29—2013《化学品分类和标签规范》系列国家标准，替代现行的GB 20576～20602，并于2014年11月1日起正式实施。GHS分类标准为化学品的安全管理提供了全球一致的指南[16,17]。

在工作场所化学品风险评估、风险管理方面，国内也做了大量研究。主要集中在以下方面：一是对职业活动中因接触化学品所带来的健康风险的评估理论和方法开展了系统、深入的研究，并进行了大量的实践，制定了相应的风险评估标准；二是对工作场所化学有害因素职业接触限值的基础理论、限值的制定及应用等做了深入的研究，颁布并实施了新的工作场所化学有害因素职业接触限值；三是针对主要行业的职业危害开展了关键控制点技术研究；四是针对国家新增法定职业病开展了发病机制、早期监测检测、诊断救治技术研究；五是针对从事接触化学有害因素作业的劳动者开展健康管理和健康促进，积极推进健康企业建设，为工作场所化学品的安全使用提供了理论依据和实践基础。本书在编写过程中，对这些研究成果进行了有机整合，以化学品的理化和毒理学性质为基础，努力实现危害辨识、检测、评估、防护、干预、管理全链条的预防控制，有助于职业安全卫生监督执法人员、职业卫生专业技术人员以及用人单位的管理人员与劳动者正确认识和有效把握化学品危害控制的规律，提高化学品职业安全健康管理水平。

本书以职业健康为主，主要从人的角度系统介绍工作场所化学品的管理及安全使用，系统介绍了与工作场所化学品管理有关的法律法规、政策和标准以及国际化学品管理条约等，全面阐述了工作场所化学品的类型、特点、产生或存在的形态、劳动者接触的机会、进入机体的路径和途径、不同接触途径的特点、健康效应及类型、影响化学品对机体毒作用的因素、职业性化学中毒等，以及化学有害因素职业健康风险评估及风险管理的理论与方法，涵盖工作场所内可能接触化学品的作业活动，包括化学品的生产、搬运、储存、运输、废弃处理、作业活动导致的化学品排放以及化学品设备和容器的保养、维修和清洁等作业活动，旨在使每个有可能接触化学品的人都能了解这些化学品的危害和减少危害的方法。

随着中国特色社会主义发展到新阶段、新高度，进入到新时代，党和政府将健康中国建设提升至国家战略地位，做出了实施健康中国战略的重大决策部署，强调以人的健康为中心，将健康融入所有政策，全方位、全周期维护人民健康，提高人民健康水平，为新时期职业健康安全工作指明了方向。国务院印发的《关于实施健康中国行动的意见》，将实施职业健康保护行动纳入 15 项专项行动。本书的出版，对于普及工作场所安全使用化学品的知识、采取科学有效防控措施、切实保障劳动者健康权益将起到积极的推动作用。

第二节　化学品相关国际公约

一、《作业场所安全使用化学品公约》（第 170 号国际公约）

《作业场所安全使用化学品公约》制定的主要目的：①保证对所有的化学品做出评价以确定其危害性；②为雇主提供一定机制，可以从供货者处得到关于作业中使用的化学品的资料，这样他们能够有效地实施保护工人免受化学品危害的计划；③为工人提供关于其作业场所的化学品及适当防护措施的资料，以使他们能有效地参与保护计划；④制订关于此类计划的原则，以保证化学品的安全使用。

本公约适用于使用化学品的所有经济活动部门，但不适用于其在正常或合理可预见条件下的使用不造成工人接触有害化学品的物品，也不适用于各类有机物，但适用于有机物衍生的化学品。公约中“化学品”系指各类化学元素和化合物及其混合物，无论其为天然还是人造；“有害化学品”为有害或有适当资料指明其为有害的任何化学品；“作业场所使用化学品”指可能使工人接触化学制品的任何作业活动，包括化学品的生产、化学品的搬运、化学品的储存、化学品的运输、化学品废料的处置或处理、因作业活动导致的化学品的排放以及化学品设备和容器的保养、维修和清洁。

二、《作业场所安全使用化学品建议书》（第177号建议书）

《作业场所安全使用化学品建议书》共5章26款，包括总则、分类和有关措施（分类、标签和标志、化学品安全使用说明书）、雇主的责任（接触监视、作业场所的操作控制、医务监视、急救和紧急情况）、合作、工人的权利等，如建议书在化学品安全使用说明书第10款中规定了编制化学品安全使用说明书的标准，在说明书中应包含下列基本资料：①化学品产品和公司的识别（包括化学品的商品名称或通用名称及供货制造者的详情）；②成分/关于构成物的资料（以对其清楚地加以识别以便进行危害评估）；③对危害的识别；④急救措施；⑤消防措施；⑥事故性泄漏措施；⑦搬运和储存；⑧接触控制/人员防护（包括可能的监视工作场所接触的办法）；⑨物理和化学特性；⑩稳定性和反应性；⑪毒理学资料（包括进入人体的潜在途径以及与工作中遇到的其他化学制品或有害物产生协助作用的可能性）；⑫生态学资料；⑬处置方面的考虑；⑭关于运输方面的考虑；⑮关于规章制度的资料；⑯其他资料（包括化学品安全使用说明书的编制日期）。在接触监视第11款中规定，在工人接触有害化学品的情况下，应要求雇主：①限制接触此种化学品以保护工人的健康；②视需要判定、监视及记录工作场所化学品中悬浮物的成分；③工人及其代表和主管当局应能得到有关记录；④雇主应在主管当局确定的期限内保存本条所规定的记录。

三、《鹿特丹公约》

《鹿特丹公约》由30条正文和5个附件组成。其核心是要求各缔约方对某些极危险的化学品和农药的进出口实行一套决策程序，即事先知情同意（PIC）程序。公约对“化学品”“禁用化学品”“严格限用的化学品”“极为危险的农药制剂”等术语做了明确的定义。公约适用范围是禁用或严格限用的化学品、极为危险的农药制剂。公约以附件三的形式公布了第一批极危险的化学品和农药清单。其目标是通过国际贸易中的对某些危险化学品特性进行资料交流、为此类危险化学品的进出口制定一套国家决策程序并将这些程序通知缔约方，以促进缔约方在此类危险化学品的国际贸易中分担责任和开展合作，保护人类健康和环境免受此类化学品可能造成的危害，并推动以无害环境的方式加以使用。

《鹿特丹公约》明确规定，进行危险化学品和化学农药国际贸易各方必须进行信息交换。进口国有权获得其他国家禁用或严格限用的化学品的有关资料，从而决定是否同意、限制或禁止某一化学品将来进口到本国，并将这一决定通知出口国。出口国将把进口国的决定通知本国出口部门并做出安排，确保本国出口部门货物的国际运输不在违反进口国决定的情况下进行。

本公约不适用于：a. 麻醉药品和精神药物；b. 放射性材料；c. 废物；d. 化学武器；e. 药品，包括人用和兽用药品；f. 用作食品添加剂的化学品；g. 食品；h. 其数量不可能影响人类健康或环境的化学品，但不限于以下情况：i. 为了研究或分析而进口；ii. 个人为自己使用而进口，且就个人使用而言数量合理。

第三节　化学品相关法律

一、《中华人民共和国安全生产法》

安全生产关系人民群众的生命财产安全，关系改革发展和社会稳定大局[18]。《中华人民共和国安全生产法》共 7 章，包括总则、生产经营单位的安全生产保障、从业人员的安全生产权利义务、安全生产的监督管理、生产安全事故的应急救援与调查处理、法律责任和附则，适用于在中华人民共和国领域内从事生产经营活动的单位（统称生产经营单位）的安全生产。不属于生产经营活动中的安全问题，如公共场所领域活动中的安全问题，就不属于本法的调整范围。

安全生产是指在生产经营活动中，为避免发生人员伤害和财产损失的事故，有效消除或控制危险和有害因素而采取一系列措施，使生产过程在符合规定的条件下进行，以保证从业人员的人身安全与健康以及设备和设施免受损坏、环境免遭破坏，保证生产经营活动得以顺利进行的相关活动。这里生产经营活动既包括资源的开采活动、各种产品的加工和制作活动，也包括各类工程建设和商业、娱乐业以及其他服务经营活动。

安全生产工作应当以人为本，坚持安全发展，坚持“安全第一、预防为主、综合治理”的方针，强化和落实生产经营单位的主体责任，建立生产经营单位负责、职工参与、政府监管、行业自律和社会监督的机制。国家实行生产安全事故责任追究制度。所谓生产安全事故，是指生产经营单位在生产经营活动（包括与生产经营有关的活动）中突然发生的，伤害人身安全和健康、损坏设备设施或者造成直接经济损失，导致原生产经营活动（包括与生产经营活动有关的活动）暂时中止或永远终止的意外事件。

二、《中华人民共和国职业病防治法》

《中华人民共和国职业病防治法》是为了预防、控制和消除职业病危害，防治职业病，保护劳动者健康及其相关权益，促进经济发展制定的。本法一共7章88条，包括总则、前期预防、劳动过程中的防护与管理、职业病诊断与职业病病人保障、监督检查、法律责任和附则。本法所称职业病，是指企业、事业单位和个体经济组织等用人单位的劳动者在职业活动中，因接触粉尘、放射性物质和其他有毒有害因素而引起的疾病。职业病危害是指对从事职业活动的劳动者可能导致职业病的各种危害。职业病危害因素包括：职业活动中存在的各种有害的化学、物理、生物因素以及在作业过程中产生的其他职业有害因素。职业病的分类和目录由国务院卫生行政部门会同国务院劳动保障行政部门制定、调整并公布。本法确立了职业病防治工作坚持预防为主、防治结合的方针，要求建立用人单位负责、行政机关监管、行业自律、职工参与和社会监督的机制，实行分类管理、综合治理。

针对新的用工模式，本法还规定劳务派遣用工单位应当履行本法规定的用人单位的义务。

第四节 化学品相关法规[18]

一、《危险化学品安全管理条例》

《危险化学品安全管理条例》共8章，包括总则，生产、储存安全，使用安全，经营安全，运输安全，危险化学品登记与事故应急救援，法律责任和附则，共102条，是为加强危险化学品的安全管理、预防和减少危险化学品事故、保障人民群众生命财产安全、保护环境制定的国家法规，主要用于规范危险化学品生产、储存、使用、经营和运输的安全管理。

本条例所称危险化学品，是指具有毒害、腐蚀、爆炸、燃烧、助燃等性质，对人体、设施、环境具有危害的剧毒化学品和其他化学品。危险化学品安全管理，应当坚持“安全第一、预防为主、综合治理”的方针，强化和落实企业的主体责任。生产、储存、使用、经营、运输危险化学品的单位（统称危险化学品单位）的主要负责人对本单位的危险化学品安全管理工作全面负责。

二、《使用有毒物品作业场所劳动保护条例》

《使用有毒物品作业场所劳动保护条例》是为了保证作业场所安全使用有毒物品，预防、控制和消除职业中毒危害，保护劳动者的生命安全、身体健康及其相关权益，根据职业病防治法和其他有关法律、行政法规的规定制定的，主要用于规范作业场所使用有毒物品可能产生职业中毒危害的劳动保护，而有毒物品的生产、经营、储存、运输、使用和废弃处置的安全管理依照危险化学品安全管理条例执行。本条例共 8 章，包括总则、作业场所的预防措施、劳动过程的防护、职业健康监护、劳动者的权利与义务、监督管理、罚则和附则，共 71 条。

本条例按照有毒物品产生的职业中毒危害程度，将有毒物品分为一般有毒物品和高毒物品。国家对作业场所使用高毒物品实行特殊管理。一般有毒物品目录、高毒物品目录由国务院卫生行政部门会同有关部门依据国家标准制定、调整并公布。条例规定禁止使用童工。用人单位不得安排未成年人和孕期、哺乳期的女职工从事使用有毒物品的作业。

三、《易制毒化学品管理条例》

《易制毒化学品管理条例》是为了加强易制毒化学品管理，规范易制毒化学品的生产、经营、购买、运输和进出口行为，防止易制毒化学品被用于制造毒品，维护经济和社会秩序制定的。本条例共 8 章，包括总则，生产、经营管理，购买管理，运输管理，进口和出口管理，监督检查，法律责任和附则，共 45 条。

本条例规定国家对易制毒化学品的生产、经营、购买、运输和进出口实行分类管理与许可制度。条例将易制毒化学品分为三类，第一类是可以用于制毒的主要原料，第二类、第三类是可以用于制毒的化学配剂。条例附表列示了易制毒化学品的具体分类和品种。易制毒化学品的分类和品种需要调整的，由国务院公安部门会同国务院食品药品监督管理部门、安全生产监督管理部门、商务主管部门、卫生主管部门和海关总署提出方案，报国务院批准。省、自治区、直辖市人民政府认为有必要在本行政区域内调整分类或者增加本条例规定以外品种的，应当向国务院公安部门提出，由国务院公安部门会同国务院有关行政主管部门提出方案，报国务院批准。

2017 年 12 月 22 日，经国务院批准，4-苯胺基-*N*-苯乙基哌啶、*N*-苯乙基-4-哌啶酮、*N*-甲基-1-苯基-1-氯-2-丙胺和溴素、1-苯基-1-丙酮 5 种物质已列入《易制毒化学品管理条例》附表“易制毒化学品的分类和品种目录”[19]。

四、《农药管理条例》

《农药管理条例》是为了加强农药管理，保证农药质量，保障农产品质量安全和人畜安全，保护农业、林业生产和生态环境制定的。

本条例所称农药，是指用于预防、控制危害农业、林业的病、虫、草、鼠和其他有害生物以及有目的地调节植物、昆虫生长的化学合成或者来源于生物、其他天然物质的一种物质或者几种物质的混合物及其制剂。包括用于不同目的、场所的下列各类：①预防、控制危害农业、林业的病、虫（包括昆虫、蜱、螨）、草、鼠、软体动物和其他有害生物；②预防、控制仓储以及加工场所的病、虫、鼠和其他有害生物；③调节植物、昆虫生长；④农业、林业产品防腐或者保鲜；⑤预防、控制蚊、蝇、蜚蠊、鼠和其他有害生物；⑥预防、控制危害河流堤坝、铁路、码头、机场、建筑物和其他场所的有害生物。

本条例有 5 个配套规章，分别是《农药登记管理办法》《农药生产许可管理办法》《农药经营许可管理办法》《农药登记试验管理办法》《农药标签和说明书管理办法》。

五、《突发公共卫生事件应急条例》

《突发公共卫生事件应急条例》是依照《中华人民共和国传染病防治法》的规定，特别针对 2003 年防治非典型肺炎工作中暴露出的突出问题制定的，旨在有效预防、及时控制和消除突发公共卫生事件的危害，保障公众身体健康与生命安全，维护正常的社会秩序。

本条例所称突发公共卫生事件简称突发事件，是指突然发生，造成或者可能造成社会公众健康严重损害的重大传染病疫情、群体性不明原因疾病、重大食物和职业中毒以及其他严重影响公众健康的事件。

第五节　化学品相关规章

一、《危险化学品登记管理办法》

《危险化学品登记管理办法》是为了加强对危险化学品的安全管理，规范危险化学品登记工作，为危险化学品事故预防和应急救援提供技术、信息支持，根据《危险化学品安全管理条例》制定的。本办法共7章，包括总则，登记机构，登记的时间、内容和程序，登记企业的职责，监督管理，法律责任和附则，共34条。

本办法适用于危险化学品生产企业、进口企业（统称登记企业）生产或者进口《危险化学品目录》所列危险化学品的登记和管理工作。国家实行危险化学品登记制度。危险化学品登记实行企业申请、两级审核、统一发证、分级管理的原则。应急管理部负责全国危险化学品登记的监督管理工作。县级以上地方各级人民政府安全生产监督管理部门负责本行政区域内危险化学品登记的监督管理工作。原国家安全生产监督管理总局化学品登记中心（简称登记中心），现为应急管理部化学品登记中心，承办全国危险化学品登记的具体工作和技术管理工作。省、自治区、直辖市人民政府安全生产监督管理部门设立危险化学品登记办公室或者危险化学品登记中心（简称登记办公室），承办本行政区域内危险化学品登记的具体工作和技术管理工作。

二、《危险化学品经营许可证管理办法》

《危险化学品经营许可证管理办法》是为了严格危险化学品经营安全条件，规范危险化学品经营活动，保障人民群众生命、财产安全，根据《中华人民共和国安全生产法》和《危险化学品安全管理条例》制定的。本办法共6章，包括总则、申请经营许可证的条件、经营许可证的申请与颁发、经营许可证的监督管理、法律责任和附则，共42条。

本办法规定对危险化学品经营实行许可制度。经营危险化学品的企业，应当依照本办法取得危险化学品经营许可证（简称经营许可证）。未取得经营许可证，任何单位和个人不得经营危险化学品。

三、《危险化学品安全使用许可证实施办法》

《危险化学品安全使用许可证实施办法》是为了严格使用危险化学品从事生产的化工企业安全生产条件，规范危险化学品安全使用许可证的颁发和管理工作，根据《危险化学品安全管理条例》和有关法律、行政法规制定的。本办法共 7 章，包括总则、申请安全使用许可证的条件、安全使用许可证的申请、安全使用许可证的颁发、监督管理、法律责任和附则，共 49 条。

本办法适用于列入危险化学品安全使用许可适用行业目录、使用危险化学品从事生产并且达到危险化学品使用量的数量标准的化工企业（危险化学品生产企业除外）。使用危险化学品作为燃料的企业不适用本办法。企业应当依照本办法的规定取得危险化学品安全使用许可证（简称安全使用许可证）。安全使用许可证的颁发管理工作实行企业申请、市级发证、属地监管的原则。

四、《化学品物理危险性鉴定与分类管理办法》

《化学品物理危险性鉴定与分类管理办法》是为了规范化学品物理危险性鉴定与分类工作，根据《危险化学品安全管理条例》制定的。本办法共 4 章，包括总则、物理危险性鉴定与分类、法律责任和附则，共 23 条。

本办法制定主要基于：①我国于 1994 年 10 月加入了《作业场所安全使用化学品公约》（1990 年 6 月国际劳工组织第 170 号公约）。公约要求各成员国对所有化学品按其固有的安全和卫生方面的危险特性，进行评价分类，确定其危害性。②参照欧盟《化学品注册、评估、授权和限制制度》（REACH）等法规，对我国境内生产或进口化学品的成分进行鉴定、分类，以便保护人类健康和环境安全，提高我国化学工业的竞争力，以及研发无毒无害化合物的创新能力，增加化学品使用透明度，实现社会可持续发展。③根据《危险化学品安全管理条例》规定，我国对危险化学品的管理实行目录管理制度，但是大量未列入目录管理的化学品因缺少对其危害性的了解和相应措施没有跟上，导致事故多发。

本办法适用于对危险特性尚未确定的化学品进行物理危险性鉴定与分类，以及安全生产监督管理部门对鉴定与分类工作实施监督管理。本办法所称化学品，是指各类单质、化合物及其混合物。化学品物理危险性鉴定，是指依据有关国家标准或者行业标准进行测试、判定，确定化学品的燃烧、爆炸、腐蚀、助燃、自反应和遇水反应等危险特性。化学品物理危险性分类，是指依据有关国家标准或者行业标准，对化学品物理危险性鉴定结果或者相关数据资料进行评估，确定化学品的物理危险性类别。

五、《危险化学品建设项目安全监督管理办法》

《危险化学品建设项目安全监督管理办法》是为了加强危险化学品建设项目安全监督管理，规范危险化学品建设项目安全审查，根据《中华人民共和国安全生产法》和《危险化学品安全管理条例》等法律、行政法规制定的。本办法共 8 章，包括总则、建设项目安全条件审查、建设项目安全设施设计审查、建设项目试生产使用、建设项目安全设施竣工验收、监督管理、法律责任和附则，共 48 条。

本办法适用于中华人民共和国境内新建、改建、扩建危险化学品生产、储存的建设项目以及伴有危险化学品产生的化工建设项目（包括危险化学品长输管道建设项目，以下统称建设项目），其安全管理及其监督管理。危险化学品的勘探、开采及其辅助的储存，原油和天然气勘探、开采及其辅助的储存、海上输送，城镇燃气的输送及储存等建设项目，不适用本办法。本办法所称建设项目安全审查，是指建设项目的安全条件审查、安全设施的设计审查。建设项目的安全条件审查由建设单位申请，安全生产监督管理部门根据本办法分级负责实施。建设项目安全设施竣工验收由建设单位负责依法组织实施。建设项目未经安全审查和安全设施竣工验收的，不得开工建设或者投入生产使用。应急管理部指导、监督全国建设项目的安全审查和建设项目安全设施竣工验收的实施工作，并负责实施相关建设项目的安全审查。

六、《危险化学品重大危险源监督管理暂行规定》

《危险化学品重大危险源监督管理暂行规定》是为了加强危险化学品重大危险源的安全监督管理，防止和减少危险化学品事故的发生，保障人民群众生命财产安全，根据《中华人民共和国安全生产法》和《危险化学品安全管理条例》等有关法律、行政法规制定的。适用于从事危险化学品生产、储存、使用和经营的单位（统称危险化学品单位）的危险化学品重大危险源的辨识、评估、登记建档、备案、核销及其监督管理。城镇燃气、用于国防科研生产的危险化学品重大危险源以及港区内危险化学品重大危险源的安全监督管理，不适用本规定。本规定共6章，包括总则、辨识与评估、安全管理、监督检查、法律责任和附则，共37条。

本规定所称危险化学品重大危险源（简称重大危险源），是指按照国标《危险化学品重大危险源辨识》（GB 18218）辨识确定，生产、储存、使用或者搬运危险化学品的数量等于或者超过临界量的单元（包括场所和设施）。危险化学品单位是本单位重大危险源安全管理的责任主体，其主要负责人对本单位的重大危险源安全管理工作负责，并保证重大危险源安全生产所必需的安全投入。重大危险源安全监督管理实行属地监管与分级管理相结合的原则。县级以上地方人民政府安全生产监督管理部门按照有关法律、法规、标准和本规定，对本辖区内的重大危险源实施安全监督管理。

七、《危险化学品输送管道安全管理规定》

《危险化学品输送管道安全管理规定》是为了加强危险化学品输送管道的安全管理，预防和减少危险化学品输送管道生产安全事故，保护人民群众生命财产安全，根据《中华人民共和国安全生产法》和《危险化学品安全管理条例》制定的。适用于生产、储存危险化学品的单位在厂区外公共区域埋地、地面和架空的危险化学品输送管道及其附属设施（简称危险化学品管道）的安全管理。原油、成品油、天然气、煤层气、煤制气长输管道安全保护和城镇燃气管道的安全管理，不适用本规定。

八、《危险化学品目录（2015版）》和《剧毒化学品目录（2015版）》

《危险化学品目录（2015版）》明确了危险化学品的定义，即具有毒害、腐蚀、爆炸、燃烧、助燃等性质，对人体、设施、环境具有危害的剧毒化学品和其他化学品。其确定原则是依据《化学品分类和危险性公示　通则》(GB 13690—2009）等国家标准，从理化危险、健康危险和环境危险三个危险和危害特性类别中确定。本目录规定了剧毒化学品的定义和判定界限，说明了《危险化学品目录》各栏目的含义和其他的相关注意事项。其中危险化学品的分类采用了《化学品分类和标签规范》（GB 30000）系列国家标准，该系列标准执行《全球化学品统一分类和标签制度》（Globally Harmonized System of Classification and Labeling of Chemicals，简称GHS，又称“紫皮书”，是由联合国出版的指导各国控制化学品危害和保护人类健康与环境的规范性文件），其关于化学品危害的分类标准与联合国GHS第4修订版完全一致，共28个大项和81个小项。

《剧毒化学品目录（2015版）》用“备注”方式标识了所有剧毒化学品。剧毒化学品是指具有剧烈急性毒性危害的化学品，包括人工合成的化学品及其混合物和天然毒素，还包括具有急性毒性易造成公共安全危害的化学品。提高了剧烈急性毒性判定界限标准，其界限值为大鼠实验，经口$LD_{50}\leqslant5mg/kg$，经皮$LD_{50}\leqslant50mg/kg$，吸入（4h）$LC_{50}\leqslant100mL/m^3$（气体）或0.5mg/L（蒸气）或0.05mg/L（尘、雾）。经皮LD_{50}的实验数据，也可使用兔实验数据。2015版目录剧毒品由335种减少到148种，其中原有140种，新增8种。2015版目录共计有2828个序号、2998个品名，其中有CAS号的纯物质及其混合物有2823种（包括148种剧毒化学品），剩余的序号中有小部分属于类属编号。

由于2015版目录扩大了危险化学品的含义，采用了联合国GHS中关于化学品危害的评估标准，将化学品的潜在或慢性健康和环境危害也纳入分类考虑，大量以前未列入2002版目录的化学品也归类为危险化学品，数量巨大，无法在2015版目录中一一列明。因此，对于2015版目录中未列明的化学品，企业应委托专业机构按照GB 30000系列国家标准进行危害性的全面评估后，方可判断其是否属于危险化学品，不能简单地因产品未列入2015版目录而判断其为非危险化学品。

九、《重点监管的危险化学品名录》

涉及重点监管的危险化学品的生产、储存装置，原则上须由具有甲级资质的化工行业设计单位进行设计。2011年，国家安全生产监督管理总局公布了首批重点监管的危险化学品名录。重点监管的危险化学品是指列入《危险化学品目录》的危险化学品以及在温度20℃和标准大气压101.3kPa条件下属于以下类别的危险化学品：

① 易燃气体类别1（爆炸下限≤13%或爆炸极限范围≥12%的气体）；

② 易燃液体类别1（闭杯闪点<23℃并初沸点≤35℃的液体）；

③ 自燃液体类别1（与空气接触不到5min便燃烧的液体）；

④ 自燃固体类别1（与空气接触不到5min便燃烧的固体）；

⑤ 遇水放出易燃气体的物质类别1（在环境温度下与水剧烈反应所产生的气体通常显示自燃的倾向，或释放易燃气体的速度等于或大于每千克物质在任何1min内释放10L的任何物质或混合物）；

⑥ 三光气等光气类化学品。

2013 年公布了 14 种第二批重点监管的危险化学品名录。

十、《特别管控危险化学品目录（第一版）》

特别管控危险化学品是指固有危险性高、发生事故的安全风险大、事故后果严重、流通量大，需要特别管控的危险化学品。《特别管控危险化学品目录（第一版）》[20] 包括硝酸铵［（钝化）改性硝酸铵除外］、硝化纤维素（包括属于易燃固体的硝化纤维素）、氯酸钾、氯酸钠 4 种爆炸性化学品，氯、氨、异氰酸甲酯、硫酸二甲酯、氰化钠、氰化钾 6 种有毒化学品（包括有毒气体、挥发性有毒液体和固体剧毒化学品），液化石油气、液化天然气、环氧乙烷、氯乙烯、二甲醚 5 种易燃气体，汽油（包括甲醇汽油、乙醇汽油）、1,2-环氧丙烷、二硫化碳、甲醇、乙醇 5 种易燃液体，共四大类 20 种化学品。对列入《特别管控危险化学品目录（第一版）》的危险化学品应针对其产生安全风险的主要环节，在法律法规和经济技术可行的条件下，研究推进实施管控措施，最大限度降低安全风险，有效防范遏制重特大事故。

十一、《中国严格限制的有毒化学品名录》(2020 年)

凡进口或出口《中国严格限制的有毒化学品名录》(2020 年) 所列有毒化学品的，应按本公告及附件规定向环境保护部门申请办理有毒化学品进（出）口环境管理放行通知单。进出口经营者应交验有毒化学品进（出）口环境管理放行通知单，向海关办理进出口手续。

十二、《职业病危害因素分类目录》

职业病危害是指对从事职业活动的劳动者可能导致职业病的各种危害。职业病危害因素包括职业活动中存在的各种有害的化学、物理、生物因素以及在作业过程中产生的其他职业有害因素。《职业病防治法》第十六条规定，职业病危害因素分类目录由国务院卫生行政部门制定、调整并公布。

《职业病危害因素分类目录》中具体危害因素的遴选必须满足以下条件：①能够引起《职业病分类和目录》所列职业病；②在已发布的职业病诊断标准中涉及的致病因素，或已制定职业接触限值及相应检测方法；③具有一定数量的接触人群；④优先考虑暴露频率较高或危害较重的因素。

第六节　化学品相关国家标准

一、《化学品分类和标签规范》

《化学品分类和标签规范》（GB 30000）系列国标[18] 采纳了联合国《全球化学品统一分类和标签制度》（第四版）中大部分内容，与现行 26 项化学品分类和标签国标相比，新增了“吸入危害”和“对臭氧层的危害”等规定。GB 30000 系列的构架由表 1-1 所列标准构成。

表 1-1　GB 30000 系列标准构架

标准号	标准名称 化学品分类和标签规范　第××部分	替代标准
GB 30000.2—2013	爆炸物	GB 20576—2006
GB 30000.3—2013	易燃气体	GB 20577—2006
GB 30000.4—2013	气溶胶	GB 20578—2006
GB 30000.5—2013	氧化性气体	GB 20579—2006
GB 30000.6—2013	加压气体	GB 20580—2006
GB 30000.7—2013	易燃液体	GB 20581—2006
GB 30000.8—2013	易燃固体	GB 20582—2006
GB 30000.9—2013	自反应物质和混合物	GB 20583—2006
GB 30000.10—2013	自燃液体	GB 20585—2006
GB 30000.11—2013	自燃固体	GB 20586—2006
GB 30000.12—2013	自热物质和混合物	GB 20584—2006
GB 30000.13—2013	遇水放出易燃气体的物质和混合物	GB 20587—2006
GB 30000.14—2013	氧化性液体	GB 20589—2006
GB 30000.15—2013	氧化性固体	GB 20590—2006
GB 30000.16—2013	有机过氧化物	GB 20591—2006
GB 30000.17—2013	金属腐蚀物	GB 20588—2006
GB 30000.18—2013	急性毒性	GB 20592—2006
GB 30000.19—2013	皮肤腐蚀/刺激	GB 20593—2006

续表

标准号	标准名称 化学品分类和标签规范　第××部分	替代标准
GB 30000.20—2013	严重眼损伤/眼刺激	GB 20594—2006
GB 30000.21—2013	呼吸道或皮肤致敏	GB 20595—2006
GB 30000.22—2013	生殖细胞致突变性	GB 20596—2006
GB 30000.23—2013	致癌性	GB 20597—2006
GB 30000.24—2013	生殖毒性	GB 20598—2006
GB 30000.25—2013	特异性靶器官毒性　一次接触	GB 20599—2006
GB 30000.26—2013	特异性靶器官毒性　反复接触	GB 20601—2006
GB 30000.27—2013	吸入危害	
GB 30000.28—2013	对水生环境的危害	GB 20602—2006
GB 30000.29—2013	对臭氧层的危害	

二、《化学品分类和危险性公示　通则》

《化学品分类和危险性公示　通则》(GB 13690—2009)代替《常用危险化学品的分类及标志》(GB 13690—1992),对应于联合国GHS第二修订版(ST/SG/AC.10/30/Rev.2),与其一致性程度为等效。

三、《化学品分类和危险性象形图标识　通则》

《化学品分类和危险性象形图标识　通则》(GB/T 24774—2009)规定了化学品的物理危害、健康危害和环境危害分类及各类中使用的危险性象形图标识,适用于化学品的物理危害、健康危害和环境危害分类以及确定化学品危险性象形图标识。本标准参考了联合国GHS第二修订版,将化学品按其物理危害、健康危害及环境危害分为27类,制订了每类化学品危险性象形图标识。危险性象形图是一种图形构成,包括一个符号加上其他图形要素,如边界、背景图样或颜色,旨在传达具体的信息。

四、《职业性接触毒物危害程度分级》

《职业性接触毒物危害程度分级》(GBZ 230—2010)规定了职业性接触毒

物危害程度分级的依据，适用于职业性接触毒物危害程度的分级，也是工作场所职业病危害程度分级以及建设项目职业病危害程度评价的依据之一。本标准所指职业性接触毒物是指劳动者在职业活动中接触的以原料、成品、半成品、中间体、反应副产物和杂质等形式存在，并可经呼吸道、经皮肤或经口进入人体而对劳动者健康产生危害的物质。职业性接触毒物危害程度分级，是以毒物的急性毒性、扩散性、蓄积性、致癌性、生殖毒性、致敏性、刺激与腐蚀性、实际危害后果与预后等 9 项指标为基础的定级标准。分级原则是依据急性毒性、影响毒性作用的因素、毒性效应、实际危害后果等四大类 9 项分级指标进行综合分析，计算毒物危害指数确定。每项指标均按照危害程度分 5 个等级并赋予相应分值（轻微危害：0 分；轻度危害：1 分；中度危害：2 分；高度危害：3 分；极度危害：4 分）；同时根据各项指标对职业危害影响作用的大小赋予相应的权重系数。依据各项指标加权分值的总和即毒物危害指数确定职业性接触毒物危害程度的级别。

五、《工作场所职业病危害作业分级　第 2 部分：化学物》

《工作场所职业病危害作业分级　第 2 部分：化学物》（GBZ/T 229.2—2010）规定了从事有毒作业危害条件分级的技术规则，适用于用人单位职业性接触毒物作业的危害程度分级以及有毒作业场所的职业卫生监督，其目的在于评价工作场所生产性毒物作业的卫生状况，区分该作业对接触者危害程度的大小，在综合评估生产性毒物的健康危害程度、劳动者接触水平等基础上实施职业卫生监督管理时，应与生产性毒物控制和作业分级管理办法配套使用。根据本标准分级原则和基本要求，应在全面掌握化学物的毒性资料及毒性分级、劳动者接触生产性毒物水平和工作场所职业防护效果等要素的基础上进行分级，同时应考虑技术的可行性和分级管理的差异性。劳动者接触生产性毒物的水平由工作场所空气中毒物浓度、劳动者接触生产性毒物的时间和劳动者的劳动强度决定。

有毒作业分级依据包括化学物的危害程度、化学物的职业接触比值和劳动者的体力劳动强度三个要素的权重数，其中化学物的危害程度分轻度危害、中度危害、重度危害和极度危害四级，对应权重数（W_D）为 1～8 的等比数列；化学物的职业接触比值（B）为现场测量的工作场所空气中化学物质浓度与标准值之比，以 1 为分界线，对应权重数（W_B）为 0 和 B，职业接触限值包括时间加权平均容许浓度、短时间接触容许浓度或最高容许浓度三种；劳动者的体力劳动强度分轻、中、重和极重四种，对应权重数（W_L）为 1.0～2.5 的等差数列。根据三个权重的乘积大小，将作业场所危害程度分相对无害作业、轻度危害作业、中度危害作业和重度危害作业四级。根据不同分级进行差别管理。

六、《有毒作业场所危害程度分级》

《有毒作业场所危害程度分级》（AQ/T 4208—2010，后将标准号调整为WS/T 765—2010）规定了有毒作业场所危害程度的分级指标和方法，适用于有毒作业场所危害程度分级。本标准对有毒作业场所危害程度分级采用作业场所毒物浓度超标倍数作为分级指标，用 B 表示，包括时间加权平均浓度超标倍数、短时间接触浓度超标倍数和最高浓度超标倍数。通过计算，将有毒作业场所危害程度划分为三级：0 级、1 级和 2 级。其中，0 级表示有毒作业场所危害程度达到标准的要求，1 级表示超过标准的要求，2 级表示严重超过标准的要求。

七、《化学品毒性鉴定技术规范》

《化学品毒性鉴定技术规范》[21] 详细规定了化学品毒性鉴定的实验方法和操作规程。该规范所称化学品，系指工业用和民用的化学原料、中间体、产品等单分子化合物、聚合物以及不同化学物质组成的混合剂与产品；不包括法律、法规已有规定的食品、食品添加剂、化妆品、药品等。本规范包括急慢性毒性试验、致突变试验、致畸试验、生殖毒性试验、迟发神经毒性试验、致癌试验、代谢试验以及接触人群的观察等方面内容，规定了《化学品毒性鉴定管理规范》中 28 个试验方法，还补充了 14 个参考试验方法，基本满足了开展化学品毒性鉴定的需要。本规范试验方法不仅符合化学品毒性鉴定、农药安全性评价的要求，同时对保健食品、化妆品、饮用水等安全性评价也有十分重要的参考价值。

八、《化学品毒性鉴定管理规范》

《化学品毒性鉴定管理规范》[22] 共分 6 章、28 条，包括总则、鉴定机构、毒性鉴定、质量考核、监督管理和附则。本规范中化学品特指工业用和民用的合成或天然提取的化学物质，明确了中国疾病预防控制中心承担化学品毒性鉴定质量考核及技术指导的职责，由其每两年对化学品毒性鉴定机构开展一次现场评估和盲样考核，并向社会公布质量考核合格的鉴定机构名单，保证化学品毒性鉴定质量。

九、《化学品风险评估通则》

《化学品风险评估通则》(GB/T 34708—2017) 规定了化学品风险的原则、程序、基本内容和一般要求，适用于化学品风险评估。包含范围，术语、定义和缩略语，原则，程序，基本步骤和要求，以及附录 A 化学品危害（危险）分类，附录 B 风险评估报告格式示例。

十、《工作场所有害因素职业接触限值　第 1 部分：化学有害因素》

《工作场所有害因素职业接触限值　第 1 部分：化学有害因素》[23] (GBZ 2.1—2019) 是对 2007 年版本的最新修订。本标准规定了工作场所职业接触化学有害因素的卫生要求、检测评价及控制原则，适用于工业企业卫生设计及工作场所化学有害因素职业接触的管理、控制和职业卫生监督检查等，旨在指导用人单位采取预防控制措施，避免劳动者在职业活动过程中因过度接触化学有害因素而导致不良健康效应。

工作场所化学有害因素职业接触限值是用人单位评价工作场所卫生状况、劳动者接触化学有害因素程度以及防护措施控制效果的重要技术依据，是实施职业健康风险评估、风险管理及风险交流的重要工具，可作为设定工作场所职业病危害报警值的参考值，也是职业卫生监督管理部门实施职业卫生监督检查、职业卫生技术服务机构开展职业健康风险评估以及职业病危害评价的重要技术依据。本标准所称化学有害因素，包括工作场所存在或产生的化学物质、粉尘及生物因素。

十一、《危险化学品重大危险源辨识》

《危险化学品重大危险源辨识》(GB 18218) 规定了辨识危险化学品重大危险源的依据和方法。本标准适用于危险化学品的生产、使用、储存和经营等各企业或组织。不适用于：①核设施和加工放射性物质的工厂，但这些设施和工厂中处理非放射性物质的部门除外；②军事设施；③采矿业，但涉及危险化学品的加工工艺及储存活动除外；④危险化学品的运输；⑤海上石油天然气开采活动。

本标准根据临界量确定是否为重大危险源，对于某种或某类危险化学品规定的数量，若单元中的危险化学品数量等于或超过该数量，则该单元定为重大危险源。危险化学品重大危险源是指长期地或临时地生产、加工、使用或储存危险化学品，且危险化学品的数量等于或超过临界量的单元。

十二、《工作场所职业病危害警示标识》

《工作场所职业病危害警示标识》（GBZ 158—2003）规定了在工作场所设置的可以使劳动者对职业病危害产生警觉，并采取相应防护措施的图形标识、警示线、警示语句和文字，适用于可产生职业病危害的工作场所、设备及产品，根据工作场所实际情况，组合使用各类警示标识。标准规定了图形标识、警示线、警示语句、有毒物品作业岗位职业病危害告知卡、使用有毒物品作业警示标识的设置、其他职业病危害工作场所警示标识的设置、设备警示标识的设置、产品包装警示标识的设置、储存场所警示标识的设置和职业病危害事故现场警示线的设置。在四个规范性附录中规定了警示图形标准规格及设置、图形标识的分类及使用范围、基本警示语句、有毒物品作业岗位职业病危害告知卡。

十三、《化学品作业场所安全警示标志规范》

《化学品作业场所安全警示标志规范》（AQ/T 3047—2013）规定了化学品作业场所安全警示标志的有关定义、内容、编制与使用要求。本标准适用于化工企业生产、使用化学品的场所，储存化学品的场所以及构成重大危险源的场所。化学品作业场所安全警示标志以文字和图形符号组合的形式，表示化学品在工作场所所具的危险性和安全注意事项。标志要素包括化学品标识、理化特性、危险象形图、警示词、危险性说明、防范说明、防护用品说明、资料参阅提示语以及报警电话等。化学品作业场所安全警示标志应列明化学品的中文化学名称或通用名称，以及美国化学文摘号（CAS 号）。化学品标识要求醒目、清晰，位于标志的上方，名称应与化学品安全技术说明书中的名称一致。本标准采用原 GB 20576～20599、GB 20601、GB 20602（修订后为 GB 30000.2～30000.28 规定的危险象形图，表 1-2 列出了 9 种危险象形图对应的危险性类别。

根据化学品的危险程度和类别，用“危险”“警告”两个词分别进行危害程度的警示。根据 GB 30000.2～30000.28，选择不同类别危险化学品的警示词。警示词位于化学品名称的下方，要求醒目、清晰。

表 1-2 9 种危险象形图

危险象形图			
该图形对应的危险性类别	爆炸物,类别 1～3; 自反应物质,A、B 型; 有机过氧化物,A、B 型	压力下气体	氧化性气体; 氧化性液体; 氧化性固体
危险象形图			
该图形对应的危险性类别	易燃气体,类别 1; 易燃气溶胶; 易燃液体,类别 1～3; 易燃固体; 自反应物质,B～F 型; 自热物质; 自燃液体; 自燃物体; 有机过氧化物,B～F 型; 遇水放出易燃气体的物质	金属腐蚀物; 皮肤腐蚀/刺激,类别 1; 严重眼损伤/眼刺激,类别 1	急性毒性,类别 1～3
危险象形图			
该图形对应的危险性类别	急性毒性,类别 4; 皮肤腐蚀/刺激,类别 2; 严重眼损伤/眼刺激,类别 2A; 皮肤过敏	呼吸过敏; 生殖细胞突变性; 致癌性; 生殖毒性; 特异性靶器官系统毒性 一次接触; 特异性靶器官系统毒性 反复接触; 吸入危害	对水环境的危害,急性类别 1,慢性类别 1、2

十四、《废弃化学品收集技术指南》

《废弃化学品收集技术指南》（GB/T 34696—2017）规定了废弃化学品收集的术语和定义，一般规定，废弃化学品分类要求，废弃化学品收集要求，废弃化学品包装要求，废弃化学品标志、标签要求，废弃化学品储存要求，废弃化学品收集管理要求，安全和污染防治。本标准适用于废弃化学品产生者和废弃化学品经营者对废弃化学品进行分类、收集、储存和日常管理等相关活动。不适用于医疗废物、放射性废物以及涉及生物因子（微生物和生物活性物质）的生化废弃化学品。

十五、《废弃固体化学品分类规范》

《废弃固体化学品分类规范》（GB/T 31857—2015）规定了废弃固体化学品的分类和要求。按照行业来源分为八类：Ⅰ类，含有价金属的废弃固体化学品；Ⅱ类，废弃电池化学品；Ⅲ类，废弃电子化学品；Ⅳ类，废弃催化剂；Ⅴ类，废弃聚合物化学品；Ⅵ类，废弃油脂；Ⅶ类，工业废渣；Ⅷ类，其他废弃固体化学品。

本标准适用于指导废弃固体化学品的产生者和专业废弃固体化学品处理机构对可再利用的废弃固体化学品进行分类、收集、日常管理等。不适用于实验室、医疗、放射性废弃固体化学品。

十六、《废弃液体化学品分类规范》

《废弃液体化学品分类规范》（GB/T 36381—2018）规定了废弃液体化学品的术语和定义、分类方法、分类与代码和要求，附录A具体列出了废弃液体化学品的来源。本标准适用于废弃液体化学品的产生者和专业处理机构对废弃液体化学品的分类和资源回收利用。不适用于实验室、医疗、医药、放射性废弃液体化学品。

参考文献

[1] Robert Pool & Erin Rusc. Identifying and Reducing Environmental Health Risks of Chemicals in Our Society: Workshop Summary [N/OL]. Washington (DC): National Academies Press (US); 2014 10. 2. https: //www. ncbi. nlm. nih. gov/books/NBK268891/.

[2] United Nations Environment Programme. Global Chemicals Outlook Towards Sound Management of Chemicals [N/OL]. https://www.unenvironment.org/resources/report/global-chemicals-outlook-towards-sound-management-chemicals.
[3] International labour office. Safety in the use of chemicals at work [N/OL]. 1993-10. https://www.ilo.org/wcmsp5/groups/public/---ed_protect/---protrav/---safework/documents/normativeinstrument/wcms_107823.pdf.
[4] 金泰廙，王生，邬堂春，等. 现代职业卫生与职业医学 [M]. 北京：人民卫生出版社，2011.
[5] 周宗灿，李涛. 基因与环境的交互作用：健康危险评定与预警 [M]. 上海：上海科学技术出版社，2009.
[6] 李涛，王忠旭，张敏. 胶黏剂职业危害分析与控制技术 [M]. 北京：化学工业出版社，2009.
[7] 马骏，李涛. 实用职业卫生学 [M]. 北京：煤炭工业出版社，2017.
[8] 杨书宏. 作业场所化学品的安全使用 [M]. 北京：化学工业出版社，2005.
[9] 李涛，张敏. 职业中毒案例分析 [M]. 北京：中国科学技术出版社，2009.
[10] 孙承业. 中毒事件处置 [M]. 北京：人民卫生出版社，2013.
[11] 李涛，张敏，贺青华. 危险化学品使用手册 [M]. 北京：中国科学技术出版社，2007.
[12] World Health Organization. International Programme on Chemical Safety: Ten Chemicals of Major Public Health Concern [N/OL]. https://www.who.int/ipcs/assessment/public_health/chemicals_phc/zh/.
[13] World Health Organization. International Programme on Chemical Safety: Poisoning Prevention and Management [N/OL]. https://www.who.int/ipcs/poisons/zh/.
[14] World Health Organization. The Global Buden of Disease: 2004 update [N/OL]. https://www.who.int/healthinfo/global_burden_disease/2004_report_update/en/.
[15] World Health Organization. Report of the International Conference on Chemicals Management on the Work of Its Third Session [N/OL]. https://www.who.int/ipcs/capacity_building/chemicals_management/saicm_iccm3_cn.pdf? ua= 1.
[16] 化学品分类、警示标签和警示性说明安全规范 [S]. GB 20576～20593.
[17] 化学品分类和标签规范 [S]. GB 30000.
[18] 法律、法规和标准的识别和获取 [N/OL]. 中国化学品安全网. http://service.nrcc.com.cn/OnlineServices/SafeLaw? tid= 1.
[19] 关于将N-苯乙基-4-哌啶酮、4-苯胺基-N-苯乙基哌啶、N-甲基-1-苯基-1-氯-2-丙胺、溴素、1-苯基-1-丙酮5种物质列入易制毒化学品管理的公告 [N/OL]. [2017-12-22]. https://www.mem.gov.cn/gk/tzgg/yjbgg/201802/t20180208_230474.shtml.
[20] 特别管控危险化学品目录（2020年3号）[N/OL]. [2020-05-30]. https://www.mem.gov.cn/hd/zqyj/201910/t20191018_337802.shtml.
[21] 卫生部关于印发《化学品毒性鉴定技术规范》的通知（卫监督发〔2005〕272号）[N/OL]. [2005-07-11]. http://www.nhc.gov.cn/wjw/gfxwj/201304/784e4e34da0d46eba1dcf149ad74aff7.shtml.
[22] 国家卫生和计划生育委员会.《化学品毒性鉴定管理规范》解读 [N/OL]. [2015-06-16].
[23] 国家卫生健康委员会.《工作场所有害因素职业接触限值 第1部分：化学有害因素》解读 [N/OL]. [2019-09-09].

第二章

化学品形态和危害

研究发现，许多过去人们认为是安全的化学品事实上与某些疾病相关联。病症轻微到皮疹，严重到慢性伤害甚至癌症。尽管通过对疾病的研究使人们对化学品的毒性有了一定的了解，但是工作场所中还有许多正在使用的化学品，至今人们对其危害及影响仍不清楚。不知道其危害并不等于其没有危害，对所有的化学品都必须小心地处置。

工作场所化学品导致的危害是劳动者、用人单位和政府共同关心的问题。本章将讲述化学品如何影响使用者的健康，旨在提高劳动者认识化学品危害的能力，使化学品的使用者能够识别所使用化学品潜在的危险性，了解人体的功能以及受化学品侵害后的致病过程，以及如何处理和保护自己及其他工作人员，以采取相应的预防措施和必要的补救措施。

第一节　概　述

一、定义

为了了解化学品，本书使用的一些常用术语的定义[1,2] 如下。

① 化学品（chemicals），指单质、化合物以及其混合物，包括天然的或是合成的，但不包括微生物。

② 危险化学品（hazardous chemicals），是指具有毒害、腐蚀、爆炸、燃烧、助燃等性质，对人体、设施、环境具有危害的剧毒化学品和其他化学品。

③ 剧毒化学品（highly toxic chemicals），是指具有剧烈急性毒性危害的化学品，包括人工合成的化学品及其混合物和天然毒素，以及具有急性毒性易造成公共安全危害的化学品。

④ 危险化学品安全技术说明书（chemical safety data sheet，CSDS），根据化学品的性质，按照标准格式，描述化学品的危险性及防护等方面的信息。

⑤ 危害（risk），危及生命、健康、财产或环境的可能性。

⑥ 毒性（toxicity），指化学品引起中毒的潜在可能性，化学品的毒性差别很大。例如：某些化学品几滴可致人死亡，而另一些化学品则需很大的剂量，才能产生同样的效果。

⑦ 中毒（poisoning），一般来说，人体能够在一定限度内承受不同种类的化学品。但是当超过限量时，人体便不能处置这些化学物质，将引起中毒。

⑧ 急性效应（acute effect），短期暴露于大量或高浓度的有害化学品所造成的病症效应。

⑨ 慢性效应（chronic effect），在较长时间内重复暴露于某种化学品所引起的效应，这种效应可以是在许多年的暴露后才发觉。急性效应和慢性效应，可能在终止暴露和适当治疗后得到恢复，也可能导致长期的、持续的不可恢复的症状。

二、化学品的物理状态

工作场所存在或产生的化学品可以固体、液体、气体或气溶胶的形态广泛分布于生产作业场所的不同地点和空间，是在生产工艺过程中产生的最常见、危害作用最复杂的危害因素，劳动者在工作场所常见到或接触到的是固体化学品、液体化学品和气体化学品。

众所周知，固体化学品具有固定的形状，可能是粉尘（dust）、烟（fume）和雾（mist），如在机加工过程中可能会产生粉尘，在热加工过程中可能会产生烟雾等。粉尘、烟和雾又称为气溶胶。

粉尘，是指能较长时间悬浮在空气中的固体微粒。其粒子大小多在0.1～10μm。粉尘的大小分布可从肉眼可观察到（直径＞0.05mm）至肉眼看不见。由于空气动力学直径在7.07μm以下的粉尘可进入肺泡，因此也最具危害性。

烟，是悬浮在空气中的直径＜0.1μm的固体微粒。烟一般和熔融金属联系在一起，当熔化金属时，产生的蒸气在其上方迅速凝结成固体微粒，其大小一般在肉眼可见范围内。

雾，是浮于空气中的液体微滴。因蒸气冷凝或液体喷散而形成。一般在电镀、喷洒等作业过程中产生，在这些过程中液体被喷洒、溅射或发泡而变成小的液体微粒。

气体化学品盛装在容器或压力容器中，具有易压缩、易膨胀的性质，能充满整个容器。

气体（gas），在常温、常压条件（20℃和标准压力101.3kPa）或50℃时蒸气压强大于300kPa下完全呈气态的物质，如氧、氮、二氧化碳、二氧化硫、氯气等。

蒸气（vapor），物质或混合物由液体或固体状态释放出来的气体形态，凡沸点低、蒸气压大的物质均易形成蒸气。

液体化学品没有固定的形状，其形状依赖于盛装容器的形状，在使用过程中通常会产生蒸气、雾。

值得注意的是同种生产性毒物存在的形态常不是单个的、固定不变的。搞清生产性毒物存在的形态，可了解毒物进入机体的途径，为环境监测和生物监测提供依据，制定相应的防护措施[3,4]。

三、危险化学品的类型

依据GHS和《化学品分类和危险性公示　通则》（GB 13690—2009），根据危险化学品的理化、健康或环境危险的性质，可将其分为3大类[5,6]。

1. 理化危险

根据化学品固有的物理危险，可以分为：

（1）爆炸物　包括：①爆炸性物质和混合物；②爆炸性物品，但不包括所含爆炸性物质或混合物，由于其数量或特性，在意外或偶然点燃或引爆后，不会由于迸射、发火、冒烟或巨响而在装置之外产生任何效应；③在以上未提及的为产生实际爆炸或烟火效应而制造的物质、混合物和物品。

爆炸性物质（或混合物）是一种可通过化学反应产生气体，而产生气体的温度、压力和速度能对周围环境造成破坏的固态或液态物质（或物质的混合物）。其中也包括发火物质，即便它们不放出气体。发火物质（或发火混合物）是这样一种物质或物质的混合物，它旨在通过非爆炸自主放热化学反应产生的热、光、声、气体、烟或所有这些的组合来产生效应。

爆炸性物品是含有一种或多种爆炸性物质或混合物的物品。

烟火物品是包含一种或多种发火物质或混合物的物品。

（2）易燃气体　是在20℃和101.3kPa标准压力下，与空气有易燃范围的气体。

（3）易燃气溶胶（又称气雾剂） 指任何不可重新灌装的容器内装的强制压缩、液化或溶解的气体，包含或不包含液体、膏剂或粉末，配有释放装置，可使所装物质喷射出来，形成在气体中悬浮的固态或液态微粒或形成泡沫、膏剂或粉末或处于液态或气态。

（4）氧化性气体 是一般通过提供氧气，比空气更能导致或促使其他物质燃烧的任何气体。

（5）压力下气体 是指高压气体在压力等于或大于200kPa（表压）下装入贮器的气体，或是液化气体或冷冻液化气体，包括压缩气体、液化气体、溶解液体、冷冻液化气体。

（6）易燃液体 指闪点不高于93℃的液体。

（7）易燃固体 是容易燃烧或通过摩擦可能引燃或助燃的固体。易于燃烧的固体为粉状、颗粒状或糊状物质，它们在与燃烧着的火柴等火源短暂接触即可点燃和火焰迅速蔓延的情况下，都非常危险。

（8）自反应物质或混合物 是即便没有氧（空气）也容易发生激烈放热分解的热不稳定液态或固态物质或者混合物。但不包括根据统一分类制度分类为爆炸物、有机过氧化物或氧化物的物质和混合物。自反应物质或混合物如果在实验室试验中其组分容易起爆、迅速爆燃或在封闭条件下加热时显示剧烈效应，应视为具有爆炸性质。

（9）自燃液体 是即使数量小也能在与空气接触后5min之内引燃的液体。

（10）自燃固体 是即使数量小也能在与空气接触后5min之内引燃的固体。

（11）自热物质和混合物 是指发火液体或固体以外，与空气反应不需要能源供应就能够自己发热的固体或液体物质或混合物；这类物质或混合物与发火液体或固体不同，因为这类物质只有数量很大（公斤级）并经过长时间（几小时或几天）才会燃烧。

（12）遇水放出易燃气体的物质或混合物 是通过与水作用，容易具有自燃性或放出危险数量的易燃气体的固态或液态物质或混合物。

（13）氧化性液体 是本身未必燃烧，但通常因放出氧气可能引起或促使其他物质燃烧的液体。

（14）氧化性固体 是本身未必燃烧，但通常因放出氧气可能引起或促使其他物质燃烧的固体。

（15）有机过氧化物 是含有二价—O—O—结构的液态或固态有机物质，包括有机过氧化物配方（混合物）。有机过氧化物是热不稳定物质或混合物，容易放热自加速分解。如果有机过氧化物在实验室试验中，在封闭条件下加热时组分容易爆炸、迅速爆燃或表现出剧烈效应，则可认为它具有爆炸性质。

（16）金属腐蚀物　是通过化学作用显著损坏或毁坏金属的物质或混合物。

2. 健康危险

根据化学品的健康危害特性，可以分为：

（1）急性毒物　是指一次或在24h内多次经口或经皮肤接触，或吸入接触4h之后出现有害效应的某种物质。

（2）皮肤腐蚀/刺激物　是对皮肤造成不可逆损伤，即施用试验物质达到4h后，可观察到表皮和真皮坏死。腐蚀反应的特征是溃疡、出血、有血的结痂，而且在观察期14d结束时，皮肤、完全脱发区域和结痂处由于漂白而褪色。皮肤刺激是施用试验物质达到4h后对皮肤造成可逆损伤。

（3）严重眼损伤/眼刺激物　严重眼损伤是在眼表面施加受试物后，对眼造成并在施用21d内不完全可逆的组织损伤，或严重的视觉物理衰退。眼刺激是在眼表面施加受试物后，在眼部产生并在施用21d内完全可逆的变化。

（4）呼吸或皮肤过敏物　呼吸过敏物是吸入后会导致呼吸道超敏反应的物质。皮肤过敏物是皮肤接触后会导致过敏反应的物质。

过敏包括两个阶段：第一个阶段是人接触某种致敏原而引起特定免疫记忆。第二个阶段是致敏个人接触致敏原而引发的细胞介导或抗体介导的过敏反应。呼吸致敏引发阶段形态与皮肤过敏相同。皮肤过敏需有一个免疫系统学习的诱发阶段，之后可出现临床症状，引发可见的皮肤反应（引发阶段）。因此，人体皮肤过敏的证据通常通过诊断性斑贴试验加以评估。

（5）生殖细胞致突变物　主要涉及可能导致人类生殖细胞发生可传递给后代的突变的化学品。

（6）致癌物　是指可导致癌症或增加癌症发生率的化学物质或化学物质混合物。对于在实施良好控制的动物试验研究中可诱发良性和恶性肿瘤的物质，一般认为是可能或可疑的人致癌物，除非有确凿证据显示该肿瘤形成机制与人类无关。

（7）生殖毒物　是指接触化学物或混合物后发生的对成年男性或女性的性功能和生育功能的有害效应以及对子代的发育毒性。根据定义，生殖毒性主要分为对性功能和生殖功能的有害效应，以及对子代发育的有害效应。

（8）特异性靶器官系统毒物（单次接触） 是指该物质由于单次接触而引起的特异性、非致死性靶器官毒物，包括即时或迟发性、可逆或不可逆性功能损害的各种严重健康效应。根据GHS，单次接触引发的特异性靶器官系统毒性不包括反复接触所致的特异性靶器官毒性和GHS其他特异性毒性效应，如急性毒性、皮肤腐蚀性/刺激性、严重眼损伤/眼刺激、呼吸道或皮肤过敏、生殖细胞致突变性、致癌性、生殖毒性及吸入毒性。

（9）特异性靶器官系统毒物（反复接触） 指由于反复接触引起的特异性非致死性靶器官系统毒物，包括可逆或不可逆、急性或迟发性、可能损害功能的所有明显的健康效应。

根据GHS，反复接触引发的特异性靶器官系统毒性不包括单次接触所致的特异性靶器官毒性，也不包括其他特异性的毒性效应，如急性毒性、严重眼损伤/眼刺激、皮肤腐蚀性/刺激性、呼吸道或皮肤过敏、致癌性、致突变性和生殖毒性。

（10）吸入危险物质 可能对人造成吸入毒性危险的物质或混合物。吸入是指液体或固体化学物质通过口或鼻腔直接或通过呕吐间接进入到气管和下呼吸系统的过程。吸入毒性包括严重的急性效应，如化学性肺炎、不同程度的肺损伤或吸入后死亡。

3. 环境危险

根据化学品的环境危害特性可以分为：

（1）危害水生环境物质。

（2）急性水生毒性物质 是指物质具有对短期接触它的生物体造成伤害的固有性质。

（3）慢性水生毒性物质 是指物质具有在与生物体生命周期相关的接触期间对水生生物产生有害影响的潜在性质或实际性质。

第二节 工作场所化学危害因素

一、定义

国家职业卫生标准《工作场所有害因素职业接触限值 第1部分：化学有害因素》（GBZ 2.1）将工作场所化学危害因素（chemical hazardous agents or chemical hazards）的范围界定为涵盖化学物质、粉尘及生物因素，包括可引起《职业病分类和目录》所列职业病的化学因素，以及《职业病危害因素分类目录》和《高毒物品目录》所列的化学因素，指生产过程中使用和接触到的原料、中间产品和产品中的有害化学物质以及生产过程中产生的废气、废水和废渣。

二、类型

按照化学危害因素的性质，可将化学危害因素分为生产性毒物和生产性粉尘。

1. 生产性粉尘

工农业生产的各行各业均可产生生产性粉尘，它是污染作业环境、损害劳动者健康的重要职业性有害因素，可引起包括尘肺病在内的多种职业性疾病。可根据粉尘的性质和粉尘的分散度、粒径大小、进入呼吸系统的差异及所采用的采样监测方法，对生产性粉尘进行分类。

（1）根据粉尘性质分类　生产性粉尘可分为无机粉尘、有机粉尘和混合性粉尘。

① 无机粉尘：矿物性粉尘，如石英、石棉、滑石、煤等；金属性粉尘，如铁、锡、铝、锰、铅、锌等；人工无机粉尘，如金刚砂、水泥、玻璃纤维等。

② 有机粉尘：动物性粉尘，如毛、丝、骨质等；植物性粉尘，如棉、麻、草、甘蔗、谷物、木、茶等；人工有机粉尘，如有机农药、有机染料、合成树脂、合成橡胶、合成纤维等。

③ 混合性粉尘：上述各类粉尘，以两种以上物质混合形成的粉尘，在生产中这种粉尘最多见。

（2）根据粉尘的分散度、粒径大小、进入呼吸系统的差异及所采用的采样监测方法分类　生产性粉尘可分为总粉尘与呼吸性粉尘，以及可吸入性粉尘。

① 总粉尘（total dust）：指可进入整个呼吸道（鼻、咽、喉、气管、支气管、细支气管、呼吸性细支气管、肺泡）的粉尘，亦即用总粉尘采样器，按总粉尘标准测定方法从呼吸带空气中采集的粉尘，简称总尘。

② 呼吸性粉尘（respirable dust）：指在空气中长时间不沉降，能够通过呼吸到达肺泡区（无纤毛呼吸性细支气管、肺泡管、肺泡囊）的粉尘，亦即用

呼吸性粉尘采样器，按呼吸性粉尘标准测定方法从空气中采集的空气动力学直径在 7.07μm 以下的粉尘，简称呼尘。

③ 可吸入性粉尘（inhalable dust）：指通过口鼻可吸入呼吸道的粉尘。

2. 生产性毒物

毒物（toxicant），是指在一定的条件下，以较小剂量作用于人体，即可引起人体生理功能改变或器质性损害，甚至危及生命的化学物质。生产性毒物（industrial toxicant/toxic substance），是指在生产过程中产生或存在于工作环境空气中的各种对人体有害的化学毒物，也称为工业毒物。

（1）生产性毒物的分类

① 根据生产性毒物的性质，生产性毒物可分类为：金属及类金属，如铅、汞、锰、砷等；有机溶剂，如苯及苯系物、二氯乙烷、正己烷、二硫化碳等；刺激性气体，如氯、氨、氮氧化物、光气、氟化氢、二氧化硫等；窒息性气体，如一氧化碳、硫化氢、氰化氢、甲烷等；苯的氨基和硝基化合物单体及其聚合物，如苯胺、硝基苯、三硝基甲苯、联苯胺等；高分子化合物单体及其聚合物，如氯乙烯、氯丁二烯、丙烯腈、异氰酸甲苯酯、含氟塑料等；农药，如有机磷农药、有机氯农药、拟除虫菊酯类农药等。

② 按照生产性毒物的生物作用性质进行分类。

a. 按毒性作用发生时间分为：急性毒性毒物、亚急性毒性毒物和慢性毒性毒物三大类；急性毒性毒物又可分为剧毒、高毒、中等毒、低毒和微毒。

b. 按毒物损害的器官或系统可分为：神经毒性毒物、血液毒性毒物、肝脏毒性毒物、肾脏毒性毒物、全身毒性毒物等。

c. 按毒物的作用原理可分为：刺激性毒物、腐蚀性毒物、窒息性毒物、麻醉性毒物、溶血性毒物、致敏性毒物、致突变性毒物、致癌性毒物和致畸性毒物等。

（2）生产性毒物在生产过程中的主要来源　生产性毒物主要来源有以下几个方面：主要有生产原料，如生产颜料、蓄电池使用的氧化铅，生产合成纤维、燃料使用的苯等；中间产品，包括中间体，如用苯和硝酸生产苯胺时，产生的硝基苯；辅助材料，如橡胶、印刷行业用作溶剂的苯和汽油；成品，如农药厂生产的各种农药；副产品及废物，如炼焦时产生的煤焦油、沥青，冶炼金属时产生的二氧化硫；夹杂物，如硫酸中混杂的砷等。此外，生产过程中的毒物尚可以分解产物或“反应产物”的形式出现，如磷化铝遇湿自然分解产生磷化氢等。

三、工作场所化学危害因素的特点

化学危害因素的来源、形态、进入机体的途径以及对人体的危害都具有一定的特征。化学品主要以三种不同途径进入人体。

1. 吸入接触

生命离不开呼吸，在工作场所通过呼吸吸入气体、蒸气或飘尘，再通过肺部吸收是化学品进入人体的最主要途径，是化学品进入人体最有效的渠道。医学证明，一个健康的成年人肺泡表面积达 $90m^2$。一名劳动者在 8h 工作中，从事一项中等体力强度的工作任务，需要吸入大约 $8.5m^3$ 的空气。

呼吸系统主要由上呼吸道（鼻、口、咽）、呼吸道（气管、支气管、肺泡管）以及气体交换区域（肺泡）构成。每个肺由大约 10 万个肺泡构成，氧气和二氧化碳的交换就发生在肺泡的膜上。在肺泡里，氧气通过扩散进入血液，二氧化碳通过扩散从血液进入空气。

肺泡的细胞基本组织和别的细胞相同，但是其细胞膜极薄且血液供给充分，这使空气中的氧气很容易进入肺泡壁上的微血管内。自然，工作场所空气中的其他物质也可能通过同样途径进入血液中。例如：到达肺泡的粉尘会使肺组织纤维化，通常称为尘肺病，即由粉尘在肺部沉着而产生的病（来自酸、碱的气体或蒸汽也可引起肺纤维化，但不会引起尘肺病）。一些由粉尘沉着在肺部引起的常见疾病，包括由石棉粉尘引起的石棉肺、二氧化硅粉尘引起的硅沉着病，还有铍肺沉着症、铁肺沉着症、锡肺沉着症和钡肺沉着症等。

人类的呼吸系统具有精细的防卫功能，除了极小颗粒的尘埃以外，大颗粒尘埃都能被捕捉住。这一防卫系统是由鼻毛、气管和支气管内的黏液和纤毛构成的。黏液是由气管壁上的一些特殊细胞不断产生的，它和气管上附有的毛细结构（纤毛）构成了肺的重要清洁手段之一。黏液在气管和支气管细胞膜上的纤毛作用下，连同沉积在肺部气管壁上的外来粒子运送到咽部。每个人在一天之内要产生且不自觉地咽下大约有 2L 黏液。

在呼吸过程中，空气中的化学品微粒进入鼻腔、口腔，经过气管最终到达肺泡。在这一过程中，大的粉尘被气管中的黏液捕捉住，再咽到体内或吐出体外。小于 $0.5\mu m$ 的粉尘飘浮不定，可被呼出体外。最危险的是直径为 $0.5 \sim 7\mu m$ 范围内的粉尘，因为它们能够逃过防御系统而抵达肺泡，且不能被呼出体外。它们能够使肺泡结疤，这是产生严重呼吸困难的尘肺病的开始。但对于气体、蒸气、雾、烟来说，呼吸防卫系统是无能为力的。它们能顺利地通过防卫系统抵达肺泡，经肺泡渗透进入血液循环。此外，某些物质如焊接烟气、酸雾、废气等能够刺激肺部防卫系统，刺激上呼吸道和肺部气管的黏膜，产生大量的痰，久而久之，引起慢性支气管炎。同样这些物质会破坏肺泡，导致肺气肿。当然，这种刺激可以作为人体感知化学物质进入体内的先兆。然而有些有害气体或蒸气没有这种刺激效应，人们还没有任何感觉的时候，这些化学品早已悄悄地、深深地进入了肺部引起肺部损伤，或进入血液循环。

由于肺部和工作场所空气中的许多化学有害物接触频繁，因而也成为致癌物质的主要供给器官。现已证明，很多化学物质可引起肺癌，如砷、石棉、苯并芘、铍、氯甲基醚、焦炉逸散物等。

粉尘进入体内的难易程度主要取决于其颗粒的大小和溶解度。只有 0.5～7μm 范围内的粉尘才能到达肺泡区，这种抵达肺泡区的可吸入粉尘通过沉积或扩散进入血液。沉积或扩散取决于化学品本身的溶解度，不可溶粉尘大部分通过肺自身的清除功能被清除掉。较大的粉尘被鼻毛滤掉，或沉积在鼻部到气管的通道里。粉尘与气道壁黏液混合物，可在气管和支气管细胞膜上的纤毛作用下，被运送到咽部，咽下或咳出。

2. 皮肤吸收

许多化学品通过与皮肤直接接触而被身体吸收。因此，皮肤吸收是化学品进入体内的又一常见途径。皮肤是人体最大的器官，成人皮肤表面积约 $1.7m^2$，具有能和化学品接触的最大表面积，但并不是一个完美的屏障。某些化学物质可通过皮肤、黏膜和眼睛直接接触并渗透进入血液，再随血液流动到达身体的其他部位，导致过度接触并引起全身效应。皮肤接触的特点是有害因素直接入血，不经肝脏解毒，毒作用发生快。

有害因素能否透过皮肤需要一定条件：相对分子质量要小（<300），同时具有一定的脂溶性和水溶性，具有水、脂溶性的物质，尤其是液体或以雾态存在的化学物可透过完整的皮肤进入血流而被吸收。影响皮肤接触的因素有：毒物浓度、溶解度，皮肤完整性，接触部位和面积，劳动强度，生产环境温湿度等。患有皮肤病时可明显影响皮肤吸收。

在油漆生产中使用的矿物溶剂等都是很容易经皮肤渗透的。皮肤将人体内部器官和外部环境隔开，是身体最前沿的保护层。其外层由死亡并硬化的细胞组成，使皮肤能经得起日常摩擦。汗腺的作用是当环境变热时为身体降温。皮脂腺产生油脂排斥水分。毛细管在调节体温方面起关键作用。温度高时，毛细管扩张而散热到空气中；温度低时，毛细管收缩而储热于体内。皮肤还有油脂蛋白质的保护层。这样，一定厚度的皮肤加之其表层的汗水和油脂构成了一道阻止化学品进入人体的屏障。

化学物质可被皮肤吸收并运送到身体的其他部位或在进入点引起伤害，使疾病发作。这些物质通常在化学品安全技术说明书（SDS）中给予指明。脂溶性化学品（如有机溶剂、苯酚），易于通过皮肤吸收。如果皮肤受到损伤，如切伤或擦伤或皮肤病变时，化学品更易通过皮肤进入体内。

3. 经口摄入

食入是化学有害物质进入体内的第三条主要途径。在个人卫生习惯较差的地方，化学品也可经口腔、食道进入人体。当工人用被化学品污染的手吃东西或抽烟时，或在工作场所就餐，或食品因为未包装而被空气中的化学品蒸气所污染，这样都可能通过消化系统摄入化学物质。食入的另一种情况是化学品由呼吸道吸入后经气管转送到咽部，然后被咽下。

消化系统是连续的管道，由口部延伸至肛门，包括食道、胃部、小肠、大肠。消化系统主管食物的吞咽、消化和吸收。食物的消化和水的吸收发生在小肠部分，大肠通常吸收维生素和盐分。有毒物质一旦被吞入体内，就会进入消化道，经消化吸收到达血液再进入肝内。肝和肾具有将毒物除去或减低其毒性的功能，但并非总是能排毒成功。

一定要注意：化学品通过呼吸、皮肤、消化吸收进入体内，被运送到血液中，一部分储存在器官和组织中，一部分分解成其他更易溶解的物质然后通过尿液排出体外，其他没有发生变化的部分通过呼气、尿液排出体外。某些物质的分解和解毒（通常在肝脏上发生）可能产生比初始物质更有害的新物质。对某一个特定器官而言，化学品造成的损害原则上取决于其吸收量（剂量）。在靠呼吸进入人体的情况中，其剂量主要取决于化学品在空气中的浓度和暴露时间。高浓度化学品的短期暴露可能导致急性效应（急性中毒），而长期暴露低浓度的化学品也许可以忍耐，但会导致与急性效应同量的有毒物吸入，甚至导致更高的化学品累积量，从而引起慢性效应（慢性中毒）[3,4]。

第三节 化学品的毒性效应

一、化学品毒性概念

毒物（toxicant）是指在一定条件下，投予较小剂量可造成机体功能或器质性损害的化学物质。中毒（poison）是指机体因毒物作用引起一定程度的损害而出现的疾病状态。化学品毒性可分为急性毒性、亚急性毒性、慢性毒性、特殊毒性[1,2]。

1. 急性毒性

化学品的急性毒性是指机体一次或24h内大量或多次接触化学品之后所引起的中毒症状和死亡。急性毒性试验是人们了解外源化学物质对机体产生急性毒性的根本依据，也是毒理学安全性评价的基本依据之一。一般以动物实验半数致死量描述。急性中毒在毒物意外泄漏或严重污染源存在时发生，也可发生在参与企业重大事故救治过程中。

2. 亚急性毒性

化学品的亚急性毒性是指机体接触化学品3个月之内机体功能和结构的损害。一般以毒性反应、毒性剂量、受损靶器官、无作用水平及机体组织病理学变化等描述亚急性毒性。

3. 慢性毒性

化学品的慢性毒性是指机体接触化学品6个月以上对机体所致功能或结构形态的损害，一般以作用剂量、作用性质、作用靶器官、机体发生的可逆性或不逆性病变、无作用剂量等描述。慢性毒性是制订卫生标准的重要依据，是预测人类在生活环境和生产环境中过量接触有害物质可能引起慢性危害的基础资料。

4. 特殊毒性

化学品的特殊毒性是指机体接触化学品导致人体遗传物质损伤引发致癌、致畸和致突变作用及生殖毒性。一般以三段生殖毒性试验、短期致畸试验、致突变试验来评价化学品的特殊毒性。

致癌作用是指环境中化学品引发动物或人类恶性肿瘤发生。能引起人或动物癌症的化学物为致癌物或致癌因素。国际癌症研究机构（IARC）将化学性致癌物分为：确认致癌物，即人类致癌物，如砷和砷化物、苯、环磷酰胺；可疑致癌物，即对动物致癌但人类致癌证据不充分，如环氧乙烷、多氯联苯等；潜在致癌物，即对动物致癌但人类致癌无明确证据，如异烟肼、三氯乙烯等。

致畸作用是指母体接触环境有害作用后引起胎儿先天畸形的过程。能引起致畸作用的物质为致畸物。确认的致畸物有甲基汞、磷、一氧化碳、氯乙烯等。可疑致畸物对动物有致畸作用，但人类流行病学调查资料缺乏，如西维因、内吸磷、敌百虫、甲基对硫磷，二甲亚砜、氯仿、四氯化碳、三氯乙烯、多氯联苯、汽油，砷、镉、铬、铜、锂、镍等。

致突变作用是指生物体遗传物质发生突变，导致遗传表型改变。化学因素引起基因突变、染色体变异，导致生殖损伤如不孕、早产、死产、子代先天畸形，还可引发肿瘤。常见的化学诱变剂有苯并芘、苯、甲醛、砷、镉、亚硝酸盐、农药如敌敌畏和百草枯、烷化剂等。

二、GHS 毒性分类

《全球化学品统一分类与标签制度》（GHS）对化学品进行统一分类及危险因素公示提出了建议。GHS 主要包括化学品标签和安全数据单，安全数据单一般由 16 部分内容组成，其中包含化学品的毒理学信息。对于符合 GHS 中物理、健康或者环境危险统一标准的所有物质，以及具有生殖毒性、致癌性及某些靶器官毒性的物质（化学物质）必须制定安全数据单。其中的毒理学信息要说明化学物质的毒性、健康效应以及相关数据，如化学物质进入机体途径、分布、代谢及可能的靶器官毒性，同时提供相应的毒性数据如 LD_{50} 等。

GHS 分类的主要数据来源为：GHS 分类结果的官方数据源，包括联合国关于危险货物运输建议书规章范本、欧盟危险物质 GHS 统一分类和标签名单、日本化学品 GHS 分类结果信息、新西兰《危险物质与新生物法》化学品分类信息数据库；联合国机构出版的化学品危害正式评估文件，包括环境卫生基准、卫生与安全指南、国际化学品安全卡、国际化学品评价简要文件、欧盟优先物质风险评价报告、澳大利亚优先现有化学品评价报告、高产量化学品筛选信息数据及评价报告、日本环境省化学物质环境风险评估报告（1～6 卷）、加拿大现有物质评价报告数据库、应急救援指南 2008 版；综合性化学品危害信息数据库，包括美国国家医学图书馆危险物质数据库、欧盟国际统一化学品信息数据库、经济合作与发展组织全球化学物质信息门户网站、日本化学品风险信息综合平台；物理危险性分类特定数据库，包括美国化学品标示高级数据库、德国 GESTIS 危险物质数据库、CRC-Press 公司出版的有机化学品物理性质手册等出版物；健康危害性分类特定数据库，包括日本国立技术与评估研究所化学品风险初步评估报告、美国环保局综合风险信息系统、美国 NTP 致癌物评估报告、IARC 人类致癌风险评估计划专集、欧盟各类致癌及致突变和生殖毒性化学物质名单、美国化学物质毒性效应登记数据库；环境危害性分类特定数据库，包括日本环境省化学品生态毒性测试结果、美国环保局生态毒性数据库、欧盟环境危害性分类数据库、芬兰化学品环境特性数据库、日本国立技术与评估研究所化学品风险评估平台；国内出版的化学品安全手册，包括《环境化学毒物防治手册》《危险化学品安全技术全书》《常用化学危险物品安全手册》等。

1. 急性毒性

化学品急性毒性一般用 LD_{50}、LC_{50} 等急性毒性估计值表示。根据急性毒性大小，GHS 将化学品分为 5 类（见表 2-1）。第 1 类到第 5 类，毒性逐渐降低。

表 2-1 化学物质急性毒性分类标准

接触途径	第 1 类	第 2 类	第 3 类	第 4 类	第 5 类
经口/(mg/kg)	LD_{50}≤5	LD_{50}≤50	LD≤300	LD≤2000	LD_{50}≤5000
经皮/(mg/kg)	LC_{50}≤50	LC_{50}≤200	LC_{50}≤1000	LC_{50}≤2000	LC_{50}≤5000
吸入蒸气/(mg/L)	LC_{50}≤0.5	LC_{50}≤2.0	LC_{50}≤10.0	LC_{50}≤20.0	
吸入颗粒物/(mg/L)	LC_{50}≤0.05	LC_{50}≤0.5	LC_{50}≤1.0	LC_{50}≤5.0	

注："第 5 类"化学物质一般毒性很小，但对敏感人群存在危害；或者有文献报告具有毒性反应的化学物质都属于第 5 类。

2. 皮肤腐蚀/刺激性

皮肤腐蚀：是指化学物质敷涂皮肤 4h，皮肤出现溃疡、出血、血痂；14d 后出现斑型脱毛、结痂。皮肤刺激：是指化学物质敷涂皮肤 4h 后，皮肤出现斑型脱毛、表皮增生、红斑、水肿、皮炎及角化等表现，是皮肤的可逆性损伤。分类标准见表 2-2。

表 2-2 化学物质皮肤腐蚀/刺激性分类标准[7]

分类	标准	
腐蚀性	3 只实验动物(白色家兔、豚鼠)，1 只或 1 只以上出现皮肤腐蚀	
1A	涂皮时间≤3min	观察时间≤1h
1B	3min<涂皮时间≤1h	观察时间≤14d
1C	1h<涂皮时间≤4h	观察时间≤14d
刺激性	在化学物质斑片去除后 1d、2d、3d 观察，3 只实验动物至少有 2 只的红斑或水肿平均值为 2～4；或至少 2 只动物在 14d 观察期有炎症、角化、过度增生、脱皮；或 1 只动物有明确化学品接触阳性反应	
轻微刺激性	在化学物质斑片去除后 1d、2d、3d 观察，3 只实验动物至少有 2 只的红斑或水肿平均值为 1.5～2.3	

3. 眼刺激/严重眼损伤

眼刺激：化学物质滴入成年白色家兔眼睛表面，出现眼组织损伤，滴眼后 21d 内完全恢复。

严重眼损伤：化学物质滴入成年白色家兔眼睛表面，出现眼角膜、虹膜、结膜组织损伤及视力下降，滴眼后21d内不能完全恢复。

化学物质致眼刺激/严重眼损伤分类标准见表2-3。

表2-3 化学物质致眼刺激/严重眼损伤分类标准

分类	标准
轻度眼刺激	化学物质滴眼后，3只实验动物至少2只出现：角膜混浊、虹膜炎、结膜充血、结膜水肿等表现，在7d内完全恢复
眼刺激	化学物质滴眼后，3只实验动物至少2只出现：角膜混浊度≥1、和/或虹膜炎≥1、和/或结膜充血≥2、和/或结膜水肿≥2等表现，在21d内完全恢复
严重眼损伤	化学物质滴眼后，3只实验动物至少2只出现：角膜混浊度≥3、和/或虹膜炎≥1.5、和/或化学品滴眼后，3只实验动物至少1只眼角膜、结膜、虹膜损伤，在21d内不能完全恢复

4. 呼吸道或皮肤致敏性

呼吸道和皮肤致敏性：是指化学物质吸入、皮肤接触引发呼吸道、皮肤的过敏反应，表现为呼吸道黏膜水肿、皮肤水肿和红斑等。分类标准见表2-4。

表2-4 化学物质呼吸道和皮肤致敏性分类标准

分类	标准
呼吸道致敏性	化学物质有可引起人类呼吸道超敏反应证据，或有动物实验阳性结果报告
1A	人类呼吸道超敏反应高发生率，动物实验结果阳性
1B	人类呼吸道超敏反应低或中等发生率，动物实验结果阳性
皮肤致敏性	有人类接触化学物质发生皮肤超敏反应证据，动物实验结果阳性
1A	人类皮肤超敏反应高发生率，动物高致敏力
1B	人类皮肤超敏反应低或中等发生率，动物低或中等致敏力

5. 致生殖细胞突变性

生殖细胞突变：是指化学物质致生殖细胞（精细胞、卵细胞）遗传物质数量或结构的改变，如基因突变、DNA和染色体变异，并可遗传到下一代。分类标准见表2-5。

表2-5 化学物质致生殖细胞突变性分类标准

分类	标准
类别1 致人类生殖细胞突变	

续表

分类	标准
1A,确定致人类生殖细胞突变	人群流行病学研究阳性
1B,可能致人类生殖细胞突变	哺乳动物生殖细胞突变性试验阳性;或哺乳动物体细胞突变性试验阳性,诱发生殖细胞突变的可能性;或人类生殖细胞突变性试验阳性
类别2 诱发人类生殖细胞突变	体外哺乳动物体细胞突变性试验阳性,或化学结构活性认识已知有致突变活性的化学品

6. 致癌性

化学物质致癌性：是指化学物质可引起或诱导正常细胞恶性转化并进一步发展为肿瘤。分类标准见表2-6。

表2-6 化学物质致癌性分类标准

分类	标准
类别1 确认或可能人类致癌物	人群流行病学研究证据、动物致癌性试验阳性
1A 确认人类致癌物	人群流行病学研究,确认化学物质接触与人类肿瘤发生有因果关系
1B 可能人类致癌物	人类致癌性证据有限,整体动物致癌性试验阳性
类别2 可疑人类致癌物	人类致癌性证据有限,整体动物致癌性试验有限

7. 生殖毒性

生殖毒性：是指化学物质影响成年雌性或雄性性功能、生育力，并对子代发育产生有害效应。分类标准见表2-7。

表2-7 化学物质生殖毒性分类标准

分类	标准
类别1 确认或可能人类生殖发育毒物	人群流行病学研究证据,动物试验阳性
1A 确认的人类生殖发育毒物	人群流行病学研究证据
1B 可能的人类生殖发育毒物	动物试验阳性
类别2 可疑人类生殖发育毒物	人群流行病学研究证据和动物试验证据不充分
经乳汁分泌致生殖发育毒性	人类研究,化学物质对婴儿有危害 化学物质经乳汁排泄,致乳儿生长发育不良

8. 特异靶器官毒性（一次接触）

一次接触致特异靶器官毒性：是指一次性接触化学物质致人类、动物某个器官发生特异的毒性效应。分类标准见表 2-8。

表 2-8 化学物质一次接触致靶器官毒性分类标准

分类	标准
类别 1 确定的人体一次接触致特异靶器官毒性	人类流行病学研究证据，或动物试验：低浓度暴露产生与人类接触相同或相似的靶器官毒性效应
类别 2 可能的人体一次接触致特异靶器官毒性	动物试验：中等浓度暴露产生与人类接触相同或相似的靶器官毒性效应
暂时性靶器官毒性	麻醉效应、呼吸道刺激反应

9. 特异靶器官毒性（多次接触）

多次接触致特异靶器官毒性：是指多次反复接触化学物质致人类、动物某个器官发生特异的毒性效应，表现为该器官功能损伤和结构改变。分类标准见表 2-9。

表 2-9 化学物质多次接触致靶器官毒性分类标准

分类	标准
类别 1 确定的人体多次接触致特异靶器官毒性	人类病例报告或流行病学研究证据，或动物试验：低浓度暴露产生与人类接触相同或相似的靶器官毒性效应
类别 2 可能的人体多次接触致特异靶器官毒性	动物试验：中等浓度暴露产生与人类接触相同或相似的靶器官毒性效应

10. 吸入危害

吸入危害：是指化学物质通过口腔、鼻、咽进入呼吸道、气管、支气管和肺部，导致机体急性肺损伤、化学性肺炎、窒息、死亡。分类标准见表 2-10。

表 2-10 化学物质致吸入危害分类标准

分类	标准
类别 1 确认引起人类吸入危害	人类病例报告或流行病学研究证据，或烃类（包括松脂油）：40℃时运动黏度 $\leqslant 20.5mm^2/s$
类别 2 可能引起人类吸入危害	动物试验证据，或 40℃时运动黏度 $\leqslant 14mm^2/s$，未列入类别 1 的物质

三、化学品的靶器官毒性表现

化学品毒性作用靶器官，是指化学品进入机体产生毒性作用并引起典型病变的主要器官。靶器官的组织细胞内可能存在着该化学物质分子的特异作用部位——受体，或为其活性代谢部位，对机体毒作用的强弱与靶器官中含该化学物质的浓度有关。例如四氯化碳慢性中毒主要损害肝脏，肝脏即为四氯化碳的靶器官。由于化学物质本身的毒性和毒作用特点、接触剂量等各不相同，职业中毒的临床表现各异，可累及全身各个系统，出现多个脏器损害，同一种毒物可累及不同的靶器官，不同化学物质可损害同一靶器官而出现相同或类似症状。

1. 神经系统损害

化学物质引起的急性中毒，一般以中枢神经系统损伤为主，表现为意识障碍、精神障碍、抽搐、自主神经功能紊乱；周围神经系统损伤表现为感觉、运动功能障碍，如四肢远端感觉减退或消失，呈手套、袜套样分布；急性砷中毒出现自发的放射样疼痛。慢性中毒一般以周围神经系统损伤为主，同时可有中毒性神经官能症、中毒性脑病等中枢神经系统损伤表现。慢性氯丙烯中毒患者丧失肢端痛和触觉。

（1）引起神经系统损害的常见毒物　引起职业性神经系统损害的常见毒物有金属、类金属及其化合物，窒息性气体，有机溶剂和农药等。慢性轻度中毒早期多有类神经症，甚至精神障碍，表现为入睡困难、早醒、多梦、噩梦，烦躁易怒、情绪不稳、头胀痛、周身不适感等神经衰弱综合征症状。脱离接触后可逐渐恢复。有些毒物如铅、正己烷等可引起神经髓鞘、轴索变性，损害运动神经的神经肌肉接点，从而产生感觉和运动神经损害的周围神经病变。一氧化碳、锰等中毒可损伤锥体外系，出现肌张力增高、震颤麻痹等症状。严重中毒时可引起中毒性脑病和脑水肿。

（2）神经系统损害的临床表现

① 意识障碍。急性三甲基锡中毒、急性氯乙烯中毒可导致意识障碍。轻度意识障碍表现为意识模糊、嗜睡、朦胧状态；中度意识障碍表现为谵妄状态；重度意识障碍包括浅昏迷、中度昏迷、深昏迷及植物状态。

② 精神障碍。急性有机溶剂中毒的早期和慢性金属中毒引起的中枢神经功能障碍，可产生类似神经症的症状。临床表现为脑衰弱综合征或神经衰弱样症状、癔症样表现，自主神经功能障碍。急性苯、甲苯、汽油中毒和慢性四乙基铅中毒常表现为癔症综合征。急性四乙基铅中毒型脑病患者有错觉、视幻觉或听幻觉、妄想、精神运动性兴奋或躁狂状态、抑郁状态等精神病症状。

③ 抽搐。急性有机磷农药中毒性脑水肿时，抽搐为常见的临床表现。表现为癫痫样惊厥发作、四肢抽搐或角弓反张，常伴意识丧失、紫绀或尿失禁。

④ 自主神经功能紊乱。急性丙烯腈中毒性脑病时，由于自主神经中枢功能紊乱可导致大汗、大小便失禁、呕吐咖啡样物质、中枢性高热、瞳孔改变，甚至呼吸或循环中枢抑制。

（3）神经系统损害的常见临床类型

① 中毒性神经官能症。慢性有机溶剂中毒可出现中毒性神经衰弱综合征，临床表现以脑功能失调和精神障碍为主，如疲乏、头痛、头晕、无力、肌肉关节酸痛、失眠、记忆力减退等。常见类型有神经衰弱综合征、易兴奋症及自主神经功能紊乱等。

② 中毒性脑病。如帕金森病。慢性重度锰、二硫化碳中毒，可见“小书写症”“慌张步态”等，与大脑黑质和纹状体病变有关。接触四乙基铅、二硫化碳、汽油等可导致中毒性精神分裂症。慢性重度铅、汞、有机汞及锰中毒出现中毒性痴呆，如情绪不稳、幻觉、妄想、记忆力极度减退、理解力衰退、语无伦次、生活不能自理等。

③ 周围神经系统损伤。由于感觉、运动神经损伤，患者肢端发麻，前臂或小腿酸胀隐痛，感觉异常；肢体远端力弱，四肢远端肌肉麻痹出现垂足、肌萎缩；腱反射减退消失等。

④ 迟发性脑病。常见于急性一氧化碳中毒。患者于昏迷苏醒后，意识恢复正常，但经 2～60d 的“假愈期”后，又出现神经精神症状，称为急性一氧化碳中毒迟发脑病。

⑤ 中间期肌无力综合征。有机磷农药如乐果、氧化乐果、对硫磷等急性中毒 1～4d，胆碱能危象业已消失和迟发性多发性神经病出现之前，出现以屈颈肌与四肢近端肌肉、颅神经支配的肌肉及呼吸肌的无力或麻痹为特征的临床表现。患者不能抬头，上、下肢抬举力弱，睁眼困难、眼球活动受限、复视、面部表情肌运动减少、声音嘶哑、吞咽困难、咀嚼肌无力、不同程度的呼吸困难，严重者可因呼吸肌麻痹而死亡。神经肌电图检查显示神经肌肉接头突触后传导阻滞。

2. 呼吸系统损害

呼吸系统是毒物经常接触的部位，引起呼吸系统损害的毒物主要为刺激性气体和致敏物。外源化学物质进入机体呼吸系统有两种途径：一是经呼吸道直接吸入；二是经呼吸道以外的途径进入，后经过血液循环到达肺。可引起咽喉炎、气管炎、支气管炎等呼吸道病变；严重时可致化学性肺炎、吸入性肺炎、化学性肺水肿、成人呼吸窘迫综合征等；有的毒物可引发过敏性哮喘，一次大量吸入可致窒息。一些毒物还可引起肺部肿瘤及肺纤维化。

（1）急性呼吸系统损伤 主要表现为急性呼吸道炎症、急性化学性肺炎、化学性肺水肿及急性呼吸窘迫综合征等。

① 急性呼吸道炎症。是一种最常见的急性损伤表现，对呼吸道产生刺激或腐蚀作用的刺激性颗粒物及气体均可引起急性呼吸道炎症，急性炎症部位与机体接触外源化学物质的浓度、持续时间及水溶性有关。如水溶性较高的酸、甲醛、氨等及易溶解附着在上呼吸道黏膜及局部的颗粒物暴露，表现为气管炎、支气管痉挛、黏膜充血和水肿；重者可导致组织糜烂、渗出及坏死。

② 急性化学性肺炎。可分为化学中毒性肺炎（chemical pneumonitis）、吸入性肺炎（aspiration pneumonitis）及过敏性肺炎（allergic pneumonitis）。

a. 化学中毒性肺炎：是指因吸入刺激性气体、烟雾、粉尘等而引起的呼吸道及肺部炎症性损伤，临床表现为咳嗽、咳痰、气急、咯血、胸痛、发热等，常伴有流泪、畏光、眼刺痛、咽痛、呛咳、胸部紧迫感和声音嘶哑等上呼吸道及眼的刺激症状。根据临床症状的不同可表现为中毒性上呼吸道炎症及支气管炎、化学性阻塞性细支气管炎、化学性肺炎、化学性肺水肿以及化学性肺纤维化等多种形式。在工业生产过程中，化学中毒性肺炎通常是由于设备故障或防护不当而造成有毒有害气体等“跑、冒、滴、漏”等意外事故而造成的。很多外源性化学物质如氯气、氨、二氧化硫、氮氧化物、光气、硫酸二甲酯、八氟异丁烯、氟、光气、汞、镉、锰、铍等均会导致急性化学性肺炎。

b. 吸入性肺炎：是指由于意外吸入化学物质所导致的中毒性肺炎，如用口吸油管时不慎将汽油吸入肺内而引起肺炎，临床表现为痉挛性咳嗽伴气急，剧烈呛咳，胸痛，痰中带血或咳铁锈色痰，呼吸困难，乏力，发热；二氧化碳潴留和代谢性酸中毒，外周血白细胞明显增加，肺部出现云片状或结节状模糊阴影，可并发渗出性胸膜炎及肺水肿。如意外吞食外源性化学物质可致支气管壁痉挛，支气管周围炎性浸润，肺上皮细胞坏死、变性，血管壁通透性增加，血管内液体渗出，形成间质性肺水肿，导致肺纤维化。肺泡表面活性物质减少，小气道发生闭合，肺泡萎陷，最终可产生通气不足及通气/血流比例失调，导致严重低氧血症。

c. 过敏性肺炎：是由于吸入某些有机粉尘颗粒，如霉菌和孢子、细菌及其产物、动植物蛋白或昆虫抗原以及某些外源化学物质，如偏苯三酸酐（TMA）等引起的过敏反应，因此又称为外源性变应性肺泡炎（extrinsic allergic alveolitis）。吸入高浓度有机粉尘 4～12h 后，可出现发热、干咳、胸闷、气急和发绀、咳嗽伴黄痰以及全身乏力、四肢酸痛等全身症状，6～8h 达高峰，24h

左右消失。脱离过敏原接触或治疗后，1周内症状消失。若再次接触，症状加重。急性过敏性肺炎以肺部炎性和血中嗜酸性粒细胞增多为主要特征，以弥漫性间质性肺炎为其病理特征。

③ 化学性肺水肿。指肺损伤后呼吸膜增厚，肺间质过量水分潴留，临床表现为头痛、呼吸困难、胸闷、胸骨后疼痛、不能平卧、咳白色或粉红色泡沫痰，查体可见患者发绀，肺部出现大、中型湿啰音或捻发音及痰鸣音等。化学性肺水肿分为间质性肺水肿和肺泡性肺水肿。间质性肺水肿的胸部X射线检查表现为肺纹理增多模糊，肺门阴影边缘模糊，两肺散在点状和网状阴影，肺野透亮度降低。肺泡性肺水肿则表现为肺泡实变阴影，早期呈结节状阴影边缘模糊，可融合成斑片或大片状密度均匀阴影。化学性肺水肿分为四期：a. 刺激期，表现为咳呛、头晕、胸闷等；b. 潜伏期，自觉症状减轻或消失，但病变持续发展，一般为4～8h；c. 肺水肿期，患者头晕、胸闷等症状突然加重，出现咳嗽、呼吸困难、发绀、咳大量粉红色泡沫痰，并伴有恶心、呕吐、烦躁，重者出现脑水肿或心、肾衰竭；d. 恢复期，治疗7～11d后基本恢复正常，多数无后遗症。

人体接触多种外源化学物质可引起肺水肿，肺水肿后期肺间质细胞增生，产生大量的胶原和细胞外基质，最终可致肺纤维化。在职业环境中长期吸入各种酸雾和刺激性气体均可造成呼吸道黏膜充血和坏死、肺泡上皮细胞破坏，肺泡壁通透性增加。臭氧通过与黏液中的脂肪酸等反应生成醛类、羟基过氧化物、自由基等，也可导致化学性肺水肿。化学物质引起肺水肿的机制主要有：a. 破坏肺泡表面活性物质。多种化学物质如刺激性气体，如氯气、光气、臭氧、二氧化硫、二氧化氮、一氧化碳、羰基镍、氧化镉、甲醛、丙烯醛、硫酸二甲酯和溴甲烷等，均可破坏肺泡表面活性物质，肺泡壁通透性增大，血液中的液体成分进入肺泡，引起肺水肿。b. 破坏肺泡上皮细胞结构。肺泡上皮细胞由两种具有不同形态和功能的上皮细胞组成，Ⅰ型上皮细胞覆盖肺泡表面的绝大部分，无增殖能力。Ⅱ型上皮细胞分泌表面活性物质，可不断分化、增殖以修补损坏的肺泡上皮。化学物质可通过气道或毛细血管直接或间接引起肺损伤，导致弥漫性肺泡损伤，肺表面活性物质合成减少，屏障功能下降，肺泡渗出液增多，大量液体留存于肺泡或肺间质之间，引发肺水肿。c. 毛细血管损害。具有氧化还原作用的化学物质进入机体后，通过血液循环进入肺毛细血管并致肺毛细血管损害，血液的液体成分从毛细血管进入肺间质，发生间质性肺水肿。

④ 急性呼吸窘迫综合征（acute respiratory distress syndrome，ARDS）。人体吸入高浓度氧气，臭氧，氨，有机氟塑料裂解气，光气，氯气，氮氧化物

及镉、锌等金属氧化物烟雾等有毒有害气体，可导致急性呼吸窘迫综合征。ARDS的主要病理特征为肺微血管通透性增高，肺水肿和肺间质纤维化。患者肺顺应性降低，通气-血流比例失调。临床表现为顽固性低氧血症、呼吸频率加快，胸部X射线显示双肺弥漫性浸润，患者后期发生多器官功能障碍。ARDS的发生机制：a.直接肺损伤。刺激性气体可直接损伤毛细血管内皮细胞及肺泡上皮细胞，降低肺泡表面活性物质活性，增加肺泡壁通透性，使得肺通气-血流比例失调，大量血液流过肺的水肿、不张、突变和纤维变的区域，肺内生理分流显著增多，静脉血掺杂增加，引发ADRS。b.间接肺损伤。炎症所致的自由基损伤细胞膜，产生脂质过氧化产物，通过血液循环到达肺组织，致血管收缩、组织液渗出，肺泡毛细血管膜通透性增加。如前列腺素F2α、血栓素所致肺内血小板凝聚、微血栓形成，导致ARDS发生。

（2）慢性呼吸系统损伤　主要表现为肺纤维化、慢性阻塞性肺病及变态反应性肺部疾病。

① 肺纤维化。是在生产过程中长期吸入粉尘而发生的以肺组织纤维化为主的全身性疾病。尘肺病可分为由游离二氧化硅引起的硅沉着病、石棉引起的石棉肺、煤尘或煤硅尘引起的煤肺和煤硅肺（统称煤工尘肺）、金属尘肺等。肺纤维化起病隐匿，呈进行性加重。临床表现为进行性气急、胸闷、气短、胸痛、咳嗽、咳痰等症状，干咳少痰或少量白黏痰，晚期出现以低氧血症为主的呼吸衰竭。硅沉着病最常见的并发症是肺结核，支气管炎，肺及支气管感染，肺气肿，肺心病，自发性气胸等。石棉肺的最主要症状是咳嗽和呼吸困难，主要并发症为肺感染、肺心病、肺气肿，石棉还可引起肺癌与胸、腹膜恶性间皮瘤。煤工尘肺的主要症状是咳嗽、咳痰、胸痛、气短，常见并发症为类风湿性尘肺结节。肺纤维母细胞分泌胶原蛋白对肺间质胶原蛋白、弹性素及蛋白糖类进行修补，形成肺纤维化。

当粉尘进入肺内后可造成肺组织的物理性损伤，从而导致肺上皮细胞肿胀、脱落甚至坏死，当肺泡Ⅱ型细胞不能及时修补时，会导致肺泡基底膜受损，暴露间质，从而激活成纤维细胞的增生，促进肺纤维化的形成。大量的成纤维细胞的生成可激活淋巴细胞、上皮细胞、巨噬细胞等效应细胞，分泌多种细胞因子，如炎性因子暴露可诱导转化生长因子-β1（TGF-β1）分泌增加，破坏肺泡结构的完整性。TGF-β1可促进成纤维细胞的增生，后可通过其信号传导途径调控胶原蛋白等物质的合成，并抑制胶原蛋白等相关物质的降解，肺泡结构被胶原代替，肺泡壁被破坏。胶原、细胞外基质、成纤维细胞分布在间质中，肺泡上皮化生为鳞状上皮，同时纤维母细胞受损，可分泌胶原蛋白进行肺间质组织的修补，最终导致肺纤维化的发生。

② 慢性阻塞性肺病（chronic obstructive pulmonary diseases，COPD）。一种具有气流阻塞特征的慢性支气管炎和（或）肺气肿。气流阻塞一般呈进行性发展，部分有可逆性，伴气道高反应性。肺部对化学物质异常炎症反应导致肺小气道病变，引发气流阻塞。COPD 主要累及肺，也可引起全身的不良反应。COPD 以气道、肺实质和肺血管的慢性炎症为特征，在肺的不同部位有肺泡巨噬细胞、T 淋巴细胞和中性粒细胞增加，部分患者有嗜酸性粒细胞增多。激活的炎症细胞释放多种介质，包括白三烯 B4、白细胞介素 8、肿瘤坏死因子-α 和其他介质。这些介质能破坏肺的结构和（或）促进中性粒细胞炎症反应。除炎症外，肺部的蛋白酶和抗蛋白酶失衡、氧化与抗氧化失衡，以及自主神经系统功能紊乱等也在 COPD 发病中起重要作用。COPD 的临床表现包括：a. 慢性咳嗽，晨间咳嗽明显，夜间有阵咳或排痰。b. 咳痰，一般为白色黏液或浆液性泡沫性痰。c. 气短或呼吸困难，早期在劳动时出现，后逐渐加重，以致在日常活动甚至休息时也感到气短。d. 喘息和胸闷。e. 其他，晚期患者有体重下降、食欲减退等，部分患者呼吸变浅、频率增快。

③ 职业性哮喘（occupational asthma）。职业性哮喘发病与工作场所、致敏物质、接触时间和吸入量有关，脱离致喘物后哮喘症状可缓解，再次接触后可再发。职业性哮喘的潜伏期可达数周、数月甚至数年，临床表现为工作期间或工作后出现咳嗽、喘息、胸闷或伴有鼻炎、结膜炎等症状。重度哮喘是在轻度哮喘基础上出现反复哮喘发作，具有明显的气道高反应性表现，伴有肺气肿，并有持久的阻塞性通气功能障碍。职业性哮喘的发病机制包括变应性机制、药理性机制和神经源性炎症机制。大多数细胞因子包括白细胞介素、干扰素和粒细胞-巨噬细胞集落刺激因子都参与了哮喘的发作；可刺激呼吸道组织直接释放组胺引起支气管哮喘；气道黏膜上皮细胞的破坏还使细胞间隙增宽，神经末梢暴露，在气道受到刺激气体作用下可释放神经肽，而引起咳嗽、黏液分泌、平滑肌收缩、血浆渗出、炎性细胞浸润等。

可导致哮喘的物质 250 余种，广泛分布在化工、合成纤维、橡胶、染料、塑料、电子、制药、纺织、印染、皮革、油漆、颜料、冶炼、农药、实验动物和家禽饲养、木材加工、皮毛加工、粮食与食品加工及农作物种植等行业，大体上可分为四大类：异氰酸酯类，如甲苯二异氰酸酯（TDI）、亚甲二苯基二异氰酸酯、己二异氰酸酯等；苯酐类，如邻苯二甲酸酐、偏苯三酸酐、三苯六甲酸酐等；药物，如青霉素、头孢菌素、螺旋霉素、四环素、哌嗪枸橼酸盐等；金属，如铂、镍、铬、钴、铍等。

（3）慢性铍病　指长期接触铍及其化合物所导致的以肺部肉芽肿和肺间质纤维化为主的病变。慢性铍病的特征是伴有非干酪性肉芽肿形成的弥漫性肺部炎症。患者多有隐匿发生的呼吸困难，也可有咳嗽、胸痛、关节痛、体重减轻或易疲劳。查体可发现淋巴结肿大，皮肤损害，肝脾肿大。胸部X射线检查可见弥漫性实质性浸润。肺功能检查有限制性通气障碍、阻塞性通气障碍。慢性铍病是由铍特异的CD_4^+ T细胞介导的迟发型变态反应性疾病。铍作为一种半抗原被肺部的巨噬细胞吞噬后，与机体未知蛋白形成全抗原，引起淋巴细胞致敏。致敏的淋巴细胞发生母细胞化并分泌包括巨噬细胞移动抑制因子（MIP）、单核细胞成熟因子（MMF）、单核细胞趋化因子（MCF）等因子。活化T细胞分泌白细胞介素-2（IL-2），引起T细胞本身增殖。同时CD_4^+ T细胞激活巨噬细胞产生白细胞介素-1（IL-1），进一步促进T细胞活化和增殖分化。不断增加的T细胞分泌越来越多的淋巴因子，使肺部巨噬细胞不断积累。聚集的巨噬细胞分泌更多的IL-1，促使T细胞增殖增加，导致T细胞在肺内增生，T细胞释放MCF促使大量单核细胞进入肺。肺部积累大量的T淋巴细胞、单核细胞、巨噬细胞。巨噬细胞可在抗原作用下，转变成上皮样细胞或互相融合成多核巨细胞，形成上皮样细胞肉芽肿。此外，铍还可调节B细胞介导的体液免疫功能，改变血清免疫球蛋白和补体水平。补体是天然免疫和获得性免疫的桥梁，血清补体水平下降，也可介导变态反应的发生[7,8]。

3. 血液系统损害

许多毒物对血液系统有毒作用，可引起骨髓造血功能损伤，血细胞损伤、血红蛋白变性、出血凝血机制障碍、急性溶血、高铁血红蛋白血症和碳氧血红蛋白血症及白血病等。

（1）红细胞毒性　接触化学物质可导致红细胞数量生成减少，表现为再生障碍性贫血、溶血性贫血、铁粒幼细胞性贫血、巨幼细胞性贫血等。

① 再生障碍性贫血。与外源性化学物质或其活性代谢产物结合，可引起造血微环境异常，造血干细胞分化成熟受到影响，外周全血细胞减少，包括外周血中红细胞、白细胞、血小板缺乏。临床主要表现为贫血、出血、不规则发热。实验室检查可见红骨髓明显减少，脂肪组织增多。苯、四氯化碳、三硝基甲苯、对硫磷、二硝基酚、金、汞、有机氯杀虫剂等均可致再生障碍性贫血。

② 巨幼细胞性贫血（大红细胞性贫血）。外源性化学物质苯妥英钠、对氨基水杨酸等可引发巨幼红细胞贫血。骨髓内出现巨幼红细胞系列，细胞核分化落后于细胞质。患者表现为头晕、乏力、活动后心悸气促。

③ 铁粒幼细胞性贫血。重度酒精中毒、慢性铅中毒影响人体血红蛋白合成导致铁粒幼细胞性贫血发生。骨髓中出现环形铁粒幼红细胞，无效造血、组

织铁水平增高。患者可见血清铁水平增高，铁粒幼细胞增多。

④ 红细胞增多症。接触外源性化学物质一氧化碳、磷、汞、钴、锰、砷、煤焦油衍生物等，可促进促红细胞生成素合成与分泌增加，刺激红细胞增加，导致红细胞增多症。红细胞容积增大，血红蛋白大于180g/L。

（2）血红蛋白血症

① 高铁血红蛋白血症。外源性化学物质引起快速氧化或高铁血红蛋白还原系统缺陷导致。苯胺、亚硝酸盐、硝基苯、硝酸丁酯、氯化钾、苯醌、汽油、硝酸盐、硝基甲苯、二硝基甲苯、三硝基甲苯、一氧化氮、百草枯可导致高铁血红蛋白血症。临床表现为发绀、缺氧，严重者出现头痛、呼吸困难、呕吐、昏迷、死亡，分为轻度、中度和重度。

② 碳氧血红蛋白血症。接触高浓度CO，机体血液中一氧化碳水平升高，CO与血红蛋白结合生成碳氧血红蛋白，降低血液氧气输送能力，导致碳氧血红蛋白血症，造成低氧性贫血。血液中碳氧血红蛋白含量30%以上，出现明显中毒症状；超过50%发生昏迷、抽搐、死亡。环境CO来源为吸烟、汽油和液化气燃烧等。

③ 硫化血红蛋白血症。在氧化剂存在状况下，机体血红蛋白与可溶性硫化物不可逆结合，形成硫化血红蛋白，可降低Hb与氧的亲和力。当机体血液硫化血红蛋白含量超过总血红蛋白2%时，发生硫化血红蛋白血症。表现为发绀、缺氧等，一般症状较轻。三硝基甲苯、乙酰苯胺可导致硫化血红蛋白血症。

（3）白细胞毒性

接触有些化学物质可导致白细胞量变和质变，多种药物可致白细胞数量减少或异常增生。抗癌药环磷酰胺、氨甲蝶呤、阿糖胞苷、氟尿嘧啶；解热镇痛剂安乃近、氨基比林、吲哚美辛，硫氧嘧啶类，苯妥英钠、巴比妥类抗癫痫药物，磺胺类，氯霉素、头孢霉素等抗生素，异烟肼、氨苄西林等抗结核药、抗疟药、抗组胺药、抗糖尿病药、心血管药物、利尿剂等可导致急性粒细胞缺乏症。临床表现为起病急，突发畏寒、出汗、疼痛、全身及关节酸痛、淋巴结肿大、扁桃体及皮肤等溃疡；外周血检查可见白细胞数量极度减少，粒细胞仅为1%～2%；骨髓象可见晚幼粒、中幼粒细胞缺如，少量早幼粒细胞。

（4）血小板毒性

① 血小板减少症。特异性化学物质诱导的增生不良性贫血，由于血小板生成减少或破坏增多所致。噻嗪类利尿剂、二乙烯基雌酚、丙卡巴肼等可引起血小板减少症；三硝基甲苯、二硝基甲苯、二硝基酚、松节油，药物青霉素、奎尼丁、肝素、丝裂霉素等可引起免疫介导的血小板减少。急性中毒性血小板

减少症的表现为四肢皮肤、鼻、口腔黏膜、齿龈出血常见，咯血、呕血、尿血较少见。血小板计数减少，一般小于 5×10^{9} 个/L；骨髓象中巨核细胞减少，出血时间延长，凝血酶原时间异常。免疫机制引起的可检出血小板膜相关抗体。

② 中毒性血小板功能异常。一些化学物质可通过多种机制干扰血小板的黏附功能、聚集功能。如甲基硝酸汞可与巯基结合，影响血小板功能。临床表现为黏膜下或皮下有轻微、中度出血，严重者出现皮下血肿、血尿、黑便。血小板计数和出血、凝血时间正常，但血小板黏附功能、血小板凝集功能降低，血小板第Ⅷ因子缺乏或释放障碍。

（5）凝血功能效应

① 凝血蛋白合成减少。损伤肝功能的化学物质可导致凝血因子减少，导致凝血障碍。凝血酶原时间、活化部分促凝血酶原时间延长。

② 急性凝血酶原合成障碍。锑、砷、铅、磷、硒、苯、苯肼、间苯二酚、氯代烃均可减少凝血酶原合成。临床表现为鼻、齿龈、皮下出血，月经过多、血尿、黑便、颅内出血等。实验室检查可见凝血酶原时间延长、活化部分凝血活酶时间延长、凝血时间延长。

③ 凝血因子清除增加。有些化学物质可导致凝血蛋白反应性抗体形成，并与抗体结合形成免疫复合物，被迅速从血液循环中清除，致凝血因子不足，急性期可能导致大出血致死。杀虫剂、四环素、异烟肼、甲基多巴、氯霉素、庆大霉素等均可促进凝血因子清除。

④ 弥漫性血管内凝血（DIC）。继发于酸、碱、氯化汞、四氯化碳、二氯乙烷中毒致大面积黏膜破坏以及薄壁组织细胞坏死后，甲醇、乙酸、一氧化碳、有机磷杀虫剂也可引发 DIC。临床表现为凝血因子消耗，消耗性凝血病及终末血管血小板消耗的血栓形成。具体表现为多部位出血，以皮肤紫癜、瘀斑及穿刺部位或注射部位渗血多见。在术中或术后伤口部位不断渗血及血液不凝固。血栓栓塞导致器官灌注不足、缺血或坏死，表现为皮肤末端出血性死斑；手指或足趾坏疽；休克；血尿、少尿，甚至无尿；意识改变、抽搐或昏迷；肺出血、不同程度的低氧血症；消化道出血；肝功能障碍，出现黄疸、肝衰竭。

4. 消化系统损害

消化系统是毒物吸收、生物转化、排出和肠肝循环再吸收的场所。生产活动中接触某些化学物质亦容易侵犯消化系统。常见的有口腔炎、急性胃肠炎、中毒性肝病、腹绞痛、消化道肿瘤等。四氯化碳、三硝基甲苯中毒可导致急慢性肝损伤。

（1）胃肠道损伤 引起食道和胃肠道损伤的常见外源性化学物质见表 2-11 和表 2-12。

表 2-11 作用于食道的外源性化学物质[7]

作用类型	机制	外源化学物质
胸骨后疼痛	刺激疼痛纤维	酒精、氢氧化钠
	肌肉痉挛	氢氧化钠
	食管穿孔	氢氧化钠、催吐剂
吞咽困难	神经肌肉性	肉毒毒素、铊、河豚毒素
	机械性刺激和损伤	氢氧化钠、碘、氯化汞、百草枯、杀草快

表 2-12 作用于胃肠道的外源性化学物质

作用类型	机制	外源化学物质
疼痛	刺激上腹部疼痛纤维	酒精、砷、腐蚀剂、秋水仙素、氯化汞、水杨酸盐
	穿孔	腐蚀剂、水杨酸盐
	阻塞	水杨酸盐
呕吐	局部刺激	腐蚀剂、秋水仙素、去污剂、氟化物、金属、水杨酸盐、氯化锌
呕血	直接黏膜损伤	酒精、腐蚀剂、金属、氯化锌

① 急性化学性胃肠炎。酸、碱、汞盐、三氧化二砷、苯酚、过氧乙酸及某些药品可损伤胃黏膜，引起急性化学性胃肠炎。病理检查可见胃黏膜呈急性炎症改变，病程一般较短，呈可逆性病变。该病发病急，常于进食污染食物后数小时至 24h 发病。临床表现为上腹部不适、腹痛、恶心、呕吐，呕吐物为酸臭食物，呕吐剧烈时可吐出胆汁，甚至血性液体。如同时合并肠炎，可出现脐周绞痛，腹泻大便呈糊状或黄色水样便，不带脓血，一天数次至十数次。可伴有发冷发热、脱水、电解质紊乱，酸中毒，甚至休克，体征可有上腹或脐周轻压痛，肠鸣音亢进。一般患者病程短，3～5d 即可治愈。

② 腹绞痛。急性或慢性重度铅中毒、二甲基甲酰胺中毒、铊中毒、砷化合物中毒可导致腹绞痛发生。患者经常出现脐周或全腹剧烈的持续性或阵发性绞痛，阵发性加剧，伴有冷汗、面色苍白、恶心、呕吐。铅中毒铅性绞痛发作时，腹部无明显定位，伴有顽固性便秘和轻度贫血、肝酶活性轻度增高等。

③ 慢性胃炎。由不同病因引起的各种慢性胃黏膜炎性病变，是一种常见

病，其发病率在各种胃病中居首位。长期高浓度饮食镉暴露，可以导致萎缩性胃炎和黏膜萎缩。过度吸烟使菸草酸直接作用于胃黏膜导致慢性胃炎的发生。此外，长期服用对胃黏膜有强烈刺激的饮食及药物，如浓茶、烈酒、辛辣物或水杨酸盐类药物，可能也与慢性胃炎的发病有关。

④ 溃疡病。腐蚀性化学物质，如氢氧化钠、氢氧化钾、氨水等直接作用于胃肠道，可破坏黏膜层，引起溃疡病发生。甲醛和乙烯醛与肠道蛋白结合，可损伤黏膜层，导致肠壁的出血和穿孔。酚类、乙醇、烷烃类、一些芳香族化合物和化学溶剂也可导致胃肠道溃疡。高浓度铁离子损伤黏膜时会有恶心、胃灼热和腹痛表现，铁中毒患者可见胃肠道上部出现严重溃疡和坏死。研究表明，胃酸-胃蛋白酶的侵袭作用增强和（或）胃黏膜防护机制的削弱是导致消化性溃疡发生的根本原因。胃溃疡的发生主要是防护机制的削弱，如幽门功能的失调、胆汁及肠液的反流，胃黏液及黏膜屏障破坏等。阿司匹林、吲哚美辛、利血平、肾上腺皮质激素等药物因素，吸烟影响，以及过热、粗糙等食物或过酸、辛辣、酒精等和某些饮料对胃黏膜及其屏障可以有损害作用，咖啡则刺激胃酸分泌，这些都通过削弱黏膜屏障或增加胃酸分泌等促进溃疡发生。

（2）肝病变　肝是外源性化学物质代谢的重要场所，对外源性化学物质代谢产物进行解毒。此外，肝通过调节肝糖原的合成与分解及糖异生作用，维持正常血糖水平；肝合成多种蛋白质及胆汁，参与脂类代谢；参与药物的生物转化及机体免疫调节过程。因此，肝细胞受损可导致多种肝功能障碍，物质代谢障碍可表现为低血糖症、低蛋白血症、低钾血症和低钠血症以及机体凝血障碍、肠源性内毒素血症和肝性腹水；而肝免疫功能障碍可引起细菌感染的菌血症；肝生物转化功能障碍时发生药物代谢障碍、毒物的解毒障碍和激素的灭活减弱等。

① 急性与亚急性肝损伤。短期内接触大量具有肝毒性化学物质可导致肝的急性与亚急性损伤，潜伏期为1～15d，一般表现为黄疸和消化系统非特异性症状，如误服有肝毒性的刺激性或腐蚀性物质磷、汞、砷、氟化物、三氯乙烯、四氯化碳可发生急性肝损伤。但某些外源性化学物质接触后可先出现神经系统、肾损伤后再出现肝损伤，如苯胺、硝基苯类化学物质中毒先出现高铁血红蛋白血症，几天后再出现肝损伤；硫酸铜、砷化氢中毒先发生急性溶血，再出现肝损伤。四氯化碳是经典肝毒物，经细胞色素P450代谢产生三氯甲基自由基（$CCl_3\cdot$）引发脂质过氧化为其肝毒性机制。四氯化碳促进Ca^{2+}向细胞内流或抑制向细胞质外流，诱导Ca^{2+}水平的升高。持续性的胞浆Ca^{2+}水平升高可导致能量储备的耗竭、微丝功能障碍、降解蛋白质、磷脂和核酸的水解酶活化、活性氧和活性氮的生成，使细胞变性甚至死亡。

② 慢性肝损伤。由于长期或反复接触较低剂量肝毒物所致，起病隐匿，症状较轻，进展缓慢。或者由急性中毒性肝病迁延而来。如长期接触 TNT 的作业人员，有慢性肝损伤表现。肝硬化（live cirrhosis，LC）是一种常见的慢性肝病，是由一种或多种病因长期或反复作用，引起肝弥漫性损害。接触三硝基甲苯、三氯乙烯、乙醇、肼可导致人体肝硬化。病理组织学呈广泛的肝细胞变性、坏死、再生及再生结节形成，结缔组织增生及纤维隔形成，破坏肝小叶结构和形成假小叶，逐渐变形、变硬而发展成为肝硬化。早期可无明显临床症状，晚期则有多系统受累，以肝功能损害和门脉高压为主要表现，并常出现消化道出血、肝性脑病、继发感染、癌变等严重并发症。

（3）胰腺病变　锰、乙醇、有机磷农药可导致急慢性胰腺炎发生。胰腺炎主要是由于胰酶消化自身胰腺及其周围组织所引起的化学性炎症。临床症状轻重不一，轻者有胰腺水肿，表现为腹痛、恶心、呕吐等；重者胰腺发生坏死或出血，可出现休克和腹膜炎，病情严重，病死率高。急性有机磷农药中毒合并急性胰腺炎的发病机制可能为以下几方面：a. 抑制胆碱酯酶活性，致乙酰胆碱积聚，副交感神经末梢兴奋，胰液分泌增多。b. 口服农药及洗胃、导泻等因素可刺激十二指肠乳头水肿，Oddi 括约肌痉挛，使胰液排泄受阻。c. 农药中毒抢救时所应用的一些药物，如肾上腺糖皮质激素、抗胆碱能药物、利尿剂等也可加重胰腺损害，特别是既往有酗酒史或胆道疾患者，更易并发急性胰腺炎。d. 重度有机磷农药中毒时出现血流动力学改变，脏器微循环障碍，而胰腺小叶内动脉为终末小动脉，一旦局部微循环发生障碍，短期内很难产生侧支循环，故而发生胰腺缺血，诱发急性胰腺炎[4,9]。

5. 泌尿系统损害

泌尿系统由肾脏、输尿管、膀胱、尿道组成。主要功能是排泄机体在新陈代谢中所产生的能溶于水的代谢产物及多余的无机盐和水分等，控制细胞外液中电解质（如 Na^{+}、K^{+}、Ca^{2+}、Cl^{-}）的浓度，保持机体内环境稳定和电解质的平衡。泌尿系统也具有内分泌作用，可分泌肾素、缓激肽、前列腺素、促红细胞生成素及 1,25-二羟维生素 D_3 多种生物活性物质。泌尿系统是大部分外源性化学物质及其代谢产物的主要排泄通道，肾脏是重要的毒性作用靶器官。泌尿系统损害可引起急性中毒性肾病、慢性中毒性肾病、泌尿系统肿瘤及其他中毒性泌尿系统疾病，化学性膀胱炎等。

可导致泌尿系统损害的化学物质有镉、铬、铅、铜、汞、铝、钒、镍、铋、铀、金、铁、银、锑、铊、锂、铍等金属；硫酸、硫化氢、二硫化碳等硫化物；砷、碲、硼、磷、氮及其化合物；有机磷、百草枯等农药；正己烷、氟烯烃、三氟乙烷、三氟氯乙烷等氟代脂肪烃类；氯甲烷、溴甲烷、碘甲烷、二氯甲烷、氯仿、四氯化碳、二氯丙烷等氯、溴、碘代烷类；卤代烯烃类；卤代环烃类；芳香烃类；芳香族氨基和硝基化合物；对苯二甲酸酯类；2-乙氧基乙醇、乙二醇等醇类；醚类；醛类；甲酸，二苯基肼，油溶黄 AB 等染料及多种药物。

（1）肾小球肾炎　肾小球炎症是免疫介导性疾病。镉、铬、金、铅、无机汞可通过体液免疫形成循环的免疫复合物，在肾小球被俘获后，中性粒细胞和吞噬细胞的聚集和吞噬、局部细胞因子和活性氧的释放，损伤肾小球近端小管，引发肾小球肾炎。临床表现为蛋白尿或血尿，严重的肾小球肾炎病理检查可见系膜细胞和上皮细胞广泛增殖，形成新月形的小体。

（2）急性肾小管坏死　急性肾小管坏死是化学物质诱导的最常见的中毒性肾损害。显微镜检查可见肾小管上皮细胞变性、脱落和坏死改变；坏死的肾小管上皮细胞经常出现刷状缘脱落、胞浆均质化，溶酶体肿胀破裂；管腔内充满脱落的肾小管上皮细胞、管型和渗出物。中毒性肾小管坏死一般不破坏基底膜的完整性。可引起肾小管坏死的外源化学物质有：汞、铅、镉、砷、铀、铬等金属与类金属；四氯化碳、苯、甲苯、氯仿、乙二醇等。氯仿经肾小球滤过后在肾小管腔达到较高的浓度，近端小管对氯仿的通透性高而被重吸收，氯仿进入近端小管细胞后，在依赖细胞色素 P450 氧化酶的催化下，形成活性代谢产物碳酰氯（$COCl_2$），与胞内的生物大分子反应引起细胞损伤。

（3）急性肾衰竭（acute renal failure，ARF）　短时间内肾小球滤过率下降超过 50%，主要表现是少尿或无尿、氮质血症、高钾血症和代谢酸中毒；血尿素氮进行性增高，肌酐清除率迅速降低，出现尿毒症症状。外源性化学物质引起的 ARF，发病快，如果肾损害轻，停止接触毒物后多数可以恢复，但如果肾损害比较严重，则可发生死亡或转为慢性肾衰竭。氨基糖苷类、顺铂、重金属、含马兜铃的中草药等可诱导肾小管细胞发生凋亡和坏死而导致 ARF；乙醇引起横纹肌溶解，释放出肌红蛋白损伤肾；磺胺、氨甲蝶呤等药物或其代谢产物阻塞肾小管引起 ARF；β-内酰胺抗生素、利福平、丙硫氧嘧啶等主要通过细胞免疫、免疫复合物沉淀引起 ARF。

（4）间质性肾炎　发病部位为肾间质，肾小管-间质肾炎。按照发病时间分为急性间质性肾炎和慢性间质性肾炎。急性间质性肾炎是以短时间内发生肾间质炎症细胞浸润、间质水肿、肾小管不同程度受损，肾小球和肾血管多正常或轻度病变。多种药物如利尿剂、解热镇痛药、别嘌呤醇、H_2 受体阻滞剂、质子泵抑制剂（PPI）可导致间质性肾炎发生。

（5）慢性肾衰竭（chronic renal failure，CRF）　一般以肾小球滤过率（GFR）渐进性和不可逆性下降为特征，以代谢产物潴留，水、电解质及酸碱平衡失调为主要临床表现。金属铅、铂、铜、锂、汞及含有马兜铃酸成分的中草药可导致慢性肾小管病变或急、慢性肾衰竭。

（6）肾病综合征（nephrotic syndrome，NS）　慢性肾炎引起的临床表现为蛋白尿、水肿、低蛋白血症和高脂血症的临床症候群。肾小球滤过膜损伤，蛋白质滤出增加，血液胶体渗透压下降，水潴留在组织间隙内，水钠潴留。青霉胺、海洛因、三甲双酮、甲苯磺丁脲可致NS。

（7）膀胱刺激症状和膀胱出血　主要表现为尿频、尿急、尿痛。苯胺、邻甲苯胺、4-氯邻甲苯胺、杀虫脒中毒可发生出血性膀胱炎。

6. 循环系统损害

许多化学物质引起的急、慢性中毒达到一定程度时都可损害心血管系统，引起急慢性心肌损害、心律失常、房室传导阻滞、肺源性心脏病、心肌病和血压异常等。循环系统毒性早期临床表现多不突出，发生后可导致心源性猝死等不良效应。

化学物质引起人体急性中毒过程中，损害心脏泵血功能、自律性或传导性。轻度中毒可表现为心肌缺血样心电图改变，心律失常，血清肌酸激酶同工酶（CKMB）、肌钙蛋白I（cTnI）含量增高等；重度中毒可出现心肌梗死样改变，心室颤动、Ⅲ度房室阻滞，心源性休克，猝死等。例如，一氧化碳中毒，心脏可以出现心肌内点状出血、灶性坏死、纤维变性，间质弥漫水肿和细胞浸润等改变、心内膜灶性出血。有机磷中毒者，可出现心外膜下呈点状出血，右心房、右心室轻度扩大，心肌间质明显充血、水肿，心肌纤维断裂；房室阻滞、室上性心动过速、心房颤动、心室颤动，猝死等。急性砷化氢中毒，可引起心脏乳头肌及间质散在出血，肌纤维断裂，灶性水肿及炎症等；左心室及室间隔都有较广泛的心肌变性及间质水肿。急性钡中毒者，多伴有严重的心律失常、房室阻滞。三甲基氯化锡中毒，CKMB升高，心电图出现典型的ST-T波改变和u波，出现心动过缓、窦房结功能异常、室性心动过速等。四乙基铅中毒者，出现低血压、低心率、低体温“三低征”。急性酚中毒者，出现血压升高、心肌缺血样心电图改变、心律失常等。有机氟重度中毒者均有心电图异常，主要表现为窦性心动过速、*Q-T*间期延长、心肌缺血改变，甚至猝死。可导致循环系统损伤的常见化学物质见表2-13。

表 2-13 可导致循环系统损伤的常见化学物质

化学物质类型	化学物质
金属与类金属及其化合物	汞、砷、砷化氢、铅、锑、钡、钴、铊等
窒息性气体	一氧化碳、硫化氢、氰化物、甲烷、氮、二氧化碳
刺激性气体	氨、氯、光气、二氧化氮、硫酸二甲酯、氯甲酸甲酯、有机氟、氢氟酸、磷化氢、三氯化磷、氯甲醚、一甲胺、羰基镍
有机溶剂	苯、甲苯、汽油、四氯化碳、二硫化碳
卤代烃类	四氯乙烯、氯乙烯、氯乙烷、三氯乙烷、四氯乙烷、三氯丙烷、环氧乙烷、溴乙烷、溴丙烷、氯仿
农药	林丹、DDT,代森胺,氟乙酰胺、氟乙酸钠,内吸磷、甲拌磷、灭蚜净、DDV、甲胺磷、乐果、敌百虫、马拉硫磷、磷胺,拟除虫菊酯类(氰戊菊酯、溴氰菊酯等),杀虫脒,氨基甲酸酯类,敌稗,毒鼠强,百草枯、聚醚类抗生素(马杜霉素、盐霉素、莫能霉素)
高铁血红蛋白形成剂	苯胺、亚硝酸盐;苯酚、氟乙酸、叠氮化钠、烯丙胺、硼烷等

外源性化学物质导致的心血管毒性的表现，主要有心律失常、心肌肥大、心力衰竭、高血压、动脉粥样硬化等。

(1) 心律失常　可引起心律失常的化学物质主要有：①金属与类金属及其化合物，如氯化汞、亚砷酸钠、氟化钠等。②有机溶剂，如 1-苯基-2-硫脲(PTU)、邻苯二甲酸二（2-乙基己基）酯（DEHP）和二硫化碳等。③农药，如单甲脒、溴氰菊酯等。④药物，如卡氮芥、0.75%布比卡因、氯化两面针碱、乌头碱、烟酰胺等。⑤锰、氟利昂、急性拟除虫菊酯类农药（溴氰菊酯、氟氰菊酯等）等。

(2) 心肌肥大　一氧化碳、乙醇、可卡因及阿霉素可致机体心肌肥大发生。

(3) 心力衰竭　急性一氧化碳中毒、酒精中毒、亚急性砷中毒、急性三氯乙烯中毒患者可见心力衰竭表现。

(4) 高血压　可导致高血压的化学物质主要有：①金属与类金属及其化合物，如醋酸铅等。②有机溶剂，如二硫化碳等。③农药，如溴氰菊酯、乐果等。④药物，如毒毛花苷、盐酸阿霉素等。⑤激素，如血管紧张素Ⅱ等。

(5) 动脉粥样硬化　常见的可导致动脉粥样硬化的外源性化学物质：①金属与类金属及其化合物，纳米二氧化硅、纳米二氧化钛、纳米氧化锌、纳米钴、Fenton 体系（$FeSO_4$ 与 H_2O_2）等。②有机溶剂，对甲酚、甲基乙二醛、过氧化氢、腐殖酸、尿酸盐等。③农药，单甲脒等。④激素，血管紧张素Ⅱ(Ang-Ⅱ)。⑤其他，3-脱氧葡糖醛酮、同型半胱氨酸、肿瘤坏死因子-α

（TNF-α）、葡萄糖、蛋氨酸、内皮素-1（ET-1）等。

7. 皮肤损害

化学因素损害皮肤可引起接触性皮炎、光敏性皮炎、痤疮、皮肤溃疡、疣赘、角化过度和皲裂、皮肤黑变病，甚至引发皮肤肿瘤。据估计，职业性皮肤病占职业病总数的40%～50%。

可导致皮肤损伤的外源性化学物质有金属及类金属，铬及其化合物、镍及其化合物、铍及其化合物、钴及其化合物、汞及其化合物、砷及其化合物，磷；氯代烷烃及氯代烯烃，如三氯甲烷、三氯乙烯；无机酸，如硫酸、盐酸、氢氟酸、硝酸；有机酸，如甲酸、三氯乙酸、丙烯酸、水杨酸等；无机碱，如氨、氢氧化钠、氢氧化钾、氧化钙、氢氧化钙；有机碱，如一甲胺、乙二胺；原发性刺激物，如煤焦油、环氧树脂、沥青。

化学物质皮肤损害主要与化学物质对皮肤的刺激作用、致敏作用、光敏作用有关。化学物质一旦损害皮肤，可有痒、痛、烧灼、麻木等感觉，其他还有刺痛、异物感、对温度和接触物的易感性增强或降低等症状。皮肤的基本损害为斑、丘疹、水疱、大疱、结节、风团、囊肿、肿瘤、鳞屑、表皮剥脱（或抓痕）、糜烂、溃疡、痂、皲裂、瘢痕、萎缩、苔藓样变等多种。

（1）接触性皮炎　由化学物质的原发刺激作用引起。皮肤损害程度与刺激物的性质、浓度、温度、接触方式及接触时间有密切关系，个体差异较小。接触高浓度强刺激物，可立即出现皮肤损害。皮肤损害局限于直接接触刺激物的裸露部位，界限清楚。手腕和前臂为好发部位。接触刺激物后首先在接触部位的局部出现瘙痒或烧灼感，继而出现红斑、丘疹或在水肿性红斑的基础上密布丘疹、水疱或大疱，疱破裂后出现糜烂、渗出、结痂等。皮炎具有自限性，脱离病因可治愈。

（2）光敏性皮炎　接触煤焦油沥青等光敏物质，局部皮肤出现潮红、肿胀，伴有烧灼或刺痛感，遇日晒、风吹、出汗或用水清洗时则症状加剧。皮损表面干燥、光滑，眼睑周围可有不同程度的水肿。皮肤损害局限于身体暴露部位，光照后半小时或数小时发病，2～3d后炎症减轻。

（3）药疹样皮炎　接触三氯乙烯、丙烯腈、甲胺磷或乐果等可引起重症多形红斑、剥脱性皮炎、大疱性表皮坏死松懈症等皮肤损害，一般有发热，严重时会出现肝肾损害，病情较为严重。

（4）皮肤黑变病　长期接触煤焦油、石油及其分馏产品、橡胶添加剂及橡胶制品、某些染料、颜料等，可引起色素代谢性障碍并导致慢性皮肤色素沉着。一般有明显诱因，如内分泌紊乱、精神紧张等，中年女性多于男性，与个体因素有关。临床表现为四肢、躯干甚至全身色素沉着，颜色呈深浅不一的灰黑色、褐色和紫黑色等，可见红斑。患者自觉瘙痒，严重者有头痛、乏力、食欲不振等症状。脱离接触后一般症状消失，色素沉着一般要经过1～2年可消退。

（5）白斑　接触苯二酚、对苯基苯酚、叔丁基儿茶酚等可引起皮肤色素脱失斑。一般接触后1～2年发生。皮损好发于手部、腕部、前臂等直接接触化学物质部位，在颈部、前胸、后背、腰腹等非暴露部位也可发生。砷制剂可致色素减退。

（6）痤疮　接触矿物油类、卤代烃、多氯酚、聚氯乙烯热解产物等可引起皮肤毛囊、皮脂腺的慢性炎症损害。表现为毛囊上皮细胞增生角化，皮脂排泄受阻。潜伏期一般1～4个月，脱离接触后可好转，恢复接触可复发。

（7）疣赘　长期接触石棉、煤焦油沥青、煤焦油、页岩油等，接触部位的皮肤表面可出现增生，发生扁平疣样、寻常疣样及乳头瘤样皮损。脱离接触后，部分可自行消退。少数可转为皮肤癌。

（8）皮肤角化、皲裂　长期接触有机溶剂、酸性物质、碱性物质及机械摩擦等都可造成接触部位的皮肤粗糙、增厚或裂隙等。患者自觉疼痛，少数可有感染发生。给予皮肤滋润剂可预防。

（9）痒疹　接触铜屑、搪瓷粉末、玻璃纤维等可引起皮肤瘙痒，接触性荨麻疹。主要发生在面部、颈部、腕部等暴露部位，脱离接触环境或刺激物则瘙痒消失。

（10）皮肤癌　长期接触煤焦油、沥青、矿物油、无机砷等可致皮肤肿瘤。

8. 眼损害

化学物质可导致多种眼部病变，可引起角膜、结膜刺激性炎症，角膜、结膜坏死、糜烂，白内障、视神经炎、视网膜水肿、视神经萎缩，甚至失明。化学物质对眼组织的损害，主要与化学物质破坏眼组织蛋白质，使其变性、凝固、坏死有关。如高浓度酸与眼组织接触，使角膜组织蛋白凝固坏死。碱性化合物进入角膜缘血管网，形成血栓，降低角膜抵抗力，进而继发感染，发生溃疡或穿孔。

可导致眼损害的化学物质有铅、锰、铊、氯化汞、砷等金属或类金属及其化合物，三硝基甲苯、二硝基酚、硝基萘等芳香族烃类及其硝基化合物，甲醇，硫酸、二硫化碳、二氧化硫、三氧化硫等硫化物，盐酸、氢氟酸、硝酸、氯磺酸、铬酸等无机酸，氯、氨等。

（1）急性症状　眼摩擦性灼痛、强烈异物感、大量流泪和羞光。眼部检查一般可见角膜上壁点状或片状脱落，表层或深层水肿，结膜充血、水肿。严重者发生角膜溃疡，角膜脱落和失明。强酸和强碱可引起结膜水肿，角膜血管增生、瘢痕形成、严重结膜炎和葡萄膜炎，也可损害晶状体和视网膜。如甲醇经呼吸道、口腔和皮肤吸收快，接触初期表现为视网膜水肿、视力模糊，继而视神经节细胞减少，视神经萎缩，导致永久性失明。

（2）过敏反应　眼眶周围发生过敏性皮炎、眼部充血性水肿、红斑，眼眶周边皮肤出现丘疹、水疱，伴有结膜炎、角膜炎。停止接触后自愈。

（3）白内障　接触TNT、三苯乙醇、二硝基酚、铊、萘、对乙酰氨基酚等可致白内障，与其体内代谢产物有关。

（4）其他　急性甲醇中毒可致急性视力减退。一氧化碳、二硫化碳、铅、锰、甲醇、三硝基甲苯、铊等可致视野缩小。溴甲烷可致幻视。一氧化碳、二硫化碳、铅等中毒可致复视。二硫化碳、汞、铅、锰等中毒可见眼球震颤。职业接触汽油、甲苯、甲醛等物质可致眼睑痉挛。

四、化学品的致癌作用

致癌作用是指由致癌物或致癌因素引起正常细胞转化为恶性肿瘤细胞的效应。致癌物（carcinogen）是来源于自然和人为环境、在一定条件下能诱发人类和哺乳动物癌症的物质，按其来源可分为天然致癌物、原料加工过程中生成的致癌物及人工合成的致癌物三大类，根据性质分为化学性致癌物、物理性致癌物和生物性致癌物。人类发生肿瘤与环境因素和遗传因素有关，环境因素最主要是外源性化学物质接触。化学性致癌物是指能够引起正常细胞发生恶性转化为肿瘤细胞的化学物质，包括天然和人工合成的化学物质。

1. 化学性致癌物的识别与确定

人类对化学物质致癌的认识起源于临床病例观察，再通过整体动物试验（啮齿类长期致癌试验）、体外试验（短期试验）对化学物质致癌性进行观察，最后经环境暴露化学物质人群的流行病学调查进行确认。IARC依据人类流行病学调查资料和实验动物的致癌性资料的完整性和权重综合评价，对化学性致癌物进行分类。

体外试验如Ames试验，可检测化学物质诱导DNA基因突变；DNA修复试验，可证明DNA暴露于一种化学物质时是否发生损伤；姊妹染色单体互换试验，来判断化学物质对遗传物质的影响；染色结构畸形分析，可检测化学物质对细胞染色体的损伤；哺乳动物细胞恶性转化试验，来判断加入细胞培养液的化学物质是否具有使培养的细胞向恶性转化的能力；癌基因和抑癌基因检测，通过一组基因表达的上调或下调来判断细胞恶性转化的可能性。

2. 化学性致癌物分类

（1）按照化学性致癌物作用机理进行分类　可将化学性致癌物分为能引起正常细胞发生癌变的引发剂（或称始发剂）和可使已经癌变的细胞不断增殖而形成可见瘤块的促长剂，较为常见而重要的促长剂有巴豆油中的巴豆醇二酯、苯酚、胆汁酸、某些色氨酸代谢物以及糖精等。同时具有引发作用和促长作用的化学性致癌物称为完全致癌物，致癌作用较强的化学物质大多是完全致癌物。仅具有引发作用而不具有促长作用的引发剂称为不完全致癌物。有些化学物质既非引发剂，也非促长剂，本身并不致癌，但能增强引发剂和促长剂的作用，即能加速致癌作用的过程，此种化学物质称为助致癌物，严格说来，助致癌物并非致癌物，但致癌物往往是在助致癌物协同作用下诱发肿瘤，常见的助致癌物有二氧化硫、乙醇、儿茶酚、芘和十二烷等；具有促长作用的巴豆醇二酯同时也是一种助致癌物。助致癌物与促长剂不同，促长剂只能促进已发生癌变的细胞增殖，对引发剂并无影响；而助致癌物对与其同时接触机体的引发剂和促长剂都具有增强促进作用。在鉴定化学物质的致癌作用和评定它们对机体的危害时，应充分考虑各种助致癌物的作用。

有些化学性致癌物具有直接致癌作用，在机体内不经过生物转化即可致癌，称为直接致癌物。有些化学性致癌物本身并不直接致癌，只有在体内经过生物转化，形成的衍生物具有致癌作用，称为间接致癌物，其转化过程称为致癌物的代谢活化。已知化学性致癌物大多是间接致癌物。直接致癌物和间接致癌物形成的具有致癌作用的衍生物统称为终致癌物。必须经过代谢活化才具有致癌作用的间接致癌物则称为前致癌物。前致癌物代谢活化所形成的一系列中间代谢物中，有的已具有一定的致癌作用，但还不是终致癌物，此种物质则称为近致癌物或半致癌物。

（2）根据致癌性证据权重进行分类　根据致癌性证据权重，致癌物可分为确定的致癌物、可疑的致癌物和可能的致癌物。动物试验和人群流行病学调查证据确认具有肯定致癌作用的致癌物，称为确定的致癌物；动物，而且是多种，特别是在与人类血缘较近的灵长类动物研究呈现致癌作用，但在人类仅有个别致癌临床报告，在人群流行病学调查中尚未能证实致癌作用的致癌物，称为可疑的致癌物；权重证据显示动物致癌，但无任何资料表明对人致癌，只是对人可能致癌的致癌物，称为可能的致癌物。

世界卫生组织所属国际癌症研究机构（IARC）从1972年开始根据流行病

学、动物试验资料对致癌物的危险性进行综合分析评价，将化学性致癌物的致癌危险分为1～4类：

① 对人致癌性证据充分（1类）。接触该类化学物质的人群与某种特定肿瘤发生有关，接触人群的癌症发生率明显高于非接触人群。人群流行病学调查证据资料完整，即确定的人致癌物。如镉、钚、放射性碘、4-氨基联苯、硫唑嘌呤、苯、联苯胺、苯并［*a*］芘、白消安、黄曲霉毒素、氯乙烯、石棉、环磷酰胺、己烯雌酚、环氧乙烷等。

② 对人致癌性证据（人群流行病学调查证据）有限、对动物致癌性证据充分（2A类）。即对人可疑的致癌物，如丙烯酰胺、1,2-二甲肼、硫酸二甲酯、乌拉坦、二苯并［*a*,*l*］芘、二苯并［*a*,*h*］蒽、无机铅化合物、2-硝基甲苯、四氯乙烯、氟乙烯、四氯丹、氯霉素、顺铂等。

③ 对人致癌性证据有限，动物致癌试验证据不够充分；或者对人致癌性证据不足，但对动物致癌性证据充分（2B类）。即对人可能的致癌物，如乙醛、乙酰胺、黄曲霉毒素、丙烯腈、对氨基偶氮苯、β-丁内酯、咖啡酸、炭黑、四氯化碳、儿茶酚、氯丹、十氯酮（开蓬）、氯丁二烯、钴及其化合物、椰子油等。

④ 对人致癌性证据不确切，动物试验致癌性证据也不确切或有限（3类）。即依据现有证据尚不能对人致癌性进行分类的化学物，如威杀灵、吖啶黄、丙烯醛、偶氮苯、蘑菇氨酸、苋菜红、氨苄西林、三硫化二锑、过氧化苯甲酰、溴乙烷、γ-丁内酯、咖啡因、氯胺、蜜胺（三聚氰胺）、汞和无机汞化合物等。

⑤ 对人无致癌性、缺乏人群和动物致癌试验数据；或对人致癌性证据不确切，且动物试验明确证实无致癌性的化学物（4类）。即对人很可能不致癌的化学物质，如己内酰胺。

（3）根据致癌物是否具有遗传毒性进行分类

① 具有遗传毒性的致癌物。大部分“经典”的有机致癌物基本上属于这一大类。

a. 直接致癌物。其化学结构的固有特性是不需要代谢活化即具有亲电子活性（有极少例外），能与亲核分子（包括DNA）共价结合形成加合物（adducts）。这类物质绝大多数是合成的有机物，包括：内酯类（如β-丙烯内酯，丙烷磺内酯和α,β-不饱和六环内酯类）；烯化环氧化物（如1,3-丁二烯环氧化物）；亚硝酰胺；硫酸酯类；芥子气和氮芥等；活性卤代烃类（如双氯甲醚、苄基氯、甲基碘和二甲氨基甲酰氯），其中双氯甲醚的高级卤代烃同系物随着烷基的碳原子增多，致癌活性下降。除前述烷化剂外，一些铂的配位络合物（如二氯二氨基铂，二氯吡咯烷铂，以及二氧-1,2-二氨基环己烷铂）也有直接致癌活性，通常其顺式异构体的活性较反式异构体高。

b. 间接致癌物。这类致癌物往往不能在接触的局部致癌，而在其发生代谢活化的组织中致癌。间接致癌物可分为天然和人工合成两大类。人工合成的有：多环或杂环芳烃（如苯并［*a*］芘、苯并［*a*］蒽、3-甲基胆蒽、7,12-二甲苯并［*a*］蒽、二苯并［*a*,*h*］蒽等）；单环芳香胺（如邻甲苯胺、邻茴香胺）；双环或多环芳香胺（如 *β*-萘胺、联苯胺等）；喹啉（如苯并［*g*］喹啉等）；硝基呋喃；偶氮化合物（如二甲氨基偶氮苯等）；链状或环状亚硝胺类几乎都致癌。但随着烷基的不同，作用的靶器官也不同；烷基肼中二甲肼可致癌，肼本身有弱致癌力；甲醛和乙醛；氨基甲酸酯类中的氨基乙酸丙酯和氨基乙酸丁酯均致癌，其中，以氨基甲酸乙酯（乌拉坦，亦称脲烷）致癌能力最强；卤代烃中的氯乙烯可诱发肝血管肉瘤。

一些毒菌产物，如环孢素 A、阿霉素、道诺霉素、放线菌素 D 也是间接致癌物。这些物质常作为药物使用。烟草即使未经燃烧和热解也会含有亚硝基去甲菸碱等致癌物。烟草的烟中更含有多种致癌物，如多环芳烃、杂环化合物、酚类衍生物等。烟草的烟中还含有大量促癌物，这就是提倡戒烟的原因之一。槟榔中的槟榔碱可形成亚硝胺，口嚼槟榔使口腔癌和上消化道发癌率及病死率增高。

c. 无机致癌物。镭、氡可能由于其放射性而致癌。镍、铬、铅、铍及其某些盐类均可在一定条件下致癌，其中镍和钛的致癌性最强。

② 非遗传毒性致癌物。根据目前的试验证明不能与 DNA 发生反应的致癌物。

a. 促癌剂。促癌剂单独并不致癌，但促癌作用是致癌作用的必要条件，促癌剂可促进亚致癌剂量的致癌物与机体接触启动后致癌。如对苯二甲酸（purified terephthalic acid，TPA）是鼠皮肤癌诱发试验中的典型促癌剂，在体外多种细胞系统中有促癌作用。苯巴比妥对大鼠或小鼠的肝癌发生有促癌作用。色氨酸及其代谢产物和糖精对膀胱癌也有促癌作用。丁基羟甲苯（butylated hydroxy-toluene，BHT）作为诱发小鼠肺肿瘤的促癌剂，对肝细胞腺瘤和膀胱癌也有促癌作用。DDT、多卤联苯、氯丹、TCDD 是肝癌促进剂。

b. 细胞毒物。导致细胞死亡的物质可引起代偿性增生以致发生肿瘤。其机理尚不清楚，但可能涉及机体对环境有害因素致癌作用的易感性增高。如一些氯代烃类促癌剂作用机理可能与细胞毒性作用有关。次氮基三乙酸（nitrilotriacetic acid，NTA）可致大鼠和小鼠肾癌及膀胱癌，初步发现其作用机理是将血液中的锌带入肾小管超滤液，并被肾小管上皮重吸收，锌的细胞毒性造成这些细胞的损伤并导致死亡，引起增生和肾肿瘤形成。尿中的 NTA 还与钙络合，使钙由肾盂和膀胱的移行上皮渗出，以致刺激细胞增殖，并形成肿瘤。

c. 激素。许多干扰内分泌器官功能的物质可使这些器官的肿瘤增多。如体内维持高水平的雌激素可诱发内分泌敏感器官发生肿瘤。

d. 免疫抑制剂。免疫抑制过程可从多方面影响肿瘤形成。如硫唑嘌呤、6-巯基嘌呤等免疫抑制剂或免疫血清均能使动物和人发生白血病或淋巴瘤，使用环孢素 A 患者的淋巴瘤的发生率增高。

e. 固态物质。啮齿动物皮下包埋塑料后，经过较长的潜伏期，可导致肉瘤形成。其作用机理可能是固态物质可对上皮成纤维细胞增殖提供基底。石棉和其他矿物粉尘，如铀矿或赤铁矿粉尘，可增强吸烟致肺癌的作用。

f. 过氧化物酶系增生剂。具有使啮齿动物肝脏中的过氧化物酶系增生作用的各种物质都可诱发肝肿瘤。如增塑剂邻苯二甲酸二（2-乙基己基）酯和有机溶剂 1,1,2-三氯乙烯。目前认为，肝过氧化物酶及 H_2O_2 增多，可导致活性氧增多，发生信号转导作用，造成 DNA 损伤并启动致癌过程。

3. 常见的与职业相关的肿瘤

（1）呼吸系统肿瘤　IARC 公布的确认人类可致肺癌的致癌物主要包括石棉、二氧化硅、含石棉纤维的滑石粉、砷及其化合物、铍及其化合物、镉及其化合物、六价铬、部分镍化合物、氯丁二烯、焦炉逸散物、煤焦油和沥青、轻度或是未经处理的矿物油、烟灰、氯甲基甲醚、双氯甲醚、芥子气、含硫酸的强无机酸雾、滴滴涕（DDT）、硬木屑、异丙油及放射性物质接触等。引起职业性肺癌的工种主要有石棉、无机砷、二氯甲醚接触工，以及焦炉工、铀矿工、煤气发生炉工。铍的提炼、加工，航空工业、电子工业、核工业、宝石加工业工人接触铍可致人类肺癌，芥子气作为生物武器可致军人肺癌。吸烟是肺癌发生的危险因素，对职业性肺癌发生有影响。

（2）白血病。是一类造血干细胞的恶性克隆性疾病，以急性髓性白血病多见。苯、多数烷化剂、高剂量的 γ 射线和 X 射线暴露后，骨髓祖细胞增殖时染色体不分离，增殖失控、分化障碍、凋亡受阻，白血病细胞大量增生，并浸润其他组织和器官，而正常造血功能受到抑制。职业性白血病常见于长期、高浓度苯接触工人。有文献报道接触苯后最少 4 个月发生白血病，最长 20 多年。

（3）泌尿系统肿瘤

① 肾肿瘤。镉工业、钢铁冶炼、焦炭生产、石油行业、印刷工业工人肾癌危险增加。镉、铅、砷等放射性核素（Th、Ra、U 等）也是肾肿瘤发生的危险因素。

② 膀胱肿瘤。多为移行上皮细胞癌。职业性膀胱癌可占职业肿瘤的

25%～27%，β-萘胺、联苯胺、4-氨基联苯等芳香胺类物质为最主要的致膀胱癌化学物质，职业性膀胱癌与患者所从事的职业有明显关系，染料、橡胶、化工、美容美发、皮革业、印刷、纺织品印染、焦油、油漆和铝工业等行业的工人多发。无机砷暴露与膀胱癌发生有相关性。IARC将联苯胺归类为人类确定致膀胱癌的化学物质。联苯胺还可诱发输尿管癌、肾盂癌等。

（4）消化道肿瘤

① 食管癌，是由食管黏膜上皮或腺体发生的恶性肿瘤，可能与某些化学因素如亚硝胺类化合物的摄入有关。

② 胃癌，消化系统最常见的肿瘤，可能亚硝胺类化合物、3,4-苯并芘与胃癌发生有关。

③ 肝癌，职业接触氯乙烯、无机砷、二甲基亚硝胺、氧化钍胶体可能与肝癌发生有关。二乙基亚硝胺经肝细胞色素P450代谢活化成为亲电子剂，可与生物大分子结合，引起肝毒性及肝癌。长期接触高浓度氯乙烯可致肝血管肉瘤。

④ 胰腺癌，与胰腺癌发生相关的外源性化学物质有β-萘胺、联苯胺和煤焦油类。大鼠、小鼠和豚鼠诱癌试验发现，二甲基胆蒽和二丙基亚硝胺试验阳性。

（5）皮肤癌　是人类最早发现的职业性肿瘤，约占人类皮肤癌的10%。常发生于经常接触部位，如面、颈部、前臂和阴囊。致皮肤癌的化学物质有煤焦油、沥青、蒽、木榴油、石蜡、氯丁二烯、页岩油、砷化物等。打扫烟囱工人的阴囊癌是最早发现的皮肤癌。

4. 我国确认的职业性肿瘤及职业致癌物

2013年，国家卫生计生委等4部门联合印发《职业病分类和目录》，列出11种职业性肿瘤的名单。我国职业性肿瘤名单的特点是既包括了化学致癌物，也包括了致癌的靶器官。见表2-14。

表2-14　我国《职业病分类和目录》所列的职业性肿瘤名单

序号	致癌物	种类名称					
1	石棉	肺癌	胸膜间皮瘤				
2	毛沸石	肺癌	胸膜间皮瘤				
3	氯甲基甲醚	肺癌					
	二氯甲醚	肺癌					
4	焦炉逸散物	肺癌					
5	六价铬化合物	肺癌					

续表

序号	致癌物	种类名称					
6	砷及其化合物	肺癌		皮肤癌			
7	煤焦油			皮肤癌			
	煤焦油沥青			皮肤癌			
	石油沥青			皮肤癌			
8	联苯胺				膀胱癌		
9	β-萘胺				膀胱癌		
10	苯					白血病	
11	氯乙烯						肝血管肉瘤

五、化学品的生殖毒性

毒物对生殖系统的毒作用涉及对接触者本人及其子代发育过程的不良影响。如铅对男性可引起睾丸精子数量减少，畸形率增加和活动能力减弱；对女性可引起月经异常发生率增高，如月经周期和经期异常、痛经和月经血量改变等，增加不孕不育发生率。

1. 对男性生殖健康的影响

化学物质除影响生殖器官、性腺轴及性激素水平外，还可对精子形态和数量、精液质量、生育力和配偶生殖结局产生不良作用。

（1）影响生殖器官　正己烷可导致男性睾丸萎缩；三硝基甲苯、二硝基甲苯、二溴氯乙烷可损伤睾丸支持细胞；硼酸能降低附睾、前列腺重量；铅、氟可致男性睾丸间质细胞和支持细胞增生，生精小管玻璃样变和钙化。

（2）影响性腺和激素水平　氟辛烷可导致雌激素水平升高、睾酮水平下降；乙醇可降低间质细胞刺激素水平；铅、镉、丙烯腈接触可使血清睾酮、雌二醇、催乳素、间质细胞刺激素（LCSH）分泌紊乱。

（3）影响精子质量　铅可导致精子存活率下降；砷可致男工精子数量减少、质量下降、活动减弱、畸形率增加；接触镉、镍男工可出现精液量少、精子活动度低及畸形率升高现象；接触二硫化碳可致男工精子数量减少、活动度降低、畸形率升高；氟致男工精子数减少、精子活动度降低、精子膜损伤等。苯、丙烯腈、邻苯二甲酸二丁酯可致精子 DNA 损伤，染色体结构改变；长期低剂量接触有机磷农药、氰戊菊酯也可引起男工精子活动度、精液量下降。

（4）影响生育力　铅和其他金属烟雾、二溴氯丙烷、溴化乙烯、二硫化碳可致男性不育、性欲降低、阳痿、生育力降低。

（5）影响配偶生殖结局　男性接触氯乙烯可影响配偶生殖结局，配偶自然流产、早产发生率增加。男性从事二甲基甲酰胺、丙烯作业，其配偶自然流产、早产、死胎、死产增加。镉接触与前列腺癌、睾丸癌有关。DDT、二氯二苯二氯乙烯与睾丸癌发生有关。

2. 对女性生殖健康的影响

化学物质对女性生殖健康影响的主要表现是对月经机能、性腺轴内分泌、女性生育力及对子代发育、生殖系统肿瘤的影响。

（1）对月经机能的影响　一定量的铅、汞、锰、有机磷农药、苯乙烯、氯乙烯、高分子化合物、苯系化合物、二硫化碳、甲醛、二甲基甲酰胺均可引起女性月经过多或过少、暂时性不孕、月经周期和月经量的变化，闭经、绝经期提前。

（2）对性腺轴内分泌的影响　氯乙烯、甲苯、二硫化碳可导致垂体-卵巢轴分泌 FSH（卵泡刺激素）、LH（黄体生成素）、E（雌激素）紊乱。女工接触铅，FSH、LH、E 在月经周期的分泌高峰期降低。

（3）对女性生育力的影响　接触铅、汞、镉或从事塑料制造、电焊作业，可降低女性受孕力；女工接触甲醛、丙烯腈，可导致其受孕时间延长。

（4）对生殖结局及子代发育的影响　铅、汞、镉、己烯雌酚、氯乙烯、麻醉气体、一氧化碳、二硫化碳、甲醛、有机磷农药可导致女性不良生殖结局发生危险性增加，发生自然流产、早产、低体重儿、先天畸形。如接触铅可导致女性自然流产率、死胎死产率、早产、出生低体重、新生儿死亡率、婴儿畸形率增高，新生儿生长发育迟缓，智力发育低下，神经发育迟缓。甲基汞可致新生儿畸形、神经系统发育障碍。

（5）对生殖系统肿瘤的影响　环境类雌激素，如邻苯二甲酸酯、二噁英类、有机氯农药，可促进女童发育，导致性早熟和青春期提前，以及乳腺癌、子宫内膜异位症的发生。

3. 生殖毒性的毒作用机制

化学物质对男性下丘脑-垂体-睾丸轴、睾丸支持细胞、间质细胞、精子，女性下丘脑-垂体-卵巢轴、卵泡发育成熟、卵母细胞、受精过程有影响。主要机制包括生殖细胞的死亡、氧化应激、性激素前体物质类固醇合成和能量代谢障碍、生殖器官生物转化、遗传毒性、环境内分泌干扰物、矿物代谢紊乱等。化学物质影响下丘脑-垂体-性腺轴任何一个环节，均可导致生殖损伤。有机磷农药、铅可致血清雄激素水平下降，同时 FSH、LCSH 降低。有机磷、铅可抑制下丘脑、垂体分泌促性腺激素，氧化损伤睾丸细胞，环氧化酶活性升高，减少类固醇合成快速调节蛋白转录和翻译，抑制甾类激素合成，T 水平下降。

3-甲基胆蒽、邻苯二甲酸二己酯、环磷酰胺、镉作用于卵圆细胞、卵母细胞、卵泡细胞，影响卵母细胞和颗粒细胞透明带连接，影响物质交换和信息传导，损伤初级卵母细胞，如大量卵母细胞损伤可致不孕症。DEHP 可降低 FSH、LH 受体数量，抑制细胞合成雄烯二酮和颗粒细胞合成雌二醇，损伤次级卵母细胞，卵泡闭锁，影响月经机能与生育力。

六、纳米材料的毒性效应

纳米材料是指物质在三维空间中至少有一维处于纳米尺度（1～100nm）或由纳米结构单元构成的材料。纳米材料的研发、生产和使用是纳米技术实践与应用的重要组成部分。据我国《纳米科学与技术：现状与展望 2019》白皮书显示，美国和中国在纳米科学和技术研究领域处于领先地位，中国的增长尤其明显。报告预计，到 2024 年，纳米技术对世界经济的贡献将超过 1250 亿美元。目前纳米技术及产品的应用已经涵盖了国民经济的各个领域，如信息技术、能源、医药和消费品等。但是新技术和新材料的发展，也同时带来很多安全性的问题。

纳米材料的生产、加工、运输和使用过程中，可能会带来生产环境和自然环境的污染。这就产生了新的职业卫生和环境卫生问题。尤其是生产纳米粉体过程中或者纳米粉体泄漏造成的作业环境纳米材料职业接触，浓度高、危害大，需要格外关注。有数据显示，2016 年世界纳米材料产量已达到 350000t，其中中国占 12%，仅排在美国和欧盟后面，居第三位。据估计，全球有约 200 万工人从事纳米技术产业。因此，纳米材料的职业危害评价和预防控制形势严峻。其中，纳米材料的毒性数据及暴露评价是评估纳米材料对工人健康风险必不可少的重要组成部分。

1. 纳米材料的毒性

近年来，纳米毒理学已成为毒理学领域的一个新兴学科。纳米材料的毒性研究取得了一定进展，是制定纳米接触工人职业卫生标准及健康监护体系的重要依据。研究表明，很多相同化学组成的物质，尤其是一些难溶性的颗粒，在相同的质量浓度下，纳米颗粒相比微米颗粒可以诱导更强的毒性效应。比如二氧化钛是一种常见的化工原料，具有很强的增白效果，可以用于油漆涂料和食品增白剂等。传统大颗粒的二氧化钛被认为是难溶低毒性颗粒的代表，在颗粒物毒理学试验中被当作阴性对照使用。但近年来的研究显示纳米二氧化钛的毒性显著高于微米二氧化钛。2006 年由于在动物试验中发现纳米二氧化钛可以诱导大鼠肿瘤，国际癌症研究机构（IARC）将二氧化钛由 3 类划归到 2B 类致癌物。美国国家职业安全与卫生研究所（NIOSH）给出的纳米二氧化钛（$<$100nm）工作场所推荐接触限值（REL）为 0.3mg/m^3，而二氧化钛细颗粒（$>$100nm）的 REL 为纳米二氧化钛的 8 倍。

除了纳米材料的质量浓度、化学组成和尺寸外，其形状、比表面积、表面活性、团聚及其表面电荷及功能基团修饰等因素均会影响纳米材料的毒性。对于化学组成相同但物理化学性质却可能具有显著差异的纳米材料，如何更好地评价其毒性，是纳米毒理学领域的一个难题。比如，对于常规物质的毒性评价，我们经常用质量浓度作为毒理学剂量评价参数。但是对于化学组成相同、几何结构不同的纳米材料，需要确定究竟什么参数（质量浓度、粒径大小、比表面积、表面反应活性以及数浓度等）才是决定其毒性的关键参数。这是职业场所卫生标准制定所必需的理论依据。目前不同国家制定纳米材料的职业接触限值时使用的浓度参数不同。比如针对纳米二氧化钛，美国 NIOSH 推荐接触限值为 0.3mg/m^3，而荷兰和德国推荐接触限值为 4×10^4 颗粒/cm^3。

另外，一些常规的毒理学试验方法，在对纳米材料进行评价时，也可能出现问题。比如常规用于细胞毒性评价的噻唑蓝还原比色法，由于纳米材料巨大的比表面积及较强的吸附性，其对噻唑蓝的吸附会干扰细胞对噻唑蓝的利用，最终可使比色过程产生误差。此外，传统遗传毒性评价方法中的 Ames 试验，在评价纳米材料的遗传毒性时常常出现阴性结果，这可能与纳米材料无法穿过细菌的细胞壁有关。目前建立适用于纳米材料遗传毒性评价的体系和方法也是纳米毒理学领域的一个热点问题。

迄今为止，对纳米材料毒性评价，尚停留在实验阶段，还没有职业人群流行病学的确切证据；对于大多数纳米材料，人们尚不清楚它们如何在体内运输、分布、代谢、蓄积和排泄；人们还不清楚环境中纳米材料与其他污染物相互作用及其降解产物对于人类健康和生态环境的潜在影响。

2. 纳米材料职业环境的暴露评价

对生产环境空气中纳米材料暴露的精确评价，是判断其职业安全风险的重要条件。传统粉尘的职业暴露评价方法可能并不完全适用于纳米材料。目前我国国家标准（GBZ 2.1—2019）中规定的粉尘相关职业接触限值只针对总尘和呼吸性粉尘（空气动力学直径 5μm 以下），缺乏纳米级粉尘的限值。当然，这与目前的研究水平和检测方法限制有关。学术界对纳米材料在空气中的转化行为仍缺乏认识，比如纳米材料体积小、质量轻，能够长时间停留在大气中；释放到大气后，很快会被周围大气稀释而迅速扩散；到底哪些因素会影响纳米材料在工作场所的产生、扩散、团聚和参与再循环等。目前已经拥有一定的纳米材料物理化学性质表征手段，如观察颗粒形貌的扫描电镜和透射电镜以及检测纳米颗粒粒径分布的粒径谱仪等，但这些设备远没有普及和完善。针对微米颗粒的呼吸性粉尘采样器显然不能满足纳米颗粒的采样需要。为了建立纳米材料的职业接触限值，我们需要明确它的基本毒性和接触水平、人群流行病学的接触剂量反应规律，以及明确所识别的风险需要被控制的程度，而这些都需要进一步研究才能解决。

纳米材料的风险管理，应该作为生产或使用纳米材料工厂或企业职业安全和健康方案中必不可少的一部分。世界卫生组织（WHO）认为人造纳米材料的产量增加及其在消费产品和工业产品中的使用意味着所有国家的工人将处于接触这些材料的第一线，使其面临潜在不良健康影响的更大风险。2017 年，WHO 制定了相关指南，就如何最有效地保护工人免受人造纳米材料的潜在风险提出了建议，包括评估人造纳米材料的健康危害、评估人造纳米材料的接触情况、控制人造纳米材料的接触量、职业健康监测、工人的培训和参与等。充分认识纳米材料的毒性，加快研发纳米材料暴露评价技术及健康监护技术方案以及个人防护用品，是职业卫生领域急需研究的课题。保证纳米技术安全发展，才能让它真正造福于人类。

第四节　职业性化学中毒

一、职业性化学中毒的基本概念与临床类型

1. 职业性化学中毒的基本概念

毒物是指在一定条件下，摄入较小剂量时可引起机体功能性或器质性损害的化学物质。这种损害可以是暂时性的，也可能是永久性的，甚至是危及生命的。机体受毒物作用后引起一定程度损害而出现的疾病状态称为中毒（poisoning）。

生产性毒物是指生产过程中产生和使用的，存在于工作场所空气中的化学毒物（在一定条件下较小剂量即可引起人体暂时或永久性病理改变，甚至危及

生命的化学物质)。我国于2015年颁布了《职业病危害因素分类目录》，列举了375种化学因素及存在职业性毒物的行业和岗位。劳动者在生产过程中由于过量接触生产性毒物而引起的中毒称为职业中毒（occupational poisoning)。在我国法定的10大类132种职业病中，职业中毒占68种。

对“职业中毒”而言，需要与其他毒物引起的中毒，如药物、环境性毒物(有毒动植物、汽车尾气、地域性毒物等)、生活性化学品、嗜好品等中毒进行认真鉴别，方能达到正确诊断的目的。

2. 职业性化学中毒的临床类型

由于生产性毒物的毒性、接触浓度、时间和个体差异等因素的影响，职业中毒可表现为急性、慢性、亚急性三种临床类型。

(1) 职业性急性中毒（acute poisoning） 指毒物一次或短时间（一般指24h以内）大量进入，迅速作用于人体而引起的中毒。如职业性急性汞中毒、职业性急性氨气中毒等。

(2) 职业性慢性中毒（chronic poisoning） 指毒物长期少量进入人体，缓慢作用所引起的中毒。如职业性慢性汞中毒、职业性慢性苯中毒等。

(3) 职业性亚急性中毒（subacute poisoning） 指发病情况介于急性中毒和慢性中毒之间（数天～60d或90d)，但无截然分明的发病时间界限，如亚急性铅中毒。实际上在职业中毒诊疗工作中并不常运用。

此外，脱离接触毒物一定时间后才呈现中毒临床表现，称职业性迟发性中毒（delayed occupational poisoning)，如职业性锰中毒。毒物或其代谢产物在体内超过正常范围，但尚未出现该毒物所致的临床表现，处于亚临床状态，称中毒的观察对象（observation object)，如铅吸收。但在职业中毒诊断工作中也已不常应用此概念。

二、职业性化学中毒的临床表现

由于毒物本身的毒性和毒作用特点、接触剂量等各不相同，职业中毒的临床表现各异，可累及全身各个系统，出现多个脏器损害，同一毒物可损害不同的靶器官，不同毒物可损害同一靶器官而出现相同或类似症状。

(1) 神经系统 慢性轻度中毒早期多有类神经症，甚至精神障碍，脱离接触后可逐渐恢复。有些毒物可损害运动神经的神经肌肉接点，产生以感觉和运动神经损害为主的周围神经病变。有的毒物可损伤锥体外系，出现肌张力增高、震颤麻痹等症状。铅、汞、窒息性气体、有机磷农药等严重中毒可引起中毒性脑病和脑水肿。

（2）呼吸系统　可引起气管炎、支气管炎、化学性肺炎、化学性肺水肿、成人呼吸窘迫综合征、吸入性肺炎、过敏性哮喘、呼吸道肿瘤等临床表现。

（3）血液系统　可引起造血功能抑制、血细胞损害、血红蛋白变性、出血凝血机制障碍、急性溶血、白血病、碳氧血红蛋白血症等临床表现。

（4）消化系统　可引起口腔炎、急性胃肠炎、慢性中毒性肝病、腹绞痛等临床表现。

（5）泌尿系统　可引起急性中毒性肾病、慢性中毒性肾病、泌尿系统肿瘤，以及其他中毒性泌尿系统疾病、化学性膀胱炎等临床表现。

（6）循环系统　可引起急慢性心肌损害、心律失常、房室传导阻滞、肺源性心脏病、心肌病和血压异常等临床表现。

（7）生殖系统　毒物对生殖系统的毒性作用，包括对接触者本人和对其子女发育过程的不良影响，即所谓生殖毒性和发育毒性。

（8）皮肤黏膜　可引起光敏感性皮炎、接触性皮炎、职业性痤疮、皮肤黑变病等临床表现。

三、职业性化学中毒诊断的基本原则

职业中毒诊断应综合分析劳动者的职业接触史、劳动卫生学调查、相应的临床表现及必要的实验室检查资料，并排除非职业性因素所致的类似疾病。职业中毒诊断的实质是确定劳动者所罹患的疾病与接触职业病危害因素之间是否存在因果关系。

1. 疾病认定原则

疾病是指在病因作用下机体出现自稳调节紊乱，并引发一系列代谢、功能或结构变化的异常状态，临床表现和相应的辅助检查是判定有无疾病及其严重程度的主要依据。

（1）症状与体征　根据劳动者的临床表现，判断有无中毒发生，根据出现的症状是否与所接触毒物的毒性作用相符，以判断符合哪类毒物中毒，特别要了解临床症状的出现时间上是否与所接触毒物密切相关。

（2）实验室检查　实验室检查对职业中毒的诊断具有十分重要的意义。可围绕以下方面进行检查：一是反映毒物吸收的指标，如血铅、尿酚等。二是反映毒作用的指标，如铅对卟啉代谢的影响导致δ-氨基-γ-酮戊酸等指标的改变；应注意选择“窗口”的时间性。如中毒早期，血液检测乃最佳侦检窗口，数日后血中常难再检出毒物，尿液则为毒物侦检的重要途径。三是反映毒物所致病损的指标。毒物进入体内的剂量大、时间长可产生组织脏器的损害，如血、尿常规，肝、肾功能及某些酶活力的改变，可以反映毒物对人体组织器官是否产生损害及判断损害的程度。

2. 职业病危害因素判定原则

判定疾病与接触职业病危害因素之间的因果关系，需要可靠的职业病危害因素接触资料、毒理学资料及疾病的临床资料。

（1）职业接触史　了解劳动者接触生产性毒物的有关情况，从而判断其在生产劳动中是否接触毒物，接触何种毒物、接触程度如何，是诊断职业中毒的前提条件。

（2）劳动卫生学调查　深入生产现场调查了解劳动者所在岗位的生产工艺、使用的原辅材料、可能接触的职业性化学有害因素、工作场所空气中的毒物浓度、个体防护及个人卫生情况等，从而判断该劳动者在该环境中工作是否有发生中毒的可能性，这是诊断职业中毒的基本依据。

① 根据生产工艺、工作场所职业病危害因素检测等资料，判定工作场所是否存在职业病危害因素及其种类和浓度。

② 依据劳动者接触工作场所职业病危害因素的时间和方式、职业病危害因素的浓度（强度），参考工作场所工程防护和个人防护等情况，判断劳动者可能的累积接触水平。

③ 应将工作场所职业病危害因素检测结果或生物监测结果与工作场所有害因素职业接触限值进行比较，以估计机体接触职业病危害因素的程度。

3. 因果关系判定原则

（1）时序性原则　职业病一定是发生在接触职业病危害因素之后，并符合致病因素所致疾病的生物学潜伏期和潜隐期的客观规律。

（2）生物学合理性原则　职业病危害因素与职业病的发生存在生物学上的合理性，即职业病危害因素的理化特性、毒理学资料或其他特性能证实该因素可导致相应疾病，且疾病的表现与该因素的健康效应一致。

（3）生物学特异性原则　职业病危害因素与职业病的发生存在生物学上的特异性，即特定的职业病危害因素通过引起特定靶器官的病理损害而致病，多累及一个靶器官或以一个靶器官为主。

（4）生物学梯度原则　职业病危害因素能否引起职业病决定于劳动者的接触水平，多数职业病与职业病危害因素接触之间存在剂量-效应和（或）剂量-反应关系，即接触的职业病危害因素只有达到一定接触水平才可能引起疾病的发生，尤其是化学毒物；接触水平越高、接触时间越长，疾病的发病率越高或病情越严重。职业病危害因素对疾病的发生、发展影响越大，疾病与接触之间因果关系的可能性就越大。但对于致敏物，个体一旦致敏，只要发生接触就可能引起过敏性疾病。

（5）可干预性原则　对接触的职业病危害因素采取干预措施，可有效地防止职业病的发生、延缓疾病的进展或使疾病向着好的方向转归。如消除或减少工作场所或职业活动中的职业病危害因素，可预防和控制相应疾病的发生或降低发病率，许多职业病在脱离原工作场所后，经积极治疗，疾病可好转、减轻甚至消失。

4. 鉴别诊断

鉴别诊断是任何临床疾病诊断的基本程序。为提高职业中毒诊断的正确性，在诊断中应遵照循证医学的要求做好与相类似的非职业性疾病的鉴别诊断，其主要内容包括：

① 不同病因的鉴别。同一种疾病可能会由多种病因引起，职业病危害因素可能仅是其中之一。在职业病诊断时应针对具体个体分析究竟是何种病因引起。依据职业病危害因素接触情况，按照职业病诊断的基本原则，明确该病是否由职业接触引起。

② 许多疾病的病因是不明确的，而职业病危害因素可能是引起该疾病的病因之一。在这种情况下，应根据职业病危害因素判定原则和因果关系判定原则，主要是生物学梯度原则和职业病诊断标准的要求，明确该病是否由于接触职业病危害因素所致。不接触职业病危害因素的疾病不是职业病。

③ 应与环境污染或其他非职业性接触因素所引起的疾病相鉴别。

尽管职业中毒的临床类型可分为职业性急性中毒、职业性慢性中毒、职业性亚急性中毒及职业性迟发性中毒与中毒的观察对象，但根据我国现行的职业中毒诊断标准，只有职业性急性与慢性中毒，无职业性亚急性中毒及职业性迟发性中毒与中毒的观察对象的诊断。

四、职业性化学中毒的急救与治疗原则

1. 急性职业性化学中毒的救治原则

救治的基本原则：迅速脱离中毒环境并清除未被吸收的毒物；解毒药物应用；对症治疗与并发症处理。

（1）现场急救　立即脱离中毒现场、停止接触毒物，尽快将患者移至空气

新鲜处，保持呼吸道畅通。更换污染的衣服，用温水或肥皂水洗净污染的皮肤，注意保暖。如出现休克、呼吸障碍、心搏停止等，应按内科急救原则，立即进行紧急抢救，注意对心、肺、脑等重要器官的保护。

（2）防止毒物继续吸收，促进毒物清除，促进毒物排泄

① 清洗皮肤黏膜。

② 氧疗：吸入气体或蒸气中毒时可给予吸氧，加速毒物经呼吸道排出。

③ 催吐、洗胃、肠道净化：经口中毒，须尽早催吐、洗胃及肠道净化，肠道净化包括导泻和肠道灌洗（经口途径并不是职业中毒的主要途径）。

④ 强化利尿：碱化尿液，使尿 pH 值保持在 7.5～8.5 之间加速毒物排出的功效最大。

⑤ 血液净化：常用方法有血液透析、血液滤过、血液灌流、血浆置换等。以血液灌流最常用，有条件并有适应证时应尽早进行。

（3）解毒和排毒

① 特殊解毒药物：金属中毒时应尽快使用络合剂，如依地酸二钠钙、二巯丙磺酸钠、二巯基丁二酸钠等。急性有机磷农药中毒使用阿托品或氯磷啶等，盐酸戊己奎醚（长托宁）对胆碱能受体亚型具有高度选择性，抗胆碱作用强而全面，持续作用时间长，是近年用于治疗有机磷农药中毒的解毒药之一。亚硝酸异戊酯和亚硝酸钠（亚硝酸盐-硫代硫酸钠法）为氧化剂，可将血红蛋白中的二价铁氧化成三价铁，形成高铁血红蛋白而解救氰化物中毒。羟钴胺素（维生素 B_{12}）可用于氰化物中毒。亚甲蓝（美兰）氧化还原剂，用于亚硝酸盐、苯胺、硝基苯等中毒引起的高铁血红蛋白血症。甲吡唑是乙醇脱氢酶的强效抑制剂，是甲醇中毒的首选解毒剂，也可用于乙二醇、乙醇中毒。

② 一般解毒药物：能保护黏膜，通过形成毒性小的化合物吸收，降低生物转化、阻止吸收、减轻毒性、拮抗毒性作用。

③ 氧疗：不仅是一种对症处理方法，还是一种治疗手段。高压氧疗法是一氧化碳、硫化氢等中毒的特殊疗法，要及时给予吸氧及高压氧治疗。

（4）对症支持治疗　由于多数职业中毒并无特殊解毒药物，故对症支持治疗是主要的治疗措施，是维持生命、争取抢救时间的重要保障，更是修复机体功能、促进机体康复的必要基础。目的是保护重要器官，使其恢复功能，维护机体内环境稳定。在抢救治疗重症中毒合并循环与呼吸功能障碍，包括呼吸、心搏骤停复苏后的患者，体外膜肺氧合（ECMO）可提高存活率。

（5）其他　血液净化在中毒患者中得到应用并获得较好的临床疗效，但因

缺乏大规模、前瞻性的临床试验，特别是缺乏毒物动力学资料，其疗效尚缺乏确切的循证医学证据。

2. 慢性职业性化学中毒的救治原则

① 中毒早期常为轻度可逆的功能变化，长期接触则有可能演变为严重损害，要立足于早期发现、早期诊断、早期治疗。

② 有特效解毒剂的要尽早按要求使用，常用有金属络合剂如 NaDMS、$CaNa_2EDTA$ 等。

③ 对症治疗。针对慢性中毒的常见症状及靶器官的损害进行治疗。

④ 适当的营养和休息也有助于患者的康复。治疗后应做合理的工作安排。

职业性亚急性中毒及职业性迟发性中毒与中毒的观察对象只是临床类型，在治疗上与急性、慢性职业中毒并无区别。

五、职业性化学中毒的预防

预防职业中毒应根据工作场所职业病危害实际情况采取综合措施，控制劳动者在职业活动中接触化学有害因素，其基本原则如下。

（1）消除或替代毒物　应采用有利于保护劳动者健康的新技术、新工艺、新材料、新设备，在保证不影响产品质量的前提下，用无害代替有害、低毒代替高毒危害的工艺、技术和材料，从源头控制劳动者接触化学有害因素。

（2）工程控制原则　对生产工艺、技术和原辅材料达不到卫生学要求的，应根据生产工艺和化学有害因素的特性，采取相应的防尘、防毒、通风等工程控制措施，降低工作场所空气中毒物浓度，使劳动者的接触或活动的工作场所化学有害因素的浓度符合卫生要求。具体措施如：技术革新，控制毒物的逸散或消除劳动者接触毒物的机会；加强通风排毒；缩小毒物波及的范围，减少毒物危害的人数；通过改变工艺建筑布局，减少劳动者接触毒物的机会等。

（3）管理控制　通过制定并实施管理性的控制措施，如生产设备维护与管理，特别是防止“跑、冒、滴、漏”，建立健全安全生产各项规章制度等，降低劳动者接触化学有害因素的程度，减轻化学危害对健康的影响。

（4）个体防护　个人防护与个人卫生虽不是根本措施，但在许多情况下起着重要作用。当所采取的控制措施仍不能实现对接触的有效控制时，应联合使用其他控制措施和适当的个体防护用品；个体防护用品通常在其他控制措施不能理想实现控制目标时使用。常用的个人防护用品有防护服装、防护面具（包括防毒口罩与防毒面具）。个人卫生设施中应设置盥洗设备、淋浴室及存衣室，配备个人专用更衣箱。

（5）职业卫生服务　健全的职业卫生服务在预防职业中毒中极为重要，要定期监测工作场所空气中毒物的浓度，做好上岗前健康检查和定期健康检查工作，以便早期发现劳动者健康损害情况并及时处理。

第五节　化学品火灾和爆炸的特征

一、化学品火灾的分类及危险特征[2-5]

1. 生产的火灾危险性

可以分为五类，见表 2-15。

表 2-15　生产的火灾危险性分类

生产类别	火灾危险性特征
甲	使用或产生下列物质的生产： 1. 闪点<28℃的液体 2. 爆炸下限<10%的气体 3. 常温下能自行分解或在空气中氧化即能导致自燃或爆炸的物质 4. 常温下受到水或空气中水蒸气的作用，能产生可燃气体并引起燃烧或爆炸的物质 5. 遇酸、受热、撞击、摩擦、催化以及遇有机物或硫黄等易燃的无机物，极易引起燃烧或爆炸的强氧化剂 6. 受撞击、摩擦或与氧化剂、有机物接触时能引起燃烧或爆炸的物质 7. 在密闭设备内操作温度等于或超过物质本身自燃点的生产
乙	使用或产生下列物质的生产： 1. 闪点≥28℃至<60℃的液体 2. 爆炸下限≥10%的气体 3. 不属于甲类的氧化剂 4. 不属于甲类的化学易燃危险固体 5. 助燃气体 6. 能与空气形成爆炸性混合物的浮游状态的粉尘、纤维、闪点≥60℃的液体雾滴

续表

生产类别	火灾危险性特征
丙	使用或产生下列物质的生产： 1. 闪点≥60℃的液体 2. 可燃固体
丁	具有下列情况的生产： 1. 对非燃烧物质进行加工，并在高热或熔化状态下经常产生强辐射热、火花或火焰的生产 2. 利用气体、液体、固体作为燃料或将气体、液体进行燃烧作其他用的各种生产 3. 常温下使用或加工难燃烧物质的生产
戊	常温下使用或加工很难燃烧物质的生产

2. 储存物品的火灾危险性

可以分为五类，见表 2-16。

表 2-16　储存物品的火灾危险性分类

类别	火灾危险性特征
甲	1. 闪点<28℃的液体 2. 爆炸下限<10%的气体，以及受到水或空气中水蒸气的作用，能产生爆炸下限<10%的气体的固体物质 3. 常温下能自行分解或在空气中氧化即能迅速自燃或爆炸的物质 4. 常温下受到水或空气中水蒸气的作用，能产生可燃气体并引起燃烧或爆炸的物质 5. 遇酸、受热、撞击、摩擦、催化以及遇有机物或硫黄等易燃的无机物，极易引起燃烧或爆炸的强氧化剂 6. 受撞击、摩擦或与氧化剂、有机物接触时能引起燃烧或爆炸的物质
乙	1. 闪点≥28℃至<60℃的液体 2. 爆炸下限≥10%的气体 3. 不属于甲类的氧化剂 4. 不属于甲类的化学易燃危险固体 5. 助燃气体 6. 常温下与空气接触能缓慢氧化，积热不散引起自燃的物品
丙	1. 闪点≥60℃的液体 2. 可燃固体
丁	难燃烧物品
戊	非燃烧物品

3. 可燃气体的火灾危险性

可以分为两类，见表 2-17。

表 2-17　可燃气体的火灾危险性分类

类别	可燃气体与空气混合物的爆炸极限(体积分数)
甲	＜10%
乙	≥10%

4. 液化烃、可燃液体的火灾危险性

可以分为三类，见表 2-18。

表 2-18　液化烃、可燃液体的火灾危险性分类

类别		名称	特征
甲	A	液化烃	15℃时的蒸气压力＞0.1MPa 的烃类液体及其他类似的液体
	B	可燃液体	甲类以外，闪点＜28℃
乙	A		闪点≥28℃至≤45℃
	B		闪点＞45℃至 60℃
丙	A		闪点≥60℃至≤120℃
	B		闪点＞120℃

另外，关于火灾危险性分级按照《易燃易爆危险品火灾危险性分级及试验方法　第 1 部分：火灾危险性分级》（XF/T 536.1—2013），易燃易爆危险品的火灾危险性分为Ⅰ级、Ⅱ级、Ⅲ级，Ⅰ级火灾危险性为最高。

二、化学品爆炸的分类及危险特征

爆炸：在极短时间内，释放出大量能量，产生高温，并放出大量气体，在周围介质中造成高压的化学反应或状态变化，同时破坏性极强[6]。

1. 爆炸分类

（1）按初始能量分类

① 物理爆炸　物理爆炸是由物理变化（温度、体积和压力等因素）引起的，在爆炸的前后，爆炸物质的性质及化学成分均不改变。锅炉的爆炸是典型的物理爆炸，其原因是过热的水迅速蒸发出大量蒸汽，使蒸汽压力不断提高，当压力超过锅炉的极限强度时，就会发生爆炸。又如，氧气钢瓶受热升温，引

起气体压力增高，当压力超过钢瓶的极限强度时即发生爆炸。发生物理爆炸时，气体或蒸气等介质潜藏的能量在瞬间释放出来，会造成巨大的破坏和伤害。上述这些物理爆炸是蒸气和气体膨胀力作用的瞬时表现，它们的破坏性取决于蒸气或气体的压力。

② 化学爆炸　化学爆炸是由化学变化造成的。化学爆炸的物质不论是可燃物质与空气的混合物，还是爆炸性物质（如炸药），都是一种相对不稳定的系统，在外界一定强度的能量作用下，能产生剧烈的放热反应，产生高温高压和冲击波，从而引起强烈的破坏作用。爆炸性物品的爆炸与气体混合物的爆炸有下列异同。

a. 爆炸的反应速度非常快。爆炸反应一般在 $10^{-6}\sim10^{-5}$s 间完成，爆炸传播速度（简称爆速）一般在 2000～9000m/s 之间。由于反应速度极快，瞬间释放出的能量来不及散失而高度集中，所以有极大的破坏作用。气体混合物爆炸时的反应速度比爆炸物品的爆炸速度要慢得多，所以爆炸功率要小得多。

b. 反应放出大量的热。爆炸时反应热一般为 2900～6300kJ/kg，可产生 2400～3400℃的高温。气态产物依靠反应热被加热到数千摄氏度，压力可达数万兆帕，能量最后转化为机械功，使周围介质受到压缩或破坏。气体混合物爆炸后，也有大量热量产生，但温度很少超过 1000℃。

c. 反应生成大量的气体产物。1kg 炸药爆炸时能产生 700～1000L 气体，由于反应热的作用，气体急剧膨胀，但又处于压缩状态，数万兆帕压力形成强大的冲击波使周围介质受到严重破坏。气体混合物爆炸虽然也放出气体产物，但是相对来说气体量要少，而且因爆炸速度较慢，压力很少超过 2MPa。

③ 核爆炸　核爆炸是剧烈核反应中能量迅速释放的结果，可能是由核裂变、核聚变或者是这两者的多级串联组合所引发。例如 1986 年的苏联切尔诺贝利核电站核泄漏事故被定义为最严重的 7 级。当年 4 月 26 日，位于今乌克兰境内的切尔诺贝利核电站 4 号反应堆发生爆炸，造成 30 人当场死亡，8t 多强辐射物泄漏。这次核泄漏事故使电站周围 6 万多平方公里土地受到直接污染，320 多万人受到核辐射侵害，造成人类和平利用核能史上最大一次灾难[7]。

(2) 按爆炸反应分类　根据爆炸时的化学变化[8]，爆炸可分为四类：简单分解爆炸、复杂分解爆炸、爆炸性混合物的爆炸、分解爆炸性气体的爆炸。

按照爆炸反应的相的不同，爆炸可分为气相爆炸、液相爆炸和固相爆炸。

① 气相爆炸　包括可燃性气体和助燃性气体混合物的爆炸；气体的分解

爆炸；液体被喷成雾状物引起的爆炸；飞扬悬浮于空气中的可燃粉尘引起的爆炸等[9]。

② 液相爆炸　包括聚合爆炸、蒸发爆炸以及由不同液体混合所引起的爆炸。例如，硝酸和油脂、液氧和煤粉等混合时引起的爆炸；熔融的矿渣与水接触或钢水包与水接触时，由于过热发生快速蒸发引起的蒸汽爆炸等。

③ 固相爆炸　包括爆炸性化合物及其他爆炸性物质的爆炸（如乙炔铜的爆炸）；导线因电流过载，由于过热，金属迅速气化而引起的爆炸等。

（3）按燃烧速度分类[4]

① 轻爆　物质爆炸时的燃烧速度为每秒数米，爆炸时无大的破坏力，声响也不太大。如无烟火药在空气中的快速燃烧、可燃气体混合物在接近爆炸浓度上限或下限时的爆炸即属于此类。

② 爆炸　物质爆炸时的燃烧速度为每秒十几米至数百米，爆炸时能在爆炸点引起压力激增，有较大的破坏力，有震耳的声响。可燃性气体混合物在多数情况下的爆炸以及火药遇火源引起的爆炸等即属于此类。

③ 爆轰　物质爆炸的燃烧速度为爆轰时能在爆炸点突然引起极高压力，并产生超音速的“冲击波”。由于在极短时间内发生的燃烧产物急速膨胀，像活塞一样挤压其周围气体，反应所产生的能量有一部分传给被压缩的气体层，于是形成的冲击波由它本身的能量所支持，迅速传播并能远离爆轰的发源地而独立存在，同时可引起该处的其他爆炸性气体混合物或炸药发生爆炸，从而发生一种“殉爆”现象。

2. 爆炸的危险特征（破坏作用）

（1）直接的破坏作用　机械设备、装置、容器等爆炸后产生许多碎片，飞出后会在相当大的范围内造成危害。一般碎片在100～500m内飞散[10]。

（2）冲击波的破坏作用　物质爆炸时，产生的高温高压气体以极高的速度膨胀，像活塞一样挤压周围空气，把爆炸反应释放出的部分能量传递给压缩的空气层，空气受冲击而发生扰动，使其压力、密度等产生突变，这种扰动在空气中传播就称为冲击波。冲击波的传播速度极快，在传播过程中，可以对周围环境中的机械设备和建筑物产生破坏作用和使人员伤亡。冲击波还可以在它的作用区域内产生振荡作用，使物体因振荡而松散，甚至破坏。冲击波的破坏作用主要是由其波阵面上的超压引起的。在爆炸中心附近，空气冲击波波阵面上的超压可达几个甚至十几个大气压，在这样高的超压作用下，建筑物被摧毁，机械设备、管道等也会受到严重破坏。当冲击波大面积作用于建筑物时，波阵面超压在20～30kPa内，就足以使大部分砖木结构建筑物受到强烈破坏。超压在100kPa以上时，除坚固的钢筋混凝土建筑外，其余部分将全部破坏。

（3）造成火灾　爆炸发生后，爆炸气体产物的扩散只发生在极其短促的瞬间内，对一般可燃物来说，不足以造成起火燃烧，而且冲击波造成的爆炸风还有灭火作用。但是爆炸时产生的高温高压，建筑物内遗留大量的热或残余火苗，会把从破坏的设备内部不断流出的可燃气体、易燃或可燃液体的蒸气点燃，也可能把其他易燃物点燃引起火灾[11]。当盛装易燃物的容器、管道发生爆炸时，爆炸抛出的易燃物有可能引起大面积火灾，这种情况在油罐、液化气瓶爆破后最易发生。正在运行的燃烧设备或高温的化工设备被破坏，其灼热的碎片可能飞出，点燃附近储存的燃料或其他可燃物，引起火灾。

（4）造成中毒和环境污染　在实际生产中，许多物质不仅是可燃的，而且是有毒的，发生爆炸事故时，会使大量有害物质外泄，造成人员中毒和环境污染。

3. 爆炸必备的条件

爆炸必须具备的五个条件：

① 提供能量的可燃性物质，即爆炸性物质：能与氧气（空气）反应的物质，包括气体、液体和固体。气体：氢气，乙炔，甲烷等；液体：酒精，汽油；固体：粉尘等。

② 辅助燃烧的助燃剂（氧化剂），如氧气、空气。

③ 可燃物质与助燃剂的均匀混合。

④ 混合物放在相对封闭的空间（包围体）。

⑤ 有足够能量的点燃源：包括明火、电气火花、机械火花、静电火花、高温、化学反应、光能等。

参考文献

[1] 化学品物理危险性鉴定与分类管理办法（国家安监总局令［2013］第60号）［S］.［2013-07-10］.

[2] 中华人民共和国应急管理部.《化学品物理危险性鉴定与分类管理办法》解读［N/OL］.［2013-08-05］https://www.mem.gov.cn/gk/zcjd/201308/t20130805_233052.shtml.

[3] United Nations. Globally Harmonized System of Classication and Labelling of Chemicals［R］. Fourth revised edition. New York and Geneva, 2011.

[4] 化学品分类和危险性公示　通则［S］. GB 13690—2009.

[5] 李德鸿，赵金垣，李涛. 中华职业医学 [M]. 北京：人民卫生出版社，2019.
[6] 李智民，李涛，杨径. 现代职业卫生学 [M]. 北京：人民卫生出版社，2018.
[7] 周宗灿. 毒理学教程 [M]. 3版. 北京：北京大学医学出版社，2005.
[8] Marta Oliveira，Solange Costa，Josiana Vaz，et al. Firefighters exposure to fire emissions: Impact on levels of biomarkers of exposure to polycyclic aromatic hydrocarbons and genotoxic/oxidative-effects [J]. Journal of Hazardous Materials，2020, 383：121179. 1-121179. 10.
[9] Zabetakis M G. Flammability Characteristics of Combustiongases and Vapors [R]. US Bureau of Mines，Bulletin 627. 19.
[10] 王华，邓军，王连华，等. 可燃性气体爆炸研究现状及发展方向 [J]. 矿业安全与环保，2008，35 (3)：79-82.
[11] 易燃易爆危险品火灾危险性分级及试验方法　第1部分：火灾危险性分级 [S]. XF/T 536. 1—2013.

第三章

危险化学品管理

第一节　持久性有机污染物

一、概述

人类合成的化学品约有700万种，约有10余万种进入人类生存环境。其中，持久性有机污染物对人类健康和生态系统产生的毒性影响，正日益显现，危害巨大。持久性有机污染物对于自然环境下的生物代谢、光降解、化学分解等具有很强的抵抗能力。一旦排放到环境中，就难于被分解，因此可以在土壤、水体及其底泥等环境介质中存留数年甚至数十年或更长时间。持久性有机污染物还能够从土壤或水体中挥发进入大气环境，因而在全球范围内，包括大陆、沙漠、海洋和南北极地区都可能检测出持久性有机污染物的存在。有机氯农药在我国不少地区土壤中有相当数量的残留，在我国许多地区所种植的谷类、苹果、茶叶、人参、中草药等粮食作物和经济作物中，甚至在母乳中都能够检测出持久性有机污染物[1,2]。

1. 持久性有机污染物

凡是人类根据经济社会发展需要而有意生产或伴随人类生活和工业生产而无意产生，在大气、水、土壤中长久存在，不易分解；会长距离传输，影响区域和生态环境；通过食物链在生物体内累积浓缩并最终传递到人体，对人体和生态系统产生长期潜在的毒性作用的一类化学物质，这些可造成人体内分泌系统紊乱，生殖和免疫系统受到破坏，并诱发癌症和神经性疾病的一类物质，统称持久性有机污染物（persistent organic pollutants，POPs）[3]。

POPs主要来自杀虫剂（pesticides）、工业化学品（industrial chemicals）和生产中的副产品（unintended by-products），来自不完全燃烧与热解的产物如城市垃圾、医院废物、木材及废家具的焚烧、汽车尾气、有色金属生产和铸造、炼焦、发电、水泥、石灰、砖、陶瓷等工业的废气。符合 POPs 定义的物质有数千种之多，它们通常是具有某些特殊化学结构的同系物或异构体。

POPs 具有很强的亲脂憎水性，可以沿食物链逐级放大，低浓度存在于大气、水、土壤中的 POPs 通过食物链的生物蓄积，对处于食物链顶端的人类的健康造成严重损害。很多 POPs 不仅具有致癌、致畸、致突变性，而且还具有内分泌干扰作用。POPs 对人类的影响会持续几代，对人类生存繁衍和可持续发展构成重大威胁。同时，因其具有半挥发性，能在大气环境中长距离迁移，并通过“全球蒸馏效应”和“蚱蜢跳效应”沉积到地球的偏远极地地区，导致全球范围的污染传播。

2. POPs 产生的背景

从 20 世纪 40 年代以来，全世界都广泛使用滴滴涕（dichlorodiphenyltrichloroethane，双对氯苯基三氯乙烷，DDT）。首先，这项发明被用于战争，为预防昆虫传播的虫媒传染疾病尤其是用于控制疟疾和伤寒等做出了巨大的贡献，让千万参战的军人免受了疾病的侵扰。接着，DDT 被广泛用于农业，因为消除了病虫害，农业大幅度增收，50 年代末全世界大约有 500 万人因此免于饿死。中国作为世界上人口最多的发展中国家，每年为保证农业丰收和疾病的预防控制消耗了大量的 POPs 类卫生杀虫剂，在 50～90 年代中国是世界上第一大杀虫剂消费国和第二大杀虫剂生产国。中国曾生产使用过 DDT、毒杀芬、六氯苯、氯丹、七氯等 5 种杀虫剂类 POPs，其中 DDT 为主导的杀虫剂，其次是毒杀芬，此外，在疾病的预防控制和化工原料等方面也有应用[4,5]。

由于 POPs 的特点，因其可以通过食物链富集和环境等途径最终影响到全球性人类健康和生态环境，这种危害是长期而复杂的，因此 POPs 的问题引起了国内外的广泛关注。

从 20 世纪 70 年代起，卫计委、农业农村部和生态环境部等先后制定了淘汰或限制部分 POPs 类杀虫剂的生产和消费的政策和法规，如 DDT、毒杀芬等被禁止在农业生产中使用，并对部分 POPs 的进出口实施了控制。

自 1995 年以来，联合国环境规划署（United Nations Environment Programme，UNEP）先后开展了大量工作，并通过推动缔结全球环境协议的方式，限制和削减世界各国 POPs 的排放。1997 年 2 月 7 日 UNEP 理事会第 19/13C 号决定，由 UNEP 着手准备并召集一个政府间谈判委员会，其任务是拟定一项具有法律约束力的国际文书，以便针对 12 种 POPs 采取国际行动。经过政府间谈判委员会五次会议，形成了公约文本草案。2001 年 5 月 22～23 日，UNEP 在瑞典斯德哥尔摩组织召开的《关于持久性有机污染物的斯德哥尔摩公约》(POPs 公约)外交全权代表会议上，通过了 POPs 公约。

首批列入 POPs 公约受控名单的 POPs 有 12 种：DDT、六氯苯、氯丹、灭蚁灵、毒杀芬、艾氏剂、狄氏剂、异狄氏剂、七氯、多氯联苯、二噁英和呋喃[3]。

二、POPs 公约

1. POPs 公约主要内容

POPs 公约由序言、30 条正文和附录 A～E（附录 A 消除；附录 B 限制；附录 C 无意生产；附录 D 信息要求和筛选标准；附录 E 需要风险评估中提供的资料）组成。

它的基本规定有：①禁止、消除有意生产的各种 POPs；②严格限制暂可接受用途 POPs 的使用；③严格控制暂特定豁免 POPs 的污染；④减少或消除非故意副产物 POPs；⑤制定 POPs 履约“国家实施计划（NIP）”；⑥公众宣传、教育、研究、开发和监测。

首批列入 POPs 公约受控名单的 12 种 POPs 有有意生产的 9 种有机氯杀虫剂，包括公约附件 A 中所列的艾氏剂（aldrin)、氯丹（chlordane)、狄氏剂（dieldrin)、异狄氏剂（endrin)、七氯（heptachlor)、灭蚁灵（mirex)、毒杀芬（toxaphene)、六氯苯（hexachlobenzene）和附件 B 中所列的 DDT；有意生产的工业化学品，包括六氯苯和多氯联苯；无意排放的包括在工业生产过程或燃烧过程中产生的副产品或二次污染物，包括二噁英（多氯代联二苯-对-二噁英，PCDDs)、呋喃（多氯代二苯并呋喃，PCDFs)。

中国历史上曾生产和使用 DDT、毒杀芬、六氯苯、氯丹、灭蚁灵、七氯等杀虫剂类 POPs，其中 DDT 和六氯苯主要被用作生产三氯杀螨醇和五氯酚（PCP）的中间体；氯丹和灭蚁灵用于建筑地基等白蚁的防治；六氯苯（hexachlobenzene）和多氯联苯（polychlorinated biphenyls，PCBs）既可以作有机氯农药，也用作精细化工产品；二噁英和呋喃类（PCDDs/PCDFs）系垃圾焚烧等燃烧过程、金属冶炼、氯碱工业、制浆造纸和其他含氯化工生产过程的副产物。

一般认为，在首批列入 POPs 公约中的 12 种 POPs 类物质中，以 PCDDs 和 PCDFs 的环境特性和生物毒性相对较复杂，对生物体的危害损伤可能较严重。

2. POPs 公约进展

UNEP 于 2001 年 5 月签署了 POPs 公约。2004 年 2 月 17 日，第 50 个国

家批准了POPs公约，依据联合国规定POPs公约于2004年5月17日生效。2009年5月9日，UNEP与来自全球160多个国家和地区的代表在日内瓦达成共识，同意减少并最终禁止使用9种严重危害人类健康与自然环境的有毒化学物质。与会代表决定，对十氯酮等9种持久性有机污染物列入POPs公约，这也使该公约所禁止生产和使用的化学物质增至21种。

第二批9种POPs名单：林丹（lindane）、α-六六六（α-lindane）、β-六六六（β-lindane）、十氯酮（chlordecone）、六溴联苯（hexabromobiphenyl）、五溴代二苯醚（pentabromodiphenyl ether）、八溴代二苯醚（octabromodiphenyl ether）、全氟辛烷磺酸（perfluorooctane sulfonates，PFOs）、五氯苯（pentachlorobenzene）。

2011年5月8日，POPs公约第五次缔约方大会上"硫丹"被列入名单，至此，被POPs公约禁止或限制的化学品数量扩增至22种。

三、我国POPs公约履约进程

我国是化学品生产和使用大国，在20世纪50～70年代，曾工业化生产过DDT、毒杀芬、六氯苯、氯丹、七氯和灭蚁灵等6种POPs杀虫剂和PCBs。DDT和PCBs对我国生态环境的影响比较突出。

DDT作为主导农药，在20世纪60年代中期到80年代初，曾有11家DDT生产企业，累计产量达40多万吨。1983年，我国开始禁止DDT在农业上使用。扬州农药厂生产的DDT主要用于三氯杀螨醇的原料。1995～2002年三氯杀螨醇的年产量约3000t，到2014年5月扬州农药厂三氯杀螨醇生产线正式关闭，标志着三氯杀螨醇在我国全面停产。目前，DDT主要用于船舶防污漆生产、蚊香生产及应急性病媒控制。由于我国历史上曾大量使用DDT，所以目前在环境、农作物、水果、茶叶、肉类、动物体和人体组织中均能检出DDT。

1965～1981年，我国累计生产PCBs约1万多吨，主要作为电容器介质和用于油漆配制。70年代末到80年代初，曾从法国、比利时等国进口过含PCBs的变电设备，总量为40万～45万台，PCBs带入量为4000～4500t。1991年，国家环保局等发布《防止含多氯联苯电力装置及其废物污染环境的规定》，规定各级电力部门必须对PCBs电力装置进行封存，集中管理。目前，大部分PCBs电容器已报废，少部分仍在使用。调查显示，因管理力度不够，各地对PCBs封存数量甚至地点情况不清；PCBs污染场地和废物处置能力不足；相当一部分PCBs电容器因封存时间过长已腐蚀泄漏，造成封存土地和水体相当严重的污染。目前，大批国内外含有 PCBs 的废旧设备也源源不断地在我国某些地区进行大规模拆解和加工，严重污染了当地环境并影响居民健康[4-6]。

POPs 与常规污染物不同，它在自然环境中极难降解，能在全球范围内长距离迁移；它被生物体摄入后不易分解，并沿着食物链浓缩放大，对人体危害巨大；它不仅具有致癌、致畸、致突变性，而且还对内分泌有干扰作用。研究表明，POPs 对人类的影响会持续几代，对人类的生存繁衍和可持续发展构成了重大威胁。POPs 公约正是国际社会为了保护人类免受 POPs 危害而采取的共同行动。

2001 年 5 月 23 日，经国务院授权，时任国家环保总局副局长的祝光耀代表中国政府在瑞典斯德哥尔摩由 UNEP 组织召开的《关于持久性有机污染物的斯德哥尔摩公约》外交全权代表会议上，率先签署了旨在控制和削减持久性有机污染物以保护环境和人类健康的 POPs 公约，中国成为公约首批签字国。

应对国际形势和保护中国环境及公众健康的要求，第十届全国人大常委会第十次会议于 2004 年 6 月 25 日批准中国加入该公约，依据该公约第 26 条第 2 款，POPs 公约于 2004 年 11 月 11 日对中国生效。

依据该公约第 7 条的规定，缔约方有义务在公约对其生效后两年内向缔约方大会提交其国家实施计划（National Implementation Plan，NIP）。为满足此要求以及为全面履行该公约做准备，中国政府成立以国家环保总局牵头、11 个相关部委组成的 NIP 编制领导小组，开始了 NIP 编制工作及其他履约准备工作。2001 年 10 月，在意大利政府和联合国开发计划署的资助下，中国政府首先启动了 NIP 中关于杀虫剂类 POPs 淘汰战略的编写工作。国家环保总局组织了北京大学环境科学与工程学院、中国石油和化学工业协会、农业部农药检定所、卫生部中国疾病预防控制中心职业卫生与中毒控制所、建设部全国白蚁防治中心、国家环保总局化学品登记中心、清华大学 POPs 研究中心等机构联合开展淘汰战略的研究和编制。研究工作组对履约需求及中国杀虫剂类 POPs 的生产、流通和使用、废弃、污染、替代品和替代技术、政策和管理现状进行了深入调查、分析和评估。在战略研究和编制过程中，得到了发展改革委、财政部、农业部、卫生部和建设部等各有关部委、行业协会和企业在数据调查、政策评估和战略选择等方面的大力支持。

2007 年国务院批准了《中国履行〈关于持久性有机污染物的斯德哥尔摩公约〉国家实施计划》（以下简称《国家实施计划》），明确了我国履约总体目标和具体行动。

目前，在全国范围内开展了持久性有机污染物治理工作：

① 基本掌握了 17 个二噁英排放主要行业的情况，摸清了全国电力行业和

8个省份非电力行业含PCBs电力设施在用及其废物数量和存放情况；

② 查明了11个主要省份杀虫剂类持久性有机污染物废物种类、数量和存放情况，以及44家曾经生产杀虫剂类企业持久性有机污染物污染场地状况；

③ 对2个典型的污染场地进行了毒理学分析，从而明确了持久性有机污染物防治的重点区域、重点行业和重点监管对象；

④ 颁布了30多项与持久性有机污染物防治和履约相关的管理政策、标准和技术导则，初步构建了持久性有机污染物防治政策法规和标准体系；

⑤ 开展了杀虫剂类持久性有机污染物的削减和替代示范、持久性有机污染物废物处置和二噁英类重点排放行业减排技术示范等30多个国际合作项目，引入了先进的管理理念和持久性有机污染物削减及替代技术，促进了相关行业的技术升级。

从2009年5月开始，在我国境内全面禁止了DDT、氯丹、灭蚁灵及六氯苯的生产、流通、使用和进出口，兑现了履约承诺，实现了阶段性履约目标。2010年10月，环境保护部等九部委联合发布了《关于加强二噁英污染防治的指导意见》，明确提出了对二噁英排放行业的技术和环境管理要求，标志着我国对二噁英的削减进入了实质性的监管阶段，为我国二噁英污染防治工作指明了方向，同时指出到2015年，建立比较完善的二噁英污染防治体系和长效监管机制，重点行业二噁英排放强度降低10%，基本控制二噁英排放增长趋势。

2013年8月，第十二届全国人大常委会第四次会议批准《〈关于持久性有机污染物的斯德哥尔摩公约〉新增列九种持久性有机污染物修正案》和《〈关于持久性有机污染物的斯德哥尔摩公约〉新增列硫丹修正案》。

2013年环保部发布《二噁英污染防治技术政策》（征求意见稿），提出了推行源头削减、过程控制、末端治理、鼓励研发的新技术和运行管理等措施。

2015年环保部发布《重点行业二噁英污染防治技术政策》，指出到2020年，显著降低铁矿石烧结、废物焚烧等重点行业单位产量（处理量）的二噁英排放强度，有效遏制重点行业二噁英排放总量增长的趋势。

在过去的10多年中，随着国家履行POPs公约实施计划的执行以及社会对二噁英污染的高度关注。国家环境保护、卫生、质检等相关部门和地方政府、大学和科研院所以及企业先后通过不同的投资方式建立了30多个分析实验室，用于监测二噁英。部分实验室通过了中国合格评定国家认可委员会（CNAS）的认可，参加了环保部组织的二噁英监测比对，监测能力不断加强。在此基础上，完成了对钢铁烧结、危险废物焚烧、生活垃圾焚烧、再生金属生产等二噁英重点排放源的系统监测和调查，分析了重点排放源的现状及发展趋势，并在重点地区优先开展了排放量、土地负荷、人群影响等分析；修正和完善了重点源的排放因子，为二噁英的动态清单和数据库的建立提供了保证。

此外，通过面向不同层次的多种形式的宣传教育，增强了公众对二噁英的认识以及对减排控制工作的关注，鼓励公众参与监督，在一定程度上推动了二噁英减排工作。

在履约过程中存在POPs增列提速、替代技术瓶颈、资金缺口巨大、履约难度大等挑战，需要平衡好国际环境热点和国内环境关注，从资金机制、物质增列、行业交叉、机构设置等多方面采用多个措施科学应对。为全面落实《国家实施计划》的要求，兑现履约承诺，按照《国家实施计划》，建立持久性有机污染物防治的生产、流通、使用、排放、处置全过程管理制度；健全数据上报机制，实施POPs监测制度，将持久性有机污染物防治纳入日常环境监管体系；开展国家重点监管排放源的监督性监测，加强持久性有机污染物防治机构建设和能力建设。此外，在资金保障方面，要加快制定相关环境经济政策，引导企业开展持久性有机污染物减排；进一步扩大国际交流与合作，多渠道、多形式引进国际资金、先进的管理理念和技术，为全面削减和控制POPs而努力。

第二节　化学品注册、评估、授权与限制法规

一、概述

我国是危险化学品生产和使用大国，生产的化学品种类超过5万种，化学工业已成为我国的支柱产业之一。同时，我国又是化学品进出口大国之一，每年进出口化学品种类达3000余种。欧盟是我国重要的贸易伙伴，是继东亚、北美之后我国化工产品的第三大贸易伙伴，其中对欧盟的化学品贸易总额超过150亿美元。

经验数据表明，绝大多数化学品都是化学危险品，由于其固有的危险特性，危险化学品的生产、经营、使用、储存、运输等过程的安全直接关系到人民生命财产安全，关系到社会的和谐和经济社会的健康发展。因此，国际组织和发达国家对化学品安全管理建立了较完善的法规或标准体系，例如《关于危险货物运输的建议书　规章范本》（TDG）、《全球化学品统一分类和标签制度》（详见第三节）和欧盟的《化学品注册、评估、授权和限制制度》（Regulation concerning the Registration，Evaluation，Authorization and Restriction of Chemicals，REACH）。这些法规和标准一方面引导规范了世界范围内的化

学品安全管理，另一方面也对中国这样的发展中国家提出了更高的法规和技术要求。因为，我国的化学品如需进入国际市场，就必须按照国际规章和进口国的法规标准进行管理。这就要求我们不断地跟踪和学习研究国际上最新的化学品安全管理法规和措施，并将这些国际化学品管理规定与我国现有的化学品管理规定进行法律和技术层面的比较，以帮助政府和企业更好地了解和适应国际贸易的新趋势，避免遭遇不必要的技术贸易障碍[7,8]。

1. REACH 制度的建立

2003 年 5 月，欧盟委员会推出了《化学品注册、评估、授权和限制制度》的化学品新政策的法规草案，简称 REACH 制度（EC/1907/2006)。

随着社会进步和科学技术的发展，新物质和新材料不断出现，人们对于化学品对健康和环境潜在影响的关心程度日益提高。欧盟理事会组织在对现有化学品安全使用管理体系进行审议时，发现该管理体系存在一些问题，不能对大量化学品及应用于各种产品中的化学物质提供充分的信息，不知道它们是否危险，也不知道它们如何影响人类的健康。为了实现化学工业可持续发展的战略目标，弥补现行欧盟化学品政策的不足，2001 年 2 月欧盟理事会通过了《欧盟未来化学品政策战略》白皮书，提议欧盟对销售量超过 1t 的约 3 万种化学品采用新的注册、评估和许可管理制度。2003 年 5 月 17 日，欧盟理事会又在该白皮书的基础上，出台了《关于化学品的注册、评估、许可办法》(讨论稿)，以征求世界各国的评议意见。2004 年 1 月 21 日，欧盟向 WTO/TBT 委员会正式通报了欧洲议会和理事会提案，给予 WTO 各成员国 90d 的评议期。2005 年 11 月 REACH 通过了一读；2006 年 12 月 13 日，欧洲议会以 529 票赞成、98 票反对、24 票弃权通过了关于《关于化学品的注册、评估、许可办法》法规的二读议案。2007 年 6 月 1 日，欧盟 EC/1907/2006《化学品注册、评估、授权和限制制度》正式生效，并从 2008 年 6 月 1 日起在欧盟正式实施。它被认为是欧盟 20 年立法中最重要的法规，是欧盟对进入其市场的所有化学品进行预防性管理的一项化学品管理法律。它类似于特殊产（商）品的登记、授权和许可证制度，将化学品安全信息举证的责任完全转移到企业身上，主张“没有数据就没有市场”[8]。

2. 建立 REACH 制度的目的

建立 REACH 制度的目的在于：保护人类健康和环境；保持和提高欧盟化学工业的竞争力；增加化学品信息的透明度；促进非动物试验，与欧盟在 WTO 项下的国际义务相一致。

从实质意义上讲，REACH 制度将促进化学工业的革新，使其生产更安全的产品，刺激竞争和增长。与当前不同法规的复杂网络不同，REACH 将在欧盟内创建一个统一的化学品管理体系，使企业能够遵循同一原则生产新的化学品及其产品。

二、REACH 制度

1. 主要内容

REACH 制度管控的范围相当广泛，它覆盖了几乎所有行业中化学物质的生产和使用，不仅包括工业中的化学物质，也包括我们日常生活中使用化学物质生产得到的产品，如清洁剂、油漆、服装、家具、电子电气产品等。因此对全球各个行业都将产生巨大影响。

REACH 制度管控的物质范围包括除少数物质外的其他所有化学物质。不在 REACH 管控范围内的化学物质包括：放射性物质，不可分离中间体，废物，受海关监督的物质，运输过程中的危险物质，以及某些应国防需要豁免的物质[8]。

(1) 注册 (registration) 注册是一种“市场准入式”的要求，欧盟要求凡在市场上销售的物质或配制品（如油墨、清洗剂等）中的某种化学物质，或物品（如电子电气产品）中存在有意释放的物质，若在年产量超过 1t 的所有现有化学品和新化学品及应用于各种产品中的化学物质均需要注册其基本信息，对年制造量或进口量大于或等于 10t 的化学品和化学物质还应进行化学安全评估并完成评估报告。

(2) 评估 (evaluation) 评估包括档案评估和物质评估。档案评估包括测试草案的审查和注册符合性审查。测试草案的审查是要求年生产量在 100t 以上的注册者或下游用户提交测试草案，优先处理年生产量在 100t 以上的物质；注册符合性审查是抽查各吨数范围档案的 5%，审查提交材料是否符合 REACH 制度的要求。

(3) 授权 (authorization) 是指使用高度关注物质 (substance of very high concern，SVHC) 时，制造商或进口商必须预先获得欧盟化学品局的授权，相关产品才可在欧盟市场进行销售。对人体和环境危害特别大的物质，只有在申请获得授权、欧盟对使用过程的风险进行评估后，该物质才被允许使用。这个要求的目的是控制高度关注物质 (SVHC) 的使用，确保这些特别有害的化学物质被逐步替代。其中包括所有 1 类或 2 类致癌物质、诱导基因突变的物质或对生殖有害的物质 (carcinogenic，mutagenic or toxic for reproduc-

tion，CMR），持久的、生物累积的和有毒的物质（polybutylene terephthalate，PBT），非常持久、高生物累积性（very persistent and very bioaccumulating，vPvB）物质等。

（4）限制（restriction） 是 REACH 制度中保障人类健康和环境的一张安全网。任何物质，不管是单独存在，或是在配制品中，还是在某一物品中，只要它的使用会对健康或环境带来不可接受的风险，将会在欧盟范围内被限制。

REACH 制度附件ⅩⅦ目前限制了 69 大类化学物质在不同类型产品中的使用和销售。欧盟通过设定应用条件，来规范管理这些有害物质，如限制塑胶产品中的镉，物品中的多溴联苯、多溴联苯醚（五溴和八溴），长期和人接触的产品中的镍，电池中的汞等。需要注意的是，此附件也会陆续进行更新，企业需随时关注法规的更新。

2. 发展趋势

REACH 制度从保护环境和人体健康出发，对化学品实行整个生命周期的健康安全管理，这就要求我国化学品生产企业加快产业和产品结构调整，改进生产工艺，减少环境污染，尽快与国际先进水平接轨。

（1）REACH 制度与 WTO/TBT 原则 为避免不必要的贸易技术壁垒，WTO/TBT 在技术贸易壁垒协定的基本原则中，规定了如非歧视原则、避免竞争原则、标准协调原则、相互承认原则、同等效力原则及透明度原则等。2015 年 WTO 发布的《2015 年世界贸易报告》中，对国际贸易环境进行了全面评估。重点阐述了贸易便利化为各成员国带来的利益和便利化以及挑战，报告同时指出，随着国际贸易中关税和非关税措施的逐渐削减和废除，各种技术性贸易壁垒继续成为广受关注的非关税措施。技术性贸易壁垒不仅在数量上逐年增加，并且越来越呈现出体系化、扩散化的趋势。REACH 法规作为欧盟的化学品管理法规，其出台是与这种趋势相一致的。

（2）检测数据互认和 GLP 认证问题 整个 REACH 制度的原则之一即没有数据就没有市场。数据指的就是化学品的理化及毒理数据，这些数据需要检测，而检测就需要费用，这也是 REACH 法规下注册成本的重要部分。数据互认是减低企业检测费用和进入欧盟市场门槛的重要措施，特别是在毒理实验方面。欧盟要求提供数据的实验室必须是 GLP 实验室。基于数据共享的原则，数据互认是合理的要求。因此，我国的实验室也应该按照 GLP 的规范来运作，以减少欧盟对我国出具的实验数据的质疑。现行的中国合格评定国家认可委员会（CNAS）也是世界上很多国家认可的。我国的实验室在目前管理模式上吸收 GLP 规范中基于过程管理的要求，以加强实验室在检测过程中的质量控制，使实验室出具的检测数据更经得起考验。

（3）注册成本问题 通过信息交流，避免重复试验。在信息交流上，可通过查询是否已有试验研究，试验成果持有人向查询人提供数据，商谈费用分摊；如没有试验，则参与者们协商试验承担者及费用分摊；如试验成果持有人拒绝提供，管理部门应适时提供研究摘要，试验成果持有人有权要求费用平摊。

企业作为应对REACH制度的主体，要充分认识到应对REACH制度的重要性和紧迫性，积极行动起来，及早采取应对措施，充分了解REACH制度对本行业的冲击和影响，熟悉REACH制度的内容，做好技术准备等，将影响降到最低。

同时，行业协会应充分发挥作用，在政府和企业间建立起有效的沟通、协调机制，并组织企业实施联合注册。各相关政府部门应该在应对REACH制度方面建立起有效的协调沟通机制，充分利用现有资源，开展有效应对。各相关部门和行业协会共同参与，尽快建立起一套中国化学品安全生产体系。

政府部门和行业组织应积极发挥自身的资源和专业优势，联合企业和科研单位，共同研究并有针对性、分步骤地实施具体应对措施，维护和促进我国石油和化学工业以及相关下游行业的贸易发展，尽早做好准备，把欧盟REACH制度给我国石油化学工业以及下游相关产业的影响降到最小限度。

三、REACH制度对中国相关行业的影响

REACH制度从保护人体健康和环境安全出发，对化学品的研发、生产、销售、使用、废物处理等各个环节，都做出了严格的规定，提出了更高的要求，迫使化学品的生产企业加快产业结构和产品结构的调整，采用国际标准，提高产品质量和档次，改进生产工艺，减少环境污染，加快与国际先进水平接轨的进程。

REACH制度实际涉及的产品范围很广，它的实施不仅会对石油和化工行业产生影响，而且对下游相关产业，如纺织、医药、轻工、电子、汽车等行业的影响可能会更大。该法规实施后，不仅会使对欧盟出口产品的成本提高5%以上，还会使从欧盟进口产品的成本增加6%以上。

REACH制度的实施给我国化学工业及相关产业带来一定的负面影响。因为无论是化学品的研制、生产和使用量，还是化学品的贸易额，我国与欧美发达国家都还有很大差距。我国石油和化工行业（化学原料及制品、化纤、橡胶、塑料）从业人员500万人，仅国有及规模以上的化学原料及制品生产企业

就有200多万人，比欧盟化工行业全部从业人数还多。此外，我国化工企业大多数为资源和劳动密集型企业，产品附加值和利润都较低。化学原料及制品业的从业人数和产值在28个制造业行业中都居前三位，而成本费用利润率排在第18位，工业增加值排在第22位。由于历史形成的国际分工，我国生产的化学品中危险化学品量大面广、种类繁多，农药制剂中高毒农药占30%。我国出口的化学品以低档产品为主，进口则以高档产品为主。REACH制度实施后，一些出口欧盟或有出口潜力的化学品和使用这些化学品的下游产品将可能被欧盟市场淘汰，一些化工企业因成本上升将可能转产甚至破产。欧盟化学品新政策的实施，导致我国企业20余万人失业。

REACH目标是通过立法降低与化学制品相关的所有的风险，这些风险被认为存在于从化学制品的生产、使用到处理的整个过程，这种企图正反映了众所周知的预警原则。为了达到上述目标，REACH将对化学制品的生产商、进口商以及使用者规定繁杂的义务条款。尽管REACH是一个关于化学制品的法案，但是它的内容将不仅涉及大量的化学药品（“化学物质”以及“化学配制品”），还包括含有化学成分的所有产品（所谓的“物品”），也就是说，涉及了所有的产品。此外，该法案还将涉及从欧盟进口的所有化学品和产品。因此，REACH将对我国向欧盟的出口造成巨大的影响。这个影响范围包括从圆珠笔、玩具到纺织品以及家具等多种产品的中国生产商和他们的欧盟进口商。

REACH制度是迄今为止关于化学品管理最为复杂的法规。该法规管理和程序复杂、涉及面广，几乎包括了所有化学品和下游产品，其检测系统完整、费用极高。高昂的费用和实施检测数据引入知识产权的做法将对我国化学品及其下游产品的出口贸易造成严重障碍，已成为一种技术性贸易壁垒。初步分析，REACH实施对我国工业的影响主要表现在以下五个方面：

① 对我国化工及相关产品的出口造成障碍；

② 使我国从欧盟进口产品成本增加，严重影响下游相关产品的发展；

③ 打破目前国际化学品贸易平衡的局面，导致化学品国际贸易市场的大转移；

④ 削弱我国出口产品的竞争能力；

⑤ 具有影响人体健康及污染环境的产品生产企业有可能向我国转移。

四、我国应对REACH制度所做的工作

在石化工业建设初期，国内各大化工企业就相继建立了职业病防治所，开展了化学事故的救援抢救工作，部分省、市和自治区也相继设立化工职业病防

治研究所。1994 年，化工部颁布了《化学事故应急救援管理办法》。1996 年，化工部和国家经贸委联合印发了《关于组建“化学事故应急救援系统”的通知》，成立了全国化学事故应急救援指挥中心和按区域组建的 8 个化学事故应急救援抢救中心。同年，劳动部和化工部联合颁发了《工作场所安全使用化学品规定》。随后，“化学事故应急救援系统”更名为“国家经贸委化学事故应急救援抢救系统”。中石油、中石化和中海油三大集团公司都各自组建了事故应急救援体系。

1. 建立并逐步完善危险化学品法律法规

1999 年 10 月，国家经贸委颁布了《关于开展危险化学品登记注册工作的通知》。1999 年 12 月，公安部、交通部、国家经贸委、国家环保局和国家质量监督局联合发布了《关于加强化学危险品管理规定的通知》。2000 年 9 月国家经贸委颁布了《危险化学品登记注册管理规定》。

2002 年，国务院通过了《危险化学品安全管理条例》，同年《中华人民共和国安全生产法》的施行标志着我国危险化学品安全生产和管理进入了新阶段。此后，《危险化学品登记管理办法》《危险化学品经营许可证管理办法》《危险化学品包装物、容器定点生产管理办法》等相继实施。

2002 年 1 月国务院颁布第 344 号令，重新修订了《危险化学品安全管理条例》（以下简称《条例》），这是目前我国关于危险化学品管理的最高法律法规，是各部委制定相关管理办法的法律依据。它对我国危险化学品的管理具有十分重要的意义，它标志着我国危险化学品管理进入了法制化管理的新阶段。

2011 年 2 月 16 日，国务院发布了修订后的《危险化学品安全管理条例》（国务院 591 号令），新条例于 2011 年 12 月 1 日起正式实施。《条例》从管理的范围、危险化学品“从生到死”的全部 6 个环节（即生产、使用、储存、经营、运输、废弃）、危险化学品从业单位（从生产、储存、经营到停业停产的全过程），明确了相关部门的职责和行政许可，以及行政、经济、刑事追究等措施。《条例》确立了 13 项管理制度，包括：1 项公告制度；2 项备案制度（在役装置安全评价报告备案和应急救援预案备案）；1 项审查和 9 项审批制度（生产和储存企业设立审批；生产企业生产许可证制度；危险化学品包装物、容器生产企业的定点审批；危险化学品经营许可证制度；危险化学品准购、准运制度；危险化学品运输企业资质认定制度；危险化学品登记制度；从业人员培训考核与持证上岗制度；化学事故应急救援管理制度）。《条例》还规定了 3 种违规处罚，即行政处罚、经济处罚、刑事追究。

2005年，国家质量检验检疫局和国家标准化管理委员会批准发布了《危险货物品名表》和《危险货物分类和品名编号》两项标准。随后，国家环保总局发布了《关于在有毒化学品进出口环境管理登记过程的违规行为的公告》。国家环保总局和海关总署发布了《关于修订中国严格限制进出口有毒化学品目录的公告》。目前我国有关危险化学品安全管理的法律法规、管理规范已达40多部。此外，我国也积极参与了一系列国际行动和国际公约，如POPs公约、PIC公约、IFCS、全球汞评估等，并实施了农药登记、化学品首次进口和有毒化学品进出口登记、危险废物转移登记、合格实验室（GLP）认证等管理措施，取得了一定的成效。

2. 建立了标准和技术规范体系

完善了我国现有的化学品分类标签体系，相关部委相继进行了大量的GHS推广和研究工作。国家市场监督管理总局联合国家标准化管理委员会对我国已有的化学品分类标签体系做了较大的修订完善工作。

此外，为了更好地配合上述化学品分类与标签系列国家标准的实施，我国还后续发布了与此相关的配套标准。

第三节　全球化学品统一分类和标签制度

一、GHS制度的建立与发展

《全球化学品统一分类和标签制度》（Globally Harmonized System of Classification and Labeling of Chemicals，GHS），是由联合国发布的指导各国控制化学品危害和保护人类健康与环境的规范性文件，习惯上称为“紫皮书”。GHS适用于包括药物、食品添加剂、化妆品、食品中残留杀虫剂等在内的危险化学品，涵盖了生产、储存和运输过程中的分类和标签要求[9]。

化学品给人民生活带来了巨大的便利，提高和改善了人们的生活质量。从日常用品到娱乐消遣用品，从农业生产到高科技领域，无处不有化学品的存在。化学品在我国的对外贸易中也处在重要的位置。随着经济的不断发展，可持续发展的问题变得越来越重要，化学品对人类或环境存在着潜在的有害影响也变得越来越突出。对化学品的不正确分类和标记，使得化学品在整个生命周期中都可能对人身或环境造成损害。

危险货物的生产、包装、运输、销售和使用等各个环节都与人类生命、财产和环境息息相关，为此各国政府和相关国际组织对危险货物的管理始终予以高度重视。《国际海运危险货物规则》《关于危险货物运输的建议书 规章范本》（Recommendations on the Transport of Dangerous Goods Model Regulations，TDG，或称橘皮书）等相继出台，各国政府也纷纷制定了本国的危险货物管理法律法规。然而，尽管这些国际规则及国家法律法规对实施危险货物管理起到了一定积极作用，但仍然存在一些不足。首先，这些规则和法律对危险品运输规定较多，而对工人、消费者和环境保护考虑较少；其次，世界各国的法律法规对危险品定义、分类和标签的法律要求存在差异，导致同一化学品在不同国家的分类和标签办法各不相同，这无疑会导致在国际贸易中，来自不同国家的同一化学品必须提供不同的健康和安全信息。在国际贸易日益发展的时代，上述情况势必造成不必要的国际贸易壁垒。

早在20世纪50年代初，国际组织就开始了对化学品的分类和标记的协调工作。在1952年，联合国国际劳工组织（ILO）要求其化学工作委员会研究危险品的分类和标记。1953年，联合国经济和社会理事会（ECSOC）在欧洲经济理事会下设立了联合国危险货物运输专家委员会（UNCETDG）。该委员会颁布了第一个国际性的危险品运输分类和标记体系，即1956年颁布的联合国危险货物运输的建议书（RTDG）。国际海事组织（IMO）、国际民用航空组织（ICAO）以及其他国际和区域性组织都采用RTDG作为危险品运输分类和标记的基础。现在，大多数联合国成员国的运输规章中都采纳了RTDG，许多发达国家还在其工作场所推广使用RTDG的标记。此外，欧盟、澳大利亚、加拿大、日本和美国等国家和区域性组织还针对消费者、工人和环境制订了各自的化学品分类和标记制度。

1992年，联合国环境发展会议（UNCED）和国际化学品安全论坛（IF-CS）正式通过决议，建议各国开展彼此之间化学品分类与标签的协调工作，以统一各国的化学品分类和标签体系，最大限度减少化学品对人类健康和环境造成的危害，减少化学品跨国贸易成本。由国际劳工组织（ILO）、经济合作与发展组织（OECD）和联合国危险货物运输专家委员会（UNCETDG）共同研制GHS制度。经过十多年的辛勤工作，于2001年形成GHS的最初版本，并移交给新的联合国经济和社会理事会的联合国危险货物运输和全球化学品统一分类和标签制度专家委员会（UNCETDG/GHS），专家委员会对GHS制度进行不断完善。2002年9月4日在南非约翰内斯堡举行的世界可持续发展峰会，通过了《可持续发展问题世界首脑会议执行计划》，其中内容之一是要求各国尽快采用《全球化学品统一分类和标签制度》(GHS),以便能在 2008 年全面实行。我国政府表示赞成。

2002 年 12 月,在联合国危险货物运输和全球化学品统一分类及标签制度专家委员会首次会议上,首次通过了 GHS 制度并于 2003 年 7 月发布第一版 GHS。此后,专家委员会每隔两年针对 GHS 召开一次会议,会上讨论和通过 GHS 的修订,并于次年发布通过的勘误表及最新版本的 GHS 文本。截至目前,联合国已经对第一版 GHS 实施了 7 次修订,GHS 第八修订版于 2019 年发布。

2019 年 7 月底,联合国正式发布了《全球化学品统一分类和标签制度》(GHS)第八修订版。2019 年 8 月,联合国正式发布了 GHS 第八修订版的中文版本。第八修订版的 GHS 在第七版的基础上做了以下几处修订。

1. 气雾剂分类

(1)气雾剂属于 GHS 中第 2.3 章的一项物理危害,本次修订在此章节中,对第 2.3 章气溶胶的分类标准作出调整修改,即:气溶胶危险种类基于①易燃特性;②其燃烧热;以及③如果适用。

(2)增加了“加压化学品”新危险子种类

此次修订在 GHS 第 2.3 章增加了加压化学品(chemicals under pressure)新的产品类别。加压化学品和气雾剂虽然都具有易燃性,在进行 GHS 分类时,都是根据内装物的易燃性和燃烧热做判定,但是两种产品容器或包装的可允许压力、容量和工艺结构都不一样。在实际分类时,一个产品只能在气雾剂和加压化学两个独立的危害种类中选择一个。

(3)GHS 中新增第 2.3.2 节,对加压化学品的定义,分类标准,标签要素以及分类逻辑做了详细的规定。具体如下。

① 定义　加压化学品是指气体与液体或固体(糊状或粉末状)混合装在压力容器内(非气雾罐),在 20℃时的压力≥200kPa,而且不满足高压气体(GHS 第 2.5 章)的定义。通常情况下,加压化学品中液体或固体的含量≥50%,如果气体的含量≥50%时,通常将其分类为高压气体。

② 分类标准　加压化学品中的易燃组分主要包括易燃气体,易燃液体和易燃固体,这点和气雾剂一样,发火物质、自热物质以及遇水放出易燃气体的物质不可以用作加压化学品中。

③ 加压化学品相应的危险说明等标签要素。

2. 健康危害

对健康危害的皮肤腐蚀/刺激的分类标准、判定逻辑和测试方法做出较大的文字调整修改。

（1）对如何根据体外测试数据进行一种物质或混合物的皮肤腐蚀/刺激性分类，给出新的详细指导意见，说明了适用的方法及其相应分类标准。

（2）为了对皮肤腐蚀/刺激进行分类，需收集所有可提供和相关的皮肤腐蚀/刺激信息，并针对其充分性和可靠性对数据质量进行评估。在可能的情况下，分类应当基于经国际验证和公认方法，如 OECD 测试准则或同等方法产生的数据。

（3）对根据人类数据进行分类、根据动物体外/体内试验数据分类、基于化学性质极端 pH 值分类、基于定量结构活性关系（QSARs）等非试验方法，以及采用分层级方法进行分类，给出了明确的分类标准和分类指导意见。

3. 增加了防范说明术语的新防范象形图

在防范象形图示例中，增加了针对防范说明术语“放在儿童触及不到的地方”（keep out of reach of children）推荐使用的两个新的防范象形图。

4. 增加组件或套件的新标签样例

在 GHS 第 8 修订版的附件 7“GHS 标签要素样例”中，新增加了实例 10：组件或套件的标签样例。

5. GHS 中增加附件 11“关于分类中未出现的其他危险性指南”

对于未列入物理危险中，但仍可能需要进行风险评估和危险公示沟通的“粉尘爆炸危险”，专门增设了附件 11 就造成粉尘爆炸危险的因素、危险识别以及风险评估、预防、缓解和沟通的必要性提供了详尽说明和指导意见。

历年来，各国相继制定了相关的法律和规程，要求对化学品实施分类和标签制度，向下游用户和消费者传递化学品的危险信息。然而，由于各个国家对化学品危险分类和标签的要求差异性较大，会对化学品跨国贸易产生阻碍。为此，统一现行制度以便制定一种单一的、全球统一的制度来处理化学品分类、标签和安全数据表具有非常重要的意义。

GHS 的目的在于通过提供一种都能理解的国际系统来表述化学品的危害，减少化学品对人类和环境造成的危险，提高对人类和环境的保护，为尚未制定相关系统的国家提供一种公认的、全面的化学品制度框架，减少不必要的化学品试验与评估，减少化学品跨国贸易的分类和标签成本，促进化学品国际贸易。

二、GHS 法规主要内容

GHS 是在各国政府为降低化学品产生的危害，保障人民的生命和财产安全面纷纷推出各种管理制度的情况下应运而生的，是各国按全球统一的观点科学地处置化学品的指导性文本。

GHS的主要技术要素包括：从物理危害、健康危害和环境危害三个方面，建立物质和混合物统一的危害分类准则；制定全球统一的危险信息表述方式，包括对标签和安全数据单的要求。

考虑到GHS应用时可能产生理解上的偏差，GHS界定了三项原则：

① GHS适用于所有危险化学品。GHS的危险表述方式（例如：标签，安全数据单）的应用方式可以随产品种类或生命周期中阶段不同而变化。GHS的目标对象包括消费者、工人、运输工人和紧急营救人员。

② GHS包括建立统一的试验方法或推动有关危害健康试验的开展。可以采用符合国际认可的科学原理的危险性测定试验。GHS测定健康和环境危害的标准是中立的试验方法，只要它们是科学可靠的并且经国际程序或标准证明是有效的，就可以采用。

③ 除了动物数据和体内有效数据外，人类经验、流行病学数据和临床试验都是GHS应用时可以参考的重要信息。

在GHS中，还着重提到信息的易理解性，即目标对象，例如工人、消费者和公众对所表述的化学品危险性信息的理解。

GHS对化学品的分类、标签和安全数据单编写进行了统一的规范。

（一）GHS危险种类和危险类别

化学品由于其自身的特性，在生产、运输或者使用等环节会产生一定的危险性，如果接触人体或者暴露于环境中，对人体健康和环境也将产生程度不同的危害。因此采用科学有效的方法，对化学品的危险性进行分类，以向潜在的暴露人群提供合适的预防措施，显得尤为重要。

GHS在TDG基础上，充分考虑了化学品对健康和环境存在的有害影响，将化学品分为物理危害、健康危害和环境危害。依照联合国2019年发布的GHS第八修订版，将化学品的危险性细分为各个类别和项别。GHS总共包含28个危险种类，其中，16项物理危害、10项健康危害和2项环境危害[7,10]。

1. 物理危害

GHS制度中化学品物理危害分类，根据化学品物理危害性质的不同，将化学品的物理危害分为爆炸物、易燃气体等16类。每个危险类别中，再根据其危险程度的轻重不同，做进一步细分。见表3-1。

表 3-1 GHS 物理危害类别和项别

编号	危险类别	危险项别
1	爆炸物	不稳定爆炸物
		第 1.1 项 有整体爆炸危险的物质、混合物和物品
		第 1.2 项 有迸射危险,但无整体爆炸危险的物质、混合物和物品
		第 1.3 项 有燃烧危险,并有轻微爆炸危险或轻微迸射危险,或二者兼有,但无整体爆炸危险的物质、混合物和物品
		第 1.4 项 不会造成重大危险的物质、混合物和物品
		第 1.5 项 有整体爆炸危险的非常不敏感物质或混合物
		第 1.6 项 无整体爆炸危险,且极不敏感的物品
2	易燃气体	第 2.1 项 极易燃气体
		第 2.2 项 易燃气体
3	易燃气溶胶	第 3.1 项 极易燃气溶胶
		第 3.2 项 易燃气溶胶
4	氧化性气体	氧化性气体
5	高压气体	压缩气体
		液化气体
		冷藏液化气
		溶解气体
6	易燃液体	第 6.1 项 极易燃液体和蒸气
		第 6.2 项 高度易燃液体和蒸气
		第 6.3 项 易燃液体和蒸气
7	易燃固体	第 7.1 项 易燃固体
		第 7.2 项 易燃固体
8	自反应物质和混合物	A 型 加热可能起爆
		B 型 加热可能起爆或起火
		C 型和 D 型 加热可能起火
		E 型和 F 型 加热可能起火
		G 型 自反应物质
9	发火液体	发火液体
10	发火固体	发火固体
11	自热物质和混合物	第 11.1 项 自热,可能燃烧
		第 11.2 项 数量大时自热,可能燃烧

续表

编号	危险类别	危险项别
12	遇水放出易燃气体的物质和混合物	第12.1项　遇水放出可自燃的易燃气体
		第12.2项　遇水放出易燃气体
		第12.3项　遇水放出易燃气体
13	氧化性液体	第13.1项　可引起燃烧或爆炸；强氧化剂
		第13.2项　可加剧燃烧；氧化剂
		第13.3项　可加剧燃烧；氧化剂
14	氧化性固体	第14.1项　可引起燃烧或爆炸；强氧化剂
		第14.2项　可加剧燃烧；氧化剂
		第14.3项　可加剧燃烧；氧化剂
15	有机过氧化物	A型　遇热可能引起爆炸
		B型　遇热可能引起燃烧或爆炸
		C型和D型　遇热可能引起燃烧
		E型和F型　遇热可能引起燃烧
		G型
16	金属腐蚀剂	可能腐蚀金属

2. 健康危害

GHS制度中对应的健康危害类别，见表3-2。

表3-2　GHS健康危害类别和项别

编号	危险类别	危险项别
1	急性毒性	第1.1项　吞服致命；皮肤暴露致命；吸入致命
		第1.2项　吞服致命；皮肤暴露致命；吸入致命
		第1.3项　吞服有毒；皮肤暴露有毒；吸入有毒
		第1.4项　吞服有害；皮肤暴露有害；吸入有害
2	皮肤腐蚀/刺激	第2.1项　造成严重的皮肤灼伤或眼损伤
		第2.2项　会引起皮肤刺激
3	严重眼损伤/眼刺激	第3.1项　造成严重眼损伤
		第3.2项　造成严重眼刺激
4	呼吸或皮肤过敏作用	第4.1项　吸入可能导致过敏、哮喘症状或呼吸困难
		第4.2项　可能导致皮肤过敏反应

续表

编号	危险类别	危险项别
5	生殖细胞致突变性	第 5.1 项　可能导致遗传缺陷
		第 5.2 项　怀疑可能导致遗传缺陷
6	致癌性	第 6.1 项　已知或被推定为人体致癌物
		第 6.2 项　可疑人体致癌物
7	生殖毒性	第 7.1 项　已知或被推定为人体生殖毒物
		第 7.2 项　可疑人体生殖毒物
8	特定靶器官毒性——单次接触	第 8.1 项　会对靶器官造成损害
		第 8.2 项　可能对靶器官造成损害
		第 8.3 项　可能导致呼吸道刺激或可能导致嗜睡和眩晕
9	特定靶器官毒性——重复接触	第 9.1 项　长时间或重复暴露后会对器官造成损害
		第 9.2 项　长时间或重复暴露后可能会对器官造成损害
10	吸入危险	已知引起人体吸入毒性危险的化学品或被认为可引起人体吸入毒性危险的化学品

3. 环境危害

人类生产生活所接触的环境很复杂，种类也很多，各种环境的性质也千差万别。一种化学品对不同环境对象的影响或者危害程度也各不相同，要对其所有环境危害进行详细的分类需要做大量的研究。因此，目前联合国 GHS 制度只将化学品对水生环境的危害列入环境危害的范畴，见表 3-3。

表 3-3　GHS 环境危害类别和项别

编号	危险类别	危险项别
1	危害水生环境（急性）	对水生生物有剧毒
	危害水生环境（慢性）	对水生生物有剧毒，影响持续时间长
		对水生生物有毒，影响持续时间长
		对水生生物有害，影响持续时间长
		可能对水生生物生长有长期的有害影响
2	危害臭氧层	对臭氧层有害

（二）标签

有些国家，SDS也被称为物质安全技术/数据说明书。国际标准化组织的ISO 11014 GHS标签所需的信息包括如下8个要素：

① 供应商的姓名、地址和电话号码；

② 公开的包装中物质或混合物的额定数量，除非该数量在包装的其他地方指明；

③ 产品标识；

④ 危险象形图；

⑤ 信号词；

⑥ 危险说明；

⑦ 防范说明；

⑧ 补充信息部分。

（三）安全数据说明书

化学品安全技术说明书或化学品安全数据说明书（safety data sheet，SDS）[11]，又称物质安全数据表（material safety data sheet，MSDS）。美国、加拿大以及亚洲一些国家采用MSDS术语。

我国于2009年2月1日开始实施的《化学品安全技术说明书　内容和项目顺序》（GB/T 16483—2008）也规定了我国的“化学品安全技术说明书”（safety data sheet for chemical products，SDS）。

对于符合GHS中物理、健康或环境危害统一标准的所有物质和混合物，以及含有符合致癌性、生殖毒性或目标器官系统毒性标准，且浓度超过混合物标准所规定的安全数据单临界极限的物质的所有混合物，应制作SDS。主管当局还可要求为不符合危险类别标准但含有某种浓度的危险物质的混合物质制作安全数据表。

SDS可以沿着化学品的供应链向下传递，向供应链的所有参与者提供化学品的综合信息，帮助他们采取正确的措施将化学品在使用过程中产生的危险加以有效的控制。为此，GHS制度依据国际标准化组织的ISO 11014、欧盟安全数据表指令91//155/EEC等国际标准，制定了一个包含16个项目的安全数据表格式要求。

安全数据表中的信息依次包含：①标识；②危险标识；③成分构成/成分信息；④急救措施；⑤消防措施；⑥事故排除措施；⑦搬运和存储；⑧暴露控制和人身保护；⑨物理和化学特性；⑩稳定性和反应性；⑪毒理学信息；⑫生

态学信息；⑬处置考虑；⑭运输信息；⑮管理信息；⑯其他信息。

三、我国 GHS 制度推进现状

GHS 制度对我国化学品参与国际贸易产生一定的影响，影响的主要特点包括：①涉及化学品多，影响范围广。GHS 法规的规定几乎涵盖了全部化学品，包括物质的分类、标签与包装，涉及化工、毒理学、生态毒理学、安全工程等多个专业，其影响范围甚至比 REACH 法规还要广。GHS 法规影响着我国出口欧盟的几乎所有化学品。②产生的短期影响不剧烈，但长期影响大。对我国化学工业行业和企业来说，GHS 法规有着较长的过渡期，短期内对国内输欧化学品贸易影响看似虽然不会很剧烈。但在 GHS 法规实施过渡期中，我国企业需要承受一次性成本如对执行 GHS 的投资，提高了我国输欧化学品的成本并对我国输欧化学品及其下游产品产生很大的影响。

面对 GHS 制度对我国化学品参与国际贸易产生的影响，我们应当：①强化观念转变，提高对 GHS 法规的认识；②提升产品安全和质量，调整企业产品结构；③关注国际市场发展动态，开展国际交流合作；④引进专业人才，建设高素质科技队伍；⑤进一步完善我国化学品安全和分类的法律、法规、标准，尽早实现与国际化学品管理体系的接轨；⑥建立危险数据生成、收集、评价和公示制度，目前我国生产和上市的现有化学物质已有 45000 余种，但国家《危险化学品名录》中却仅有 4000 余种化学物质；⑦推进实验室能力建设，消除数据互认障碍；⑧开展国际交流，促进有关方信息交流，鼓励公众参与。

我国政府对于保护环境、保障人民健康安全、实施可持续发展战略历来高度重视，对于联合国这一协调制度予以积极支持。2002 年 9 月 2 日朱镕基总理出席了在约翰内斯堡召开的“联合国可持续发展世界首脑会议（WSSD）”，议题之一就是要求各国 2008 年前实施 GHS，对此中国投了赞成票。2002 年 12 月在 UNCETDG/GHS 的首次会议上通过 GHS 工作报告。

我国已加入世界贸易组织，经济全球化趋势日趋明显。随着世界经济的发展和社会的进步，许多国家和国际组织在关注危险货物运输安全的同时，越来越重视保护生产者、消费者和生态环境。我国作为一个化学品生产、销售和使用大国，执行 GHS 将对我国化学品的正确分类和在生产、运输、使用各环节中准确应用化学品标记具有重要作用，也将进一步促进我国化学品进出口贸易发展和对外交往，防止和减少化学品对人类的伤害和环境的破坏。

联合国 GHS 制度已于 2008 年 1 月 1 日在全球实施，要求所有国家对进出口的化学品按照 GHS 制度的要求进行分类定级。我国政府对于保护环境、保障人民健康安全、实施可持续发展战略等历来高度重视，对于联合国这一协调制度予以积极支持，遵照2002年在约翰内斯堡世界首脑会议上所做的承诺，我国也在现有化学品管理的基础上积极开展着GHS制度的实施和贯彻工作。

1. 有关法律、法规建设

目前我国对于大多数的危险化学品只规定了登记注册要求，尚无包含化学品的分类、标签和安全数据单三项核心内容较完整的法律、法规。

我国化学品管理依据的行政法规主要是《危险化学品安全管理条例》。该条例规定了国内生产、经营、储存、运输、使用危险化学品和处置废止危险化学品的相关要求。该条例规定的危险化学品，主要是以我国国家标准和公安、环保、卫生、质检、交通部门发布：

①《危险货物品名表》(GB 12268)；

②《剧毒化学品目录》；

③《中国禁止或严格限制的有毒化学品目录》；

④《中国严格限制进出口的有毒化学品目录》；

⑤《国家危险废物名录》等。

目前，我国危险化学品名录中化学品的危险类别与联合国GHS的28项危险分类不同，一般分为8大类（包括爆炸品，压缩气体和液化气体，易燃液体，易燃固体、自燃物品和遇湿易燃物品，氧化剂和有机过氧化物，毒害品和感染性物品，放射性物品，腐蚀品），并且除了急性毒性以外，对于GHS分类标准提出的其他健康危害性分类的种类和类别以及环境危害性分类的种类和类别没有明确界定和分类。现行的《危险化学品目录》中的危险化学品也只标明了一部分物理危害性和急性毒性，没有标明其他健康危害性和环境危害性分类种类。对于国际上引起高度关注的具有致癌性、致突变性和生殖毒性以及具有持久性、生物蓄积性和毒性的严重危害环境的化学品，则很少或没有提及。

现行的《危险化学品安全管理条例》《作业场所有毒物质管理条例》《职业病防治法》等法律法规没有对工业化学品危险性数据的产生、收集、评价和公示做出明确规定，也没有要求化学品生产和进口厂商对其生产、进口和上市销售的工业化学品进行危害性鉴别分类及开展危险性测试与评价。由于化学品监控管理所需的测试实验室分析能力不足，我国生产和销售的绝大部分化学品也没有进行危险性测试和评价，对其固有的危险性质，不能恰当地进行分类和做出危险性公示。

在进出口化学品管理方面，依据《中华人民共和国进出口商品检验法》。我国对出口危险品严格按国际危险货物运输的相关规则进行检验管理，按照国际通行的规定，对我国进出口危险品的编号、分类、包装规则和性能试验要求、标签制定了统一规则，但对于进口危险品仅做登记，对于进口危险品的分类、包装、标签是否符合联合国 GHS 制度方面缺乏完善的制度和管理。

2. 相关国家标准

为应对 GHS 制度，我国从 2003 年起将"联合国《关于危险货物运输的建议书　规章范本》"转化为我国《易燃固体危险货物危险特性检验安全规范》等 50 项强制性国家标准；2004 年以来，将"联合国化学品分类和标记全球协调系统（GHS）"转化为我国《化学品分类、警示标签和警示性说明安全规范　易燃气体》等 26 项强制性国家标准和《化学品分类、警示标签和警示性说明安全规范　吸入毒性》《化学品分类、警示标签和警示性说明安全规范　臭氧层危害》等 120 余项化学品毒性检测标准，建立了与国际接轨的化学品毒性检测方法标准体系，提供了化学品安全和环境管理进行科学决策的基础；2009 年发布的《化学品分类和危险性公示通则》和《化学品安全标签编写规定》中，纳入了 GHS 中的技术标准，分别注明了其中的"分类"和"危险性公示"部分，"标签"和"标签制作"部分必须强制执行；2008 年 8 月发布了"良好实验室规范"系列国家标准 15 项，该系列标准对于我国 GHS 实验室的建立与发展，以及化学品分类、标签和安全数据单工作的开展具有积极的指导作用。以上多项强制性和推荐性国家标准已成为我国化学品统一分类和标签工作的基础，为我国实施 GHS 提供了技术指导。

第四节　固体废物

固体废物就是一般所说的垃圾，是指在生产、生活和其他活动中产生的丧失原有利用价值而被抛弃或者放弃的固态、半固态和置于容器中的气态的物品、物质以及法律、法规规定纳入固体废物管理的物品、物质。固体废物包括生活垃圾、危险废物、工业固体废物和医疗废物[12]。

一、固体废物分类

1. 生活垃圾

生活垃圾是指在日常生活中或者为日常生活提供服务的活动中产生的固体废物以及法律、行政法规规定视为生活垃圾的固体废物。包括有机类：可降解有机物、食物残渣等；无机类：灰土、废纸、饮料罐、废金属等；有害类：废电池、荧光灯管、过期药品等。

2. 危险废物

危险废物是指列入国家危险废物名录或者根据国家规定的危险废物鉴别标准和鉴别方法认定的具有危险特性的固体废物。包括易燃、易爆、腐蚀性、传染性、放射性等有毒有害废物，除固态废物外，半固态、液态危险废物在环境管理中通常也划入危险废物一类进行管理。

《国家危险废物名录》于2016年3月30日由环境保护部部务会议修订通过，自2016年8月1日起施行。2020年更新为《国家危险废物名录（2021年版）》，包括：医疗废物，医药废物，废药物、药品，农药废物，木材防腐剂废物，废有机溶剂与含有机溶剂废物，热处理含氰废物，废矿物油与含矿物油废物，油/水、烃/水混合物或乳化液，多氯（溴）联苯类废物，精（蒸）馏残渣，染料、涂料废物，有机树脂类废物，新化学物质废物，爆炸性废物，感光材料废物，表面处理废物，焚烧处置残渣，含金属羰基化合物废物，含铍、铬、铜、锌、砷、硒、镉、锑、碲、汞、铊、铅废物，无机氟化物废物，无机氰化物废物，废酸，废碱，石棉废物，有机磷化合物废物，有机氰化物废物，含酚废物，含醚废物，含有机卤化物废物，含镍废物，含钡废物，有色金属采选和冶炼废物，其他废物，废催化剂等。

3. 工业固体废物

工业固体废物是指在工业生产过程中排入环境的各种废渣、粉尘及其他废物。可分为一般工业废物（如高炉渣、钢渣、赤泥、有色金属渣、粉煤灰、煤渣、废石膏、脱硫灰、电石渣、盐泥等）和工业有害固体废物即危险固体废物。

4. 医疗废物

医疗废物是指医疗卫生机构在医疗、预防、保健以及其他相关活动中产生的具有直接或者间接感染性、毒性以及其他危害性的废物。主要有感染性废物、病理性废物、损伤性废物、药物性废物和化学性废物。

二、固体废物污染对环境的危害

固体废物具有两重性，也就是说，在一定时间、地点，某些物品对用户不再有用或暂不需要而被丢弃，成为废物；但对另一些用户或者在某种特定条件下，废物可能成为有用的甚至是必要的原料。固体废物污染防治正是利用这一特点，力求使固体废物减量化、资源化、无害化。对那些不可避免产生的和无法利用的固体废物需要进行处理处置。

固体废物还有来源广、种类多、数量大、成分复杂的特点。因此防治工作的重点是按废物的不同特性分类收集运输和储存，然后进行合理利用和处理处置，减少环境污染，尽量变废为宝。

1. 侵占土地、污染土壤

固体废物不加利用，需占地堆放。我国许多城市利用市郊设置垃圾堆放场，侵占大量农田。北京每人平均年产垃圾 440 千克，全市年产 400 万吨左右，相当于两个半景山。北京的垃圾堆放场地已有 4500 余处，占地超过 1 万亩（1 亩＝666.7m^2）。垃圾在自然界停留的时间也很长：烟头、羊毛织物 1～5 年，橘子皮 2 年，经油漆的木板 13 年，尼龙织物 30～40 年，皮革 50 年，易拉罐 80～100 年，塑料 100～200 年，玻璃 1000 年。固体废物及其渗滤液中所含的有害物质会改变土壤的性质和土壤的结构，并对土壤卫生状况产生影响。这些有害成分的存在，还会在植物有机体内积蓄，通过食物链危及人体健康。

2. 污染水体

直接将固体废物倾倒于河流、湖泊或海洋，将使水质直接受到污染，严重危害水生生物的生存条件，并影响水资源的充分利用。除此之外，固体废物还缩减江河湖面的有效面积，使其排洪和灌溉能力有所降低，有些排污口处形成的灰滩已延伸到航道中心，影响正常的航运。此外，在陆地堆积或简单填埋的固体废物，垃圾中的有害成分易经雨水冲入地面水体，在垃圾堆放或填坑过程中还会产生大量的酸性和碱性有机污染物，同时将垃圾中的重金属溶解出来。垃圾污染源产生的渗出液经土壤渗透会进入地下水体，垃圾直接弃入河流、湖泊或海洋，则会引起更严重的污染。

3. 污染大气

固体废物在运输和露天堆放过程中，有机物分解产生恶臭，并向大气释放出大量的氨、硫化物等污染物，其中含有机挥发气体达 100 多种，这些释放物中含有许多致癌、致畸物。塑料膜、纸屑和粉尘则随风飞扬形成“白色污染”。固体废物中的细微颗粒可随风飞扬，从而对大气环境造成污染。以细粒状存在的固体废物和垃圾，在大风吹动时会随风飘逸，扩散到其他地方。一些有机固体废物和垃圾，在适宜的湿度和温度下被微生物分解，还能释放出有害气体、产生毒气或者恶臭，造成地区性空气污染。另外，废物填埋时所逸出的沼气、焚烧处理时所排出的二氧化硫、烟雾、粉尘等也会造成严重的大气污染。

4. 影响环境卫生和景观

我国生活垃圾、粪便的清运能力不高，无害化处理率低，很大一部分垃圾堆存在城市的一些死角，严重影响环境卫生，对市容和景观产生“视觉污染”，给人们的视觉带来不良刺激，这不仅直接破坏了城市、风景区等的整体美观，而且损害了我们国家和国民的形象。

三、对人体健康的影响

固体废物产生源分散、产量大、组成复杂、形态与性质多变，可能含有毒性、燃烧性、爆炸性、放射性、腐蚀性、反应性、传染性与致病性的有害废物或污染物，甚至含有污染物富集的生物，有些物质难降解或难处理、排放（固体废物数量与质量），具有不确定性与隐蔽性，这些因素导致固体废物在其产生、排放和处理过程中对资源、生态环境、人民身心健康造成危害，甚至阻碍社会经济的持续发展。

固体废物简易堆置、排入水体、随意排放、随意装卸、随意转移、偷排偷运等不当处理，破坏景观，其所含的非生物性污染物和生物性污染物进入土壤、水体、大气和生物系统，对土壤、水体、大气和生物系统造成一次污染，破坏生态环境；尤其是将有害废物直接排入江河湖泽或通过管网排入水体，或粉尘、容器盛装的危险废气等大气有害物排入大气，不仅导致水体或大气污染，而且还导致污染范围的扩大，后果相当严重。如将有害废物不当处理，可能引起中毒、腐蚀、灼伤、放射性污染、病毒传播等突发事件，严重破坏生态环境，甚至导致人身伤亡事故。有些有害废物，如重金属、二噁英等，甚至随水体进入食物链，被动植物和人体摄入，降低机体对疾病的抵抗力，引起疾病（种类）增加，对机体造成即时或潜在的危害，甚至导致机体死亡。

固体废物在处理过程中，所含的一些物质（包括污染物和非污染物）参与物理反应、化学反应、生物生化反应，生成新的污染物，导致二次污染。二次污染形成机理复杂，防治比一次污染更加困难。固体废物处理过程中常见的二次污染物及其产生途径有：

① 长时间不当储存与堆置过程中，废物堆体滋生霉菌和寄生虫等病原体，加速老鼠、蛇和蚊虫等生物体的繁殖与生长，带来疾病和疾病传播危险。

② 储存、堆置、运输、分拣、填埋等过程中，有机易腐物发酵腐烂过程产生甲烷气、臭气等大气有害物和有机废水（甚至含有重金属和病原体等污染物）等土壤和水体污染物，同时也会滋生多种微生物。

③ 焚烧处理过程中，固体废物的有机氮、氯、硫等转化成氮氧化物、氯

化氢、硫氧化物等大气有害物。

④ 焚烧处理医疗垃圾、生活垃圾等废物过程生成二噁英，并产生大量的含重金属、二噁英等污染物的飞灰（属于危险废物）。

⑤ 堆置、填埋过程中，重金属形态变化及迁移，生成土壤和水体的重金属污染物。此外，易燃易爆等有害废物的不当处理可能导致火灾、爆炸等事故，产生大量有毒有害污染物，给生态环境、生产生活和人民生命财产带来灾害。

当提及固体废物时，人们想到的便是脏、乱、臭、有害、有毒、危险等垃圾形象，引起视觉、听觉、味觉、嗅觉、触觉的不良反应（不妨称为视觉污染、听觉污染、味觉污染、嗅觉污染和触觉污染），加之固体废物及其处理存在生态环境破坏的潜在危险，而且，现实中，因传统、意识、人才、资金、技术、管理、地理等原因，固体废物污染又在人们身边发生，使得人们对固体废物及其处理设施避之唯恐不及，固体废物及其处理的“邻避效应”日益彰显，影响所在地的投资环境，给周边居民造成精神伤害，同时，也给居民造成健康损害和不动产损失，减少所在地的发展机会。固体废物，尤其是生活垃圾，贴近人们的日常生活。固体废物的污染和危害具有迟滞性、潜在性、长期性、间接性、隐蔽性、综合性和灾难性等特点，是与人类生产生活息息相关的环境问题，需要高度重视。未经处理的工业废物和生活垃圾简单露天堆放，占用土地、破坏景观，而且废物中的有害成分通过刮风进行空气传播，经过下雨侵入土壤和地下水源、污染河流，这个过程就是固体废物污染。污染水体的固体废物未经无害化处理随意堆放，将随天然降水或地表径流进入河流、湖泊，长期淤积，使水面缩小，其有害成分的危害将是更大的。固体废物的有害成分，如汞（来自红塑料、霓虹灯管、电池、朱红印泥等）、镉（来自印刷、墨水、纤维、搪瓷、玻璃、镉颜料、涂料、着色陶瓷等）、铅（来自黄色聚乙烯、铅制自来水管、防锈涂料等）等微量有害元素，如处理不当，能随溶沥水进入土壤，从而污染地下水，同时也可能随雨水渗入水网，流入水井、河流以至附近海域，被植物摄入，再通过食物链进入人体，影响人体健康。我国个别城市的垃圾填埋场周围发现，地下水的浓度、色度、总细菌数、重金属含量等污染指标严重超标。污染大气固体废物中的干物质或轻物质随风飘扬，对大气造成污染。焚烧法是处理固体废物较为流行的方式，但是焚烧将产生大量的有害气体和粉尘。一些有机固体废物长期堆放，在适宜的温度和湿度下会被微生物分解，同时释放出有害气体。污染土壤是许多细菌、真菌等微生物聚居的场所，这些微生物在土壤功能的体现中起着重要的作用，它们与土壤本身构成了一个平衡的生态系统，而未经处理的有害固体废物，经过风化、雨淋、地表径流等作用，其有毒液体将渗入土壤，进而杀死土壤中的微生物，破坏土壤中的生态平衡，污染严重的地方甚至寸草不生。

生活在环境中的人，以大气、水、土壤为媒介，环境中的有害废物可直接由呼吸道、消化道或皮肤摄入人体，使人致病。一个典型例子就是美国的腊芙运河（Love Canal）污染事件。20世纪40年代，美国一家化学公司利用腊芙运河停挖废弃的河谷，来填埋生产有机氯农药、塑料等残余有害废物2×10^4t。掩埋十余年后在该地区陆续发生了一些如井水变臭、婴儿畸形、人患怪病等现象。经分析研究当地空气、用作水源的地下水和土壤中都含有六六六、三氯苯、三氯乙烯、二氯苯酚等82种有毒化学物质，其中列在美国环保局优先污染清单上的就有27种，被怀疑是人类致癌物质的多达11种。许多住宅的地下室和周围庭院里渗进了有毒化学浸出液，于是迫使美国总统在1978年8月宣布该地区处于“卫生紧急状态”，先后两次近千户居民被迫搬迁，造成了极大的社会问题和经济损失。

废物不但含有病原微生物，而且能为老鼠、鸟类及蚊蝇提供食物、栖息和繁殖的场所，也是传染疾病的根源[13,14]。

四、我国固体废物污染概况

据中国城市环境卫生协会统计，我国每年产生近10亿吨垃圾，其中生活垃圾产生量约4亿吨、建设垃圾5亿吨左右，此外，还有餐厨垃圾1000万吨左右，我国的垃圾总量是世界上数一数二的。随着我国城镇化进程的加快以及人民生活水平的提高，城镇生活垃圾还在以每年5%～8%的速度递增。垃圾围城给中国的城市敲响了警钟。

2017年上海的生活垃圾清运量为743.07万吨，超过了19个省级行政单位；北京则是达到924.77万吨，超过了24个省级行政单位。

1. 工业废物

随着工业生产的发展，工业废物数量日益增加。尤其是冶金、火力发电等工业排放量最大，种类繁多，成分复杂，处理较困难。

有数据指出，2005年到2010年，我国工业固体废物产生量开始呈现增长趋势。尤其是自2011年达到32.28亿吨，同比增长高达40%，此后一直居高不下。“十二五”以来，我国工业固体废物年产生量超过30亿吨，2015年产生量达32.71亿吨。环保部发布的《2017年全国大、中城市固体废物污染环境防治年报》数据指出，2016 年，仅 214 个大、中城市一般工业固体废物产生量达 14.8 亿吨。2017 年，202 个大、中城市一般工业固体废物产生量达 13.1 亿吨。

2. 城市生活垃圾

住房和城乡建设部数据显示，2014 年全国生活垃圾产量达 1.79 亿吨，仅次于美国的 2.28 亿吨。2016 年，城市和县城生活垃圾清运量达到 2.7 亿吨，较 2015 年增加 5%。

2014 年我国人均垃圾产量为 131kg，与大多数 OECD 国家相比仍然处于低水平。以英国、日本、德国、法国等发达国家为例，目前已经稳定在 500kg/(人·年)上下，美国、瑞士甚至达到 700kg/(人·年)以上。将我国和以 OECD 为主的 26 个国家进行回归分析后发现，人均 GDP 对人均垃圾产量之间的可比系数高达 0.86，人均 GDP 每增长 1 万美元，人均垃圾产量将增长 99.6kg/(人·年)。预计随着我国人均 GDP 和居民生活水平的提高，人均垃圾产量将进一步提高。

3. 有毒化学固体废物

电子垃圾即电子废物，是指被废弃不再使用的电器或电子设备，主要包括电冰箱、空调、洗衣机、电视机、家用电器、手机和计算机等通信电子产品的淘汰品。

据联合国最新报告指出，2018 年，全世界的电子垃圾总共有 4850 万吨，到 2050 年，全球每年的电子垃圾总量将达到 1.2 亿吨。随着经济的快速发展，近年我国电子废物产生的速度十分惊人，据 2010 年联合国环境规划署发布的报告，我国已成为世界第二大电子垃圾生产国，每年产生超过 230 万吨电子垃圾，仅次于美国的 300 万吨。到 2020 年，我国的废旧电脑比 2007 年翻一番到两番，废弃手机增长了 7 倍。

由联合国相关机构、民间团体和电子行业组织合作发起的“解决电子垃圾问题倡议”项目报告指出：

2012 年，全世界产生的电子垃圾共有 4890 万吨，以全球人口 70 亿计算，平均每人产生大约 7 千克电子垃圾。中国 2012 年产生的电子垃圾最多，达到 1110 万吨；其次为美国，大约 1000 万吨。到 2017 年底，全球每年废弃的电冰箱、电视、手机、电子玩具、电脑、显示器等电器和电子产品数量达到 6540 余万吨，全球废弃电子产品和电器的数量在 5 年内增加了 3 成，比 2012 年增加 33.7%。

据统计，2017 年纳入我国管理目录的 14 类电子产品废弃量约 1164 万吨，其中5大类废弃电子产品（电视机、电冰箱、空调器、洗衣机和电脑）占78%。我国除本身就是大批电子垃圾的制造者外，还是全世界最大的电子垃圾的倾倒场。主要来自美国、欧洲等发达国家向中国出口的垃圾数量一直十分可观。据统计，在18个欧洲海港中，发现了约占总数47%的电子垃圾等待出口，它们将被运往中国、东南亚及非洲等地。

4. 白色废物

白色垃圾是指“生产”“生活”和其他人类活动所产生的塑料废物的白色污染，因其颜色多为白色，故被称为“白色垃圾”。根据白色垃圾来源的不同，可分为生活白色垃圾、农业白色垃圾和工业白色垃圾三大类。

白色垃圾是由聚苯乙烯、聚丙烯、聚氯乙烯等高分子化合物制成的包装袋、农用地膜、一次性餐具、塑料瓶等塑料制品使用后被弃置的固体废物，由于随意乱丢乱扔，难于降解处理，给生态环境和景观造成污染，对环境和人类健康造成不良影响。白色污染是我国城市特有的环境污染，在一些城市的公共场所能看见大量废弃的塑料制品。这些白色垃圾被人类制造后，由于最终很难被大自然所消纳，大大影响了生态环境。对此，英国人称白色垃圾是人类最糟糕的发明。

目前，全球每年至少有5000亿只塑料袋被人们拎回家，每人每年至少用掉150个塑料袋。据预测，全球塑料消耗量正以每年8%的速度增长，2030年塑料的年消耗量将达到7亿多吨。

我国是世界上十大塑料制品生产和消费国之一。1995年全国塑料消费总量约1100万吨，其中包装用塑料达211万吨。包装用塑料的大部分以废旧薄膜、塑料袋和泡沫塑料餐具的形式被任意丢弃。根据数据显示，我国一次性塑料餐盒消耗量从2017年的198亿个增长到2019年的402亿个，年复合增长率为42.49%。北京市生活垃圾的3%为废旧塑料包装物，每年产生量约为14万吨。上海市生活垃圾的7%为废旧塑料包装物，每年产生量约为19万吨。丢弃在环境中的废旧包装塑料，不仅影响市容和自然景观，产生“视觉污染”，而且因难以降解，对生态环境还会造成潜在危害，如：混在土壤中，影响农作物吸收养分和水分，导致农作物减产；增塑剂和添加剂的渗出会导致地下水污染；混入城市垃圾一同焚烧会产生有害气体——二噁英，污染空气，损害人体健康；填埋处理将会长期占用土地等。

五、固体废物的处理对策

① 完善法律法规及其配套规章和标准，国家尽快出台相关的法规和政策，

在废物回收与再生利用过程中强化管理，限制和消除不易回收的生产、经营和消费的固体废物，将固体废物防治工作纳入法制化轨道。

② 加强宣传，提高国民环境保护意识，实行垃圾分类，回收废物使之资源化是解决固体废物问题的根本途径。

③ 依靠科技进步，支持可降解型“绿色”替代品的研制、生产、销售及使用的科学研究和技术攻关，建设废物减量化（reduce）、再利用（reuse）、再循环（recycle）的绿色健康之路[15,16]。

参考文献

[1] 李霜，韩关根，徐盈，等.南方某地产妇和婴儿体内多氯联苯蓄积水平的调查［J］.中国工业医学杂志，2006，19（3）：136-138.

[2] 路青艳，李朝林，余善法.某农村地区恶性肿瘤构成及经济损失分析［J］.中国工业医学杂志，2007，20（3）：155-157.

[3] 持久性有机污染物控制（POPs）斯德哥尔摩公约［J］.环境污染与防治，2002，（2）：50.

[4] 李霜，李朝林，王延让，等.某污染地区妇女和儿童体内滴滴涕蓄积水平的调查［J］.中华劳动卫生职业病杂志，2010，28（5）：353-355.

[5] 李霜，韩关根，徐盈，等.南方某地妇女儿童血液中多氯联苯蓄积水平调查［J］.中国卫生工程学，2005，4（5）：278-280.

[6] 史江红.电子废弃物拆解企业 POPs 排放特征及风险评估［C］//第十四届持久性有机污染物论坛论文集，2019.

[7] UNECE.全球化学品统一分类和标签制度（全球统一制度）［S］.第七次修订.［2018-09-10］.

[8] 化学品注册、评估、授权和限制制度：EC/1907／2006［S］.［2007-06-01］.

[9] 李晞，刘君峰，王红松.欧盟化学品分类、标签制度的诠释与研究［J］.现代化工，2011，31（5）：88-91.

[10] 张少岩，车礼东，万敏.全球化学品统一分类和标签制度实施指南［M］.北京：化学工业出版社，2009.

[11] 化学品安全技术说明书　内容和项目顺序［S］.GB/T 16483—2008.

[12] 中华人民共和国固体废物污染环境防治法［S］.第五次修订.2019-06-25.

[13] 邓晓兰，车明好，陈宝东.我国城镇化的环境污染效应与影响因素分析［J］.经济问题探索，2017，（1）：31-37.

[14] 吴莉娜，李志，沈明玉.垃圾渗滤液新型处理技术及应用［M］.北京：化学工业出版社，2019.

[15] 张蕾.固体废弃物处理与资源化利用［M］.北京：中国矿业大学出版社，2018.

[16] 蒋海斌，张晓红，乔全樑.废旧塑料回收技术的研究进展［J］.合成树脂及塑料，2019，36（3）：76-80.

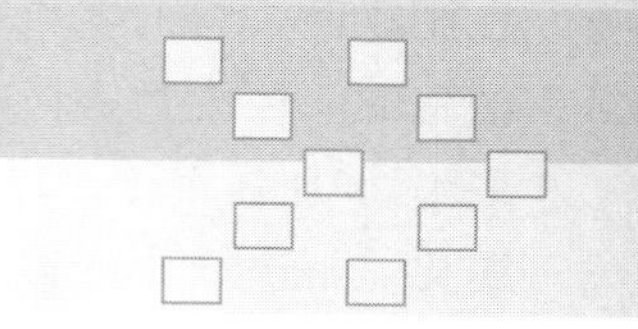

第四章

化学品危害控制

第一节　化学品危害控制的原则

化学品的职业健康与安全问题，在世界范围内受到普遍关注，尤其是工作场所发生的各类急性和慢性职业性化学中毒。据全国职业病报告数据，截至 2019 年底，我国累计报告各类职业病 99.4 万例，其中急、慢性职业性化学中毒 5.89 万例，约占 6%。因此，减少化学品事故和各类职业性化学中毒的发生，保护广大员工的安全与健康，就必须消除或降低工人在作业时受到的有害化学品的侵害，采取相应措施控制化学品可能产生的危害。

为控制化学品危害，应优先采用先进的生产工艺、技术和无毒（害）或低毒（害）的原材料，消除或减少化学有害因素；对于工艺、技术和原材料达不到要求的，应根据生产工艺和化学毒物特性，参照《工作场所防止职业中毒卫生工程防护措施规范》（GBZ/T 194）的规定设计相应的防毒通风控制措施，并采取相应的管理控制措施，使劳动者活动的工作场所有害物质浓度符合《工作场所有害因素职业接触限值　第 1 部分：化学有害因素》（GBZ 2.1）要求；如预期劳动者接触浓度不符合要求的，应根据实际接触情况，参照《有机溶剂作业场所个人职业病防护用品使用规范》（GBZ/T 195）、《呼吸防护用品的选择、使用与维护》（GB/T 18664）的要求设计有效的个人防护措施。

化学品危害控制原则的优先顺序是：消除替代原则、工程控制原则、管理控制原则、个体防护原则。在评估预防控制措施的合理性、可行性时，应综合考虑化学品危害的种类以及为减少风险而需要付出的成本，同时还应注意个人卫生。当一种措施难以满足需求时，应根据工作场所化学品危害的实际情况，采取综合控制措施。

一、消除替代

即优先采用有利于保护劳动者健康的新技术、新工艺、新材料、新设备，用无害替代有害、低毒危害替代高毒危害的工艺、技术和材料，从源头控制劳动者接触化学有害因素。

减小化学品危害有效的方法包括不使用有毒、有害化学品，不使用易燃、易爆化学物质，尽量使用比较安全的替代化学品或生产工艺。在生产工艺的设计阶段就应根据工艺过程的性质，选择相对安全的化学品。当现有的工艺过程无法替代时，应尽量寻找更安全的物质或加工过程进行替代。

有毒化学品替代，如采用水基涂料或水基胶黏剂替代有机溶剂基的涂料或胶黏剂，用水性洗涤剂替代溶剂型洗涤剂，用三氯甲烷脱脂剂来替代三氯乙烯脱脂剂，使用高闪点化学品替代低闪点化学品。生产工艺替代，如改喷涂为电涂或浸涂，改手工分批装料为机械连续装料，改干法破碎为湿法破碎[1]。

采用替代原则时，应注意替代物安全性虽要高于被替代物，但其本身并非绝对安全，仍需要谨慎对待。如苯是IARC确认的人类致癌物，通常采用甲苯替代苯，但甲苯并非完全无害，接触高浓度的甲苯会损害肝脏，使人头晕或昏迷，因此，使用甲苯时也应尽可能降低其接触的浓度[1]。当供选择的替代物有限，特别是在某些特殊的技术要求和经济要求的情况下，不可避免地要使用一些难以替代的有害化学品时，应综合考虑工程控制、管理控制和个体防护等措施。

二、工程控制

即生产工艺、技术和原辅材料达不到卫生学要求的，应根据生产工艺和化学有害因素的特性，采取相应的防毒、通风等工程控制措施，使劳动者在职业活动时接触的化学有害因素的浓度符合卫生要求。

按照《工业企业设计卫生标准》（GBZ 1）的要求[2]，对产生化学毒物的生产过程和设备（含露天作业的工艺设备），应优先采用机械化和自动化，避免直接人工操作。为防止物料“跑、冒、滴、漏”，设备和管道应采取有效的密闭措施，密闭形式应根据工艺流程、设备特点、生产工艺、安全要求及方便操作和维修等因素确定，并应结合生产工艺采取通风和净化措施。对移动的逸散毒物的作业，应与主体工程同时设计移动式轻便排毒设备。产生或可能存在毒物或酸碱等强腐蚀性物质的工作场所应设冲洗设施；高毒物质工作场所墙壁、顶棚和地面等内部结构及表面应采用耐腐蚀和不吸收、不吸附毒物的材料，必要时加设保护层；车间地面应平整防滑，易于冲洗清扫；可能产生积液的地面应做防渗透处理，并采用坡向排水系统，其废水纳入工业废水处理系统。储存酸、碱及高危液体物质贮罐区周围应设置泄险沟（堰）。工作场所化学毒物的发生源应布置在工作地点的自然通风或进风口的下风侧；放散不同有毒物质的生产过程所涉及的设施布置在同一建筑物内时，使用或产生高毒物质的工作场所应与其他工作场所隔离。通风、排毒设计应遵循相应的防毒技术规范和规程的要求：

① 当数种溶剂（苯及其同系物、醇类或醋酸酯类）蒸气或数种刺激性气体同时放散于空气中时，应按各种气体分别稀释至规定的接触限值所需要的空气量的总和计算全面通风换气量。除上述有害气体及蒸气外，其他有害物质同时放散于空气中时，通风量仅按需要空气量最大的有害物质计算。

② 通风系统的组成及其布置应合理，能满足防毒的要求。容易凝结蒸气和聚积粉尘的通风管道，几种物质混合能引起爆炸、燃烧或形成危害更大的物质的通风管道，应设单独通风系统，不得相互连通。

③ 采用热风采暖、空气调节和机械通风装置的车间，其进风口应设置在室外空气清洁区并低于排风口，对有防火防爆要求的通风系统，其进风口应设在不可能有火花溅落的安全地点，排风口应设在室外安全处。相邻工作场所的进气和排气装置，应合理布置，避免气流短路。

④ 进风口的风量，应按防止化学有害气体逸散至室内的原则通过计算确定。有条件时，应在投入运行前以实测数据或经验数值进行实际调整。

⑤ 供给工作场所的空气一般直接送至工作地点。放散气体的排出应根据工作场所的具体条件及气体密度合理设置排出区域及排风量。

⑥ 确定密闭罩进风口的位置、结构和风速时，应使罩内负压均匀，防止有毒物质外逸并不致把物料带走。

⑦ 以下情况不宜采用循环空气：对于局部通风排毒系统，在排风经净化后，循环空气中化学有害气体浓度大于或等于其职业接触限值的30%时；空气中含有病原体、恶臭物质及化学有害物质浓度可能突然增高的工作场所。

⑧ 局部机械排风系统各类型排气罩应参照《排风罩的分类及技术条件》（GB/T 16758）的要求，遵循形式适宜、位置正确、风量适中、强度足够、检修方便的设计原则，罩口风速或控制点风速应足以将发生源产生的化学物

质等吸入罩内，确保达到高捕集效率。局部排风罩不能采用密闭形式时，应根据不同的工艺操作要求和技术经济条件选择适宜的伞形排风装置。

⑨ 为减少对厂区及周边地区人员的危害及环境污染，散发有毒有害气体的设备所排出的尾气以及由局部排气装置排出的浓度较高的有害气体应通过净化处理设备后排出；直接排入大气的，应根据排放气体的落地浓度确定引出高度，使工作场所劳动者接触的落点浓度符合《工作场所有害因素职业接触限值 第1部分：化学有害因素》（GBZ 2.1）的要求[3]，还应符合《大气污染物综合排放标准》（GB 16297）和《环境空气质量标准》（GB 3095）等相应环保标准的规定。

⑩ 含有剧毒、高毒物质或难闻气味化学物质的局部排风系统，或含有较高浓度的爆炸危险性物质的局部排风系统所排出的气体，应排至建筑物外空气动力阴影区和正压区之外。

还应注意，在生产中可能突然逸出大量有害物质或易造成急性中毒或易燃易爆的化学物质的室内作业场所，应设置事故通风装置及与事故排风系统相连锁的泄漏报警装置。事故通风宜由经常使用的通风系统和事故通风系统共同保证，但在发生事故时，必须保证能提供足够的通风量。事故通风的风量宜根据工艺设计要求通过计算确定，但换气次数不宜＜12次/h。事故通风的通风机控制开关应分别设置在室内、室外便于操作的地点。事故通风的进风口，应设在有害气体或有爆炸危险的物质放散量可能最大或聚集最多的地点。对事故排风的死角处，应采取导流措施。事故通风装置排风口的设置应尽可能避免对人员的影响，应设在安全处，远离门、窗及进风口和人员经常停留或经常通行的地点，排风口不得朝向室外空气动力阴影区和正压区。在放散有爆炸危险的可燃气体或气溶胶等物质的工作场所，应设置防爆的通风系统或事故排风系统。

应结合生产工艺和毒物特性，在有可能发生急性职业中毒的工作场所，根据自动报警装置技术发展水平设计自动报警或检测装置。检测报警点应根据《工作场所有毒气体检测报警装置设置规范》（GBZ/T 223）的要求，设在存在、生产或使用有毒气体的工作地点，包括可能释放高毒、剧毒气体的作业场所，可能大量释放或容易聚集的其他有毒气体的工作地点也应设置检测报警点。应设置有毒气体检测报警仪的工作地点，宜采用固定式，当不具备设置固定式的条件时，应配置便携式检测报警仪。毒物报警值应根据有毒气体毒性和现场实际情况至少设警报值和高报值。预报值为最高容许浓度（MAC）或短时间接触容许浓度（PC-STEL）的1/2，无PC-STEL的化学物质，预报值可设在相应超限倍数值的1/2；警报值为MAC或PC-STEL值，无PC-STEL的化学物质，警报值可设在相应的超限倍数值；高报值应综合考虑有毒气体毒性、作业人员情况、事故后果、工艺设备等各种因素后设定。

三、管理控制

通过制定并实施管理性的控制措施，控制劳动者接触化学有害因素的程度，降低危害的健康影响。可根据工作场所化学有害因素的危害特点，采取不同的职业接触控制要求以及分类管理控制措施。

劳动者接触制定有 MAC 的化学有害因素时，一个工作日内，任何时间、任何工作地点的最高接触浓度（maximum exposure concentration，C_{ME}）不得超过其相应的 MAC 值。

劳动者接触同时规定有时间加权平均容许浓度（PC-TWA）和 PC-STEL 的化学有害因素时，实际测得的当日时间加权平均接触浓度（exposure concentration of time weighted average，C_{TWA}）不得超过该因素对应的 PC-TWA 值，同时一个工作日期间任何短时间的接触浓度（exposure concentration of short term，C_{STE}）不得超过其对应的 PC-STEL 值，且在 PC-TWA 值以上至 PC-STEL 之间的接触不应超过 15min，每个工作日接触该种水平的次数不应超过 4 次，相继接触的间隔时间不应短于 60min。

劳动者接触仅制定有 PC-TWA 但尚未制定 PC-STEL 的化学有害因素时，实际测得的当日 C_{TWA} 不得超过其对应的 PC-TWA 值；同时，一个工作日内任何在 PC-TWA 水平以上的短时间接触都应当符合峰接触浓度的控制要求，即劳动者接触水平瞬时超出 PC-TWA 值 3 倍的接触每次不得超过 15min，一个工作日期间不得超过 4 次，相继间隔不短于 1h，且在任何情况下都不能超过 PC-TWA 值的 5 倍。

对于尚未制定职业接触限值（OEL）的化学有害因素的控制，原则上应使绝大多数劳动者即使反复接触该因素也不会损害其健康。用人单位可依据现有信息、参考国内外权威机构制定的 OEL，制定供本用人单位使用的卫生标准，并采取有效措施控制劳动者的接触。

化学有害因素的行动水平，根据工作场所环境、接触的有害因素的不同而有所不同，一般为该因素容许浓度的一半，但劳动者接触化学有害因素的浓度超过行动水平时，用人单位应参照《用人单位职业病防治指南》（GBZ/T 225）的要求采取包括防毒等工程控制措施、工作场所有害因素监测、职业健康监护、职业病危害告知、职业卫生培训等的技术及管理控制措施。行动水平不作为确定接触职业病危害作业的劳动者的岗位津贴的依据。《工作场所有害因素

职业接触限值 第1部分：化学有害因素》（GBZ 2.1—2019），按照劳动者实际接触化学有害因素的水平将劳动者的接触水平分为5级，与其对应的推荐管理控制措施见表4-1。

表4-1 职业接触水平及其分类控制

接触等级	等级描述	推荐的控制措施
0(≤1% OEL)	基本无接触	不需采取行动
Ⅰ(>1%,≤10% OEL)	接触极低，根据已有信息无相关效应	一般危害告知，如标签、SDS等
Ⅱ(>10%,≤50% OEL)	有接触但无明显健康效应	一般危害告知，特殊危害告知，即针对具体因素的危害进行告知
Ⅲ(>50%,≤OEL)	显著接触，需采取行动限制活动	一般危害告知，特殊危害告知，职业卫生监测，职业健康监护、作业管理
Ⅳ(>OEL)	超过OEL	一般危害告知，特殊危害告知，职业卫生监测，职业健康监护、作业管理，个体防护用品和工程、工艺控制

注：作业管理包括对作业方法、作业时间等制定作业标准，使其标准化；改善作业方法；对作业人员进行指导培训以及改善作业条件或工作场所环境等。

四、个体防护

当所采取的控制措施仍不能实现对接触的有效控制时，应联合使用其他控制措施和适当的个体防护用品；个体防护用品通常在其他控制措施不能理想实现控制目标时使用。

个体防护包括呼吸防护、眼面部防护、手部防护、身体防护等，其选择、使用与管理详见本书“第六章 个体防护装备”部分。

第二节 化学品健康风险评估

化学品风险评估是对化学品的实际或潜在接触风险进行评估，旨在评估从事化学品接触人员的实际或潜在接触风险。评估过程包括危害识别、剂量-反应评估、接触评估和风险表征四个步骤。危害识别和剂量-反应（浓度-效应）评估也称为效应评估。危害识别是确定化学品具有内在致病能力的过程；剂量-反应评估旨在评估一定条件下的接触剂量或接触水平与健康效应及其严重程度之间关系；接触评估是对人群接触或环境暴露浓度/剂量的检测、分析与评估过程，包括接触场景和接触途径；风险表征是对由于实际或预期接触而可能在人群或环境中发生不良效应的发生率及其严重程度的估计，即对这种不良效应发生可能性的量化[4]。

健康效应和接触人群的表征是化学品健康风险评估的重要环节，针对接触人群的接触表征应考虑到呼吸道、消化道和皮肤接触三个途径。

健康效应包括：急性毒性、皮肤腐蚀/刺激、严重眼损伤和眼刺激、呼吸或皮肤过敏作用、生殖细胞致突变性、致癌性、生殖毒性、特定靶器官毒性——一次接触、特定靶器官毒性——重复接触，以及吸入危险。

接触人群包括：职业接触和非职业接触（用户接触和环境暴露）。职业接触包括工作地点接触和活动场所接触。

接触评估是基于代表性的监测数据或数学模型计算数据，考虑了使用和接触模式相似或化学品性质类似的可用信息。通过建模获得具有代表性和可靠性监测数据的可用性，特别是化学品生命周期后期阶段所必需的信息数量和细节。

风险评估应基于所有可用数据，优先考虑现有最佳和最现实的信息。根据最坏的假设进行初步风险评估。如果评估结果为“无关联”的，可停止对该人群的风险评估，如果评估结果为“令人关切”的，则需做进一步的评估。化学品的风险评估流程见图 4-1[4]。

一、基本原则

化学品健康风险评估过程本质上是比较接触人群与可能接触但预期不会产生有毒性效应的人群接触水平的过程，是通过评估接触水平，且与未观察到有害作用剂量（NOAEL）或观察到有害作用的最低剂量（LOAEL）比较实施的，即剂量-反应评估过程[5]。

可以根据可用的监测数据和/或模型计算得出接触水平。某些健康危害，通常不存在 NOAEL 值，如基因毒性和致敏性、腐蚀性或皮肤/眼睛刺激性化学品，实际评估时应谨慎考虑其假设。

根据接触水平/NOAEL 比值，决定一种化学品是否对人体健康构成威胁。如果不可能确定 NOAEL，定性评估是由不良效应发生的可能性决定的。接触

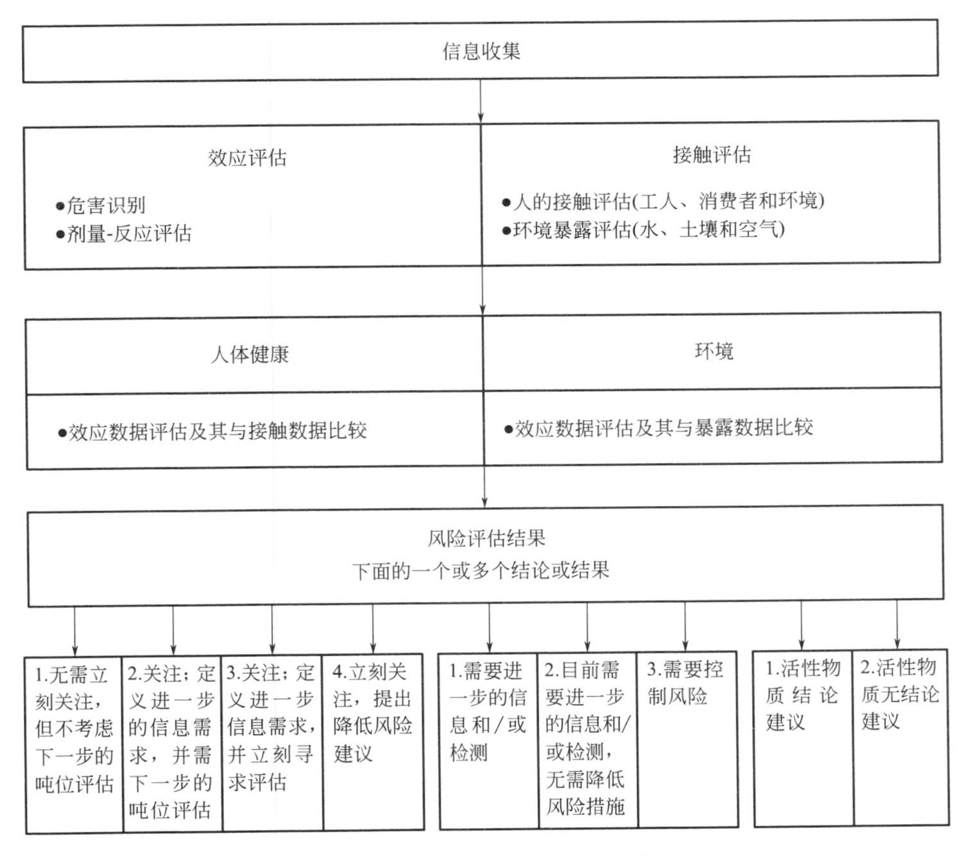

图 4-1 化学品的风险评估流程

与潜在效应的比较是针对接触或可能接触该化学品的每个人群及其每个效应分别完成的。应该指出，任何特定人群中，可能需要在风险表征中分别考虑亚群体（如不同接触场景和/或不同易感性），即不同的相似接触人群（SEG），并建立相应的接触水平/NOAEL值。

关于接触和效应的进一步信息需求是相互关联的。当考虑所有效应和所有预期接触模式时，可能会有几个试验，可能会使用多个接触途径。特别是在考虑进行早期和/或广泛的进一步测试时，要确保获得高质量和相关的测量接触水平，或者获得对人体接触的最佳估计，以便做出是否进行测试的决定。此外，还应考虑，如果可获得毒物动力学、代谢或机械学数据/信息，是否可能有助于确定应使用哪些试验和哪些接触途径，或者这些数据本身可能有助于评估人类健康风险。

二、危害识别

危害识别旨在识别现有或潜在健康危害因素并确定所关注的健康效应。作为一般规则，确定健康效应时，如果动物数据和人类数据都可用，风险评估中应优先考虑人类数据。

许多健康效应，测试旨在收集新的化学信息，作为评估工具与专家判断联合使用，以明确是否需要进行进一步测试。如果评估者决定需要进一步测试，应依据获得的必要数据指定最小测试量，还应考虑所有的健康结局和统一的综合测试。

1. 数据评估

效应评估中，评估数据的充分性和完整性非常必要，尤其是经过充分研究的现有化学品，因为对于每种效应可能有许多测试结果。这里数据充分性涵盖了现有数据的可靠性以及该数据与人类健康危害和风险评估的相关性。

2. 数据充分性

数据充分性由数据的可靠性和相关性确定。数据可靠性涵盖测试方法相关的内在质量并描述其性能和结果，而数据相关性涵盖测试适合特定危害或风险评估的程度。相关且可靠的数据可有效用于风险评估。当每种效应有多组数据时，应考虑最大权重。

（1）测试数据可靠性　评估可用的测试数据时，应参考相应标准化的测试方法和实验室要求。评估者在查看测试数据时应考虑：

① 被测试化学品的纯度/杂质及其来源。

② 测试报告、测试描述和测试程序是否符合普遍接受的科学标准。

③ 可靠性无法确定或测试程序在某些方面不合规，评估者须考虑如何使用或是否应将其视为无效数据。

④ 支持这些数据用于风险评估的因素：其他可用数据，如相似结构活性的异构体、同系物、相关前体和分解产物或其他化学类似物等；近似值足以对风险表征结果做出判断。

⑤ 如果没有报告关键支持信息（例如物种测试、化学品特性和剂量程序），应考虑这些测试数据对于风险评估不可靠。

原则上，已发表文献中报告的测试数据应采用相同标准，所提供的信息量是决定所报告数据可靠性的依据。一般而言，期刊出版物的同行评审更可取，高质量的评论可以用作支持信息。

（2）人类数据　具有阴性结果的流行病学研究不能证明某种化学品不存在

固有的危险特性，但在风险评估中有良好记录的“阴性”优秀研究可能是有用的。可提交的四种主要类型人类数据包括：①分析流行病学研究；②描述性或相关流行病学研究；③病例报告；④罕见的、合理的病例对照研究。

分析流行病学研究可用于确定人类接触与生物效应标志物、慢性效应的早期迹象、疾病发生或病死率等影响之间的关系，并可为风险评估提供最佳数据。研究设计包括：病例对照研究、队列研究或横断面研究。流行病学研究充分性的评估标准包括：接触组和对照组的正确选择和表征、接触的充分表征、疾病发生足够长度的随访、有效的效果确定、适当考虑偏倚和混杂因素以及合理的统计来检测效果。

描述性流行病学研究人群中与年龄、性别、种族以及时间或环境条件差异相关的疾病发病率差异。这些研究有助于确定进一步研究的领域，但对风险评估不是很有用。

病例报告描述了接触某种化学品的个体或一组个体的特定效应。当它们表现出在实验动物研究中无法观察到的效果时，它们可能存在明确的相关。

人体接触研究可以用于包括低剂量接触的毒物代谢动力学研究，也可用于一些罕见病例的风险评估。然而，由于接触个体的实际和伦理考虑因素，很少有人类实验毒性研究可以应用。

精心设计研究的标准包括使用双盲研究设计、匹配的对照组，以及足够数量的受试者来检测效应。人体实验研究的结果通常受相对较少量受试者的限制、短的接触持续时间、低剂量水平导致检测效应的灵敏度差。

（3）体外数据　化学品的部分可用数据可来自体外研究。例如，基因毒性的基础研究以及代谢和/或作用机制、皮肤吸收和毒性各个方面的研究。评估体外研究充分性时，还应注意：

① 考虑到该化学品对细菌/细胞的毒性、溶解度以及对培养基 pH 和渗透压的影响，接触水平范围。

② 挥发性化学品，是否采取预防措施以确保在试验系统中的有效浓度。

③ 是否使用了适当的外源代谢混合物。

④ 是否有阴性和阳性对照。

⑤ 是否使用足够数量的重复。

（4）数据相关性　为评估现有数据的相关性，有必要判断是否研究了适当的物种、接触途径，是否与所考虑的种群和接触场景有关，所测试的化学品是否具有代表性。

动物研究数据与人类相关性的评估是通过使用毒物测试中人类和动物的毒代动力学数据得到帮助的。任何情况下，动物研究中的剂量-反应关系也被认为是风险评估过程的一部分，在判断特定接触水平对人类发生不良影响的可能性时，风险表征描述阶段应当给予考虑。

评估时，应该考虑体外测试数据相关性的解释是否已经观察到所要观察到的结果，或者可以预期体内发生的结果。预测模型可用于从体外数据外推到体内终点。虽然单独的体外数据很少与人类直接相关，但是在体外进行遗传毒性试验中高度亲电化学品给出阳性结果可能与它们接触的初始位点（例如皮肤或呼吸道）中对人类具有诱变性的可能性有关。

（5）定量结构-活动关系（QSAR） 当不存在给定端点数据时或者数据有限时，可以考虑使用结构-活动关系（structure activity relationships，SAR）。但应注意，用于 QSAR 的 SAR 技术和方法在哺乳动物毒理学方面没有很好地发展。用于风险评估目的的 SAR 技术通常更多的是“专家判断”。

3. 数据完整性

对于现有化学品，可获得的数据量会有很大差异，许多化学品的信息可能超出规定的基准。但对于现有化学品，须提供基准组中列出的所有细节，确保在风险评估过程开始之前至少提供与基本数据相当的信息。

4. 接触途径和持续时间

评估危害识别数据时，需要考虑人体接触化学品的途径、持续时间和接触频率。

如果没有可靠或足够毒性数据用于解释人体接触途径，可考虑使用途径间外推的可能性。途径间外推定义为等效剂量和给药方案的预测，其产生与给定剂量和给药方案通过另一途径获得的相同毒性终点或反应。一般而言，途径到途径外推被认为是使用适当接触获得的不良毒性数据的替代方法。同样，可用数据可能只是从短期测试中获得，而不是反映人体接触的长期持续时间。

5. 接触途径

关于新化学品基本浓度水平测试，对于急性毒性测试，除气体化学品外，将至少通过两个途径进行，其一是经口途径，其二是将依据化学品的性质和人体接触的可能途径。这同样适用于现有化学品重复剂量毒性测试。

6. 途径间外推

当使用途径间外推时，应考虑：①效应的性质，途径间外推仅适用于评估系统效应；②毒代动力学数据，包括生物利用度（吸收）差异、新陈代谢差异、内部接触模型差异（动力学）。

皮肤和吸入接触之后，经常缺少关于动力学和代谢的相关数据。因此，只能对生物利用度差异进行校正。

7. 接触持续时间

当考虑到接触水平/NOAEL（或者）比率的可接受性时，可以部分地解决人类接触与可获得毒理学数据研究之间接触持续时间的差异。通常，随着毒性研究中接触持续时间增加，NOAEL将减小。此外，有必要考虑到较长持续时间的研究可能揭示在相对短期研究中未受影响的靶组织/器官/系统的可能性相关，应使用相关的毒代动力学数据来帮助决定是否需要进一步测试。

三、剂量-反应评估

剂量/浓度-反应/效应评估：旨在估计接触剂量或水平与发生率或发病率之间关系的关联程度。该步骤中，应用未观察到有害作用剂量（NOAEL）。如无法获得NOAEL，则应根据观察到有害作用的最低剂量（LOAEL）并在恰当的情况下确定其观察到的作用。

进入体内的化学品在到达靶器官的阈值浓度之前，不会表现出由该化学品引起的不良健康效应。是否达到该阈值浓度与生物体（人或动物）对该化学品的接触水平有关。对于给定的接触途径，不良健康效应出现之前必须达到阈值接触水平。不同的接触途径、阈值接触剂量或浓度可能变化很大，并且因毒物动力学的差异和可能的作用机制，不同物种可能有很大的变化。毒性试验中观察到的阈值剂量或效应水平将受测试系统的灵敏性影响，并且是真实NOAEL的替代值。除非明确证明阈值作用机制，否则通常认为不能确定与致突变性、遗传毒性和致癌性相关的阈值，尽管实验条件下可能显示剂量-反应关系。

研究的敏感性（与毒理学终点、毒性效力、接触期和接触频率、物种内变异性、剂量组的数量和每个剂量组的动物数量有关）可能会受到限制，即在多大程度上可以从特定测试中获得可靠的NOAEL。无法获得NOAEL的情况下，至少应确定LOAEL。

提出最有希望的替代方案之一是Benchmark概念。基准测试方法中，剂量响应曲线拟合到每个效应参数的完整实验数据。在拟合曲线基础上，观察到预定临界效应大小的剂量的较低置信限（即开始产生不良影响的剂量）被定义为基准剂量。基准剂量方法需要进一步发展，特别是在以下领域：

① 优化研究设计；

② 为每种毒理学定义国际公认的临界效应大小参数；

③ 针对不同类型的实验数据开发特定剂量-反应分析。

基准剂量软件（BMDS）可从美国EPA因特网站（www.epa.gov）获得。

通常基于在亚急性、亚慢性、慢性和生殖毒性测试中看到的效应来获得NOAEL。然而，对于急性毒性、刺激和皮肤过敏，很少有可能获得NOAEL。

四、接触评估

工作场所中，人们可能从原辅料、中间产品到产品的整个生产流程和作业环境中接触到化学品。接触评估时，首先需要评估作业人群接触或潜在接触何种化学品和接触的可能性。如果评估表明，人群接触不发生不良健康效应或预期接触如此之低，那么在进一步的风险表征阶段可以忽略对这种接触风险的评估，不需要进一步的评估，结论可在风险评估报告中提及。如果确定了实际或潜在接触，就需要进行定量的接触评估。每个潜在接触人群的接触水平/接触浓度需要从可用的测量数据和/或模型中得出。可能会产生一系列接触值来描述不同的接触人群和接触场景，将这些接触结果与效应评估（危害识别和剂量-反应关系评估）结果相结合，以确定是否需要对接触该化学品的人群进行进一步的关注。某些情况下，不同类型的接触评估都可能导致总体接触值（联合接触）的差异，这在风险表征中应该给予考虑。

最初实施的基于“最坏情况”假设的接触风险评估，并在应用模型计算时使用默认值通常是有用的。这种方法也可在缺乏足够详细数据情况下使用。如果基于“最坏情况”接触假设的风险表征结果，化学品属于“无关联”，对接触该化学品的风险评估可以停止。相比之下，某化学品属于“有关联”，则必须在可能的情况下通过更真实的接触预测细化评估，以得出最终结论。

接触评估的核心原则：

① 基于可靠的科学方法，有明确、可支持的结论和假设。

② 描述关键人群从事固定活动的接触场景。可能情况下，应同时使用合理的最坏情况和典型的接触来描述这些能够代表某一特定群体的接触情况。

③ 实际的接触测量只要可靠并对所评估的情况具有代表性，就应首先对类似数据或使用接触模型获得的接触进行估计。

④ 通过收集所有必要信息（包括从类似情况或模型中获得的信息）、评估信息（从质量、可靠性等方面）来确立接触评估，最好有不确定因素描述支持。

⑤ 进行接触评估时，应考虑已经采取的风险减少/控制措施。

接触被认为是单一事件，或一系列重复事件，或连续接触。需要考虑接触的持续时间和频率、接触途径、人类习惯和实践以及需要考虑的技术过程。

某些情况下，还可以对两个或两个以上接触路径的接触进行评估。例如，工人可能在私人生活中接触到含有与职业接触化学品相同的消费者产品。在计算实际联合接触值时，应注意接触发生的时间维度。

1. 工作场所接触评估

对工作场所接触某化学品进行全面评估，需要大量详细的资料，但实际很难获得，必须使用比预期更少的数据进行接触评估，可使用不同技术对接触进行评估。

（1）基本原则　工作场所化学品接触可通过吸入（呼吸）、皮肤（真皮）或吞咽（摄取）进入人体。这种接触通常应理解为外部接触。接触可被认为是单个事件、一系列重复事件或连续接触。评估除了根据测量或模型数据估计，还需要考虑其他参数，如接触持续时间和接触频率，以及接触的劳动量，等等。

① 吸入接触　吸入接触量为呼吸区大气中化学品的浓度，对于全班（8h），通常表示为参考期内的平均浓度。如所关注化学品具有急性健康效应，也可采用最高容许浓度、短时间接触浓度。峰值接触信息可能对评估急性效应很重要。

② 皮肤接触　许多化学品可以穿透完整的皮肤被身体吸收，这种经皮肤吸收的接触称为皮肤接触。皮肤接触是指单位体表面积皮肤接触污染物的质量。两个术语可以用来描述皮肤接触：

a. 潜在皮肤接触：指化学品在工作穿戴物和皮肤接触表面停留量的评估。

b. 实际皮肤接触：指实际到达皮肤污染量的估计值。

③ 消化道接触　对于如何定量消化道接触，目前还没有公认的方法。因此，在评估工作场所接触时，没有进一步考虑消化道的摄入接触。然而，当考虑不确定性时，应该考虑消化道摄入接触的可能性。

④ 定义接触场景　接触评估通过对不同场景评估实施。接触场景是描述工人和化学品之间接触是如何发生的一组信息和/或假设。接触场景描述了一种具有一组特定参数化学品的特定使用，这些参数包括：过程、活动（与过程相关）、持续时间和频率、控制措施、一定形态化学品的浓度以及与所描述情况相关的接触水平（吸入接触和皮肤接触）。

（2）接触评估所需资料　可靠和准确地评估不同路径接触，需要具有既能描述接触性质和程度又能得到定量数据支持的信息。由于存在评估人群接触相关的不确定性，应优先考虑获得有代表性的实测接触数据。无可用数据时，应引用模拟/替代数据。职业接触的有效性评估需要下列信息：

a. 化学品及其理化性质、接触限值等的描述；

b. 代表性化学品、何地点、多大量的生产和使用指标；

c. 对使用环境、接触的潜在途径和接触人数的描述；

d. 可获得测量接触信息的详细资料，包括统计参数以及核心信息和指标；

e. 适当情况下，可能相关的模拟/替代测量数据的详细信息；

f. 适当情况下，来自可评估相关过程和环境接触的（电脑）模型数据；

g. 对所有测量、建模和类似/替代数据进行全面的讨论（包括不确定性）。

① 测量数据　工作场所接触评估和日常监测可提供接触的测量数据和描述这些数据的相关信息。这些信息也可以从专门的调查或理化性质类似化学品中获得。所有数据使用前都需要仔细评估。数据应附带足够的信息，包括相关使用模式、控制模式和其他有关工艺参数。还应提供这些参数相关的接触频率和持续接触时间等信息。数据应以良好职业卫生工作模式收集，采用标准化程序，特别是采样策略和测量方法。

当特定化学品测量数据很少时，可使用模拟/替代测量数据。模拟/替代数据描述了来自利用同一化学品或相同操作数据的类似操作数据（类比数据），但使用的是相似的化学品。

② 建模数据　一般考虑两种类型的建模模型，即基于经验/知识模型和数学力学模型。基于经验/知识模型中，一组经验/知识被放在一个专家系统中，该系统利用这些知识来评估用户的信息输入，并预测可能的接触；数学力学模型使用数值输入通过计算评估接触，从理论原则或实证研究得出的方程来决定输出预测，输出可能是单个图形、时间历史或由统计过程确定的范围。

这两种模型具有不同的属性，严格适用于其定义的使用环境。数学力学模型与特定环境或过程有关（如喷漆、装桶），通常不能在更多应用中使用。基于经验/知识模型，倾向适用于较宽范围的环境，并且基于多年积累的经验。虽然它们可以给出可能接触的大致概念，但并不十分精确。然而，它们能够预测新化学品和现有化学品的接触程度，并评估一种化学品在不同用途中的可能接触程度。

综上所述，接触数据应采用以下优先等级：

1 级——测量数据，包括关键接触决定因素的量化；

2 级——适当的模拟/替代数据，包括关键接触决定因素的量化，

3 级——模型估计。

(3) 资料收集　为做出有效的接触评估，需要评估者与行业、企业之间有良好的互动。化学品生产商需要及时向评估者提供所需的信息。缺乏信息时，

决策通常是在预防的基础上做出的，以避免低估风险，进而可能导致采取过度的风险控制措施。因此，整个风险评估过程中需要评估者和行业、企业之间建立良好的互动。

（4）不确定性　职业接触评估过程相关不确定性可分测量不确定性（含采样）、数据选择不确定性、模型数据不确定性和评估不确定性四类。

① 测量不确定性　如果采样策略不是获得工作场所有代表性的测量，就会产生不确定性。这尤其取决于测量目的。例如，为显示职业接触限值符合性，所提供的测量可能没有覆盖所有相关活动，这可能导致偏倚。测量目的通常分为合规性测量、日常（综合）测量和诊断性测量等。

测量过程也会产生不确定性。例如，化学分析过程中，并不是所有化学品的样品都能够被采集，这可能会低估接触。有些测量可能低于检出限，如果因此记录为零，就会低估接触量；如果记录为等于检出限，就会高估接触量。实验室测量仪器读数也可能存在不确定性，例如样品制备过程中的仪器读数不准确而存在不确定性。当评估接触数据时，应考虑所有这些因素。因此，为尽量减少这些不确定性，采样和测量都应按照认可的规程进行。

② 数据选择不确定性　作为数据选择方法，特别是在将数据发送给评估者之前的汇总过程中，可能会产生不确定性。例如，测量数据汇总时可能导致工人高接触组相关的小数据集与低接触组相关的大数据集被合并的不均衡性。当计算这些合并数据的第 90 百分位数时，高接触组可能不会被体现出来。与随机抽样或分层抽样策略相比，这种选择机制和不透明数据汇总所产生的数据传播差异可能会大大增加。如果将完整数据连同足够详细的信息提交给评估者，则测量数据选择所带来的不确定性将会降低。观察采样点越少，可能从中获得任何推论相关的不确定性就越大。然而，接收到的大多数数据都是采样点少的小数据集，而且少于 12 个样品的数据并不少见。

③ 模型数据不确定性　对于数学模型，不确定性可以分为参数、场景和模型三类不确定性。参数不确定性为数据采样或测量过程中的变异性或误差导致的输入参数不确定；场景不确定性包括由虚假或不完整场景信息造成的不确定性，如描述、汇总、判断或不完整分析；模型不确定性是因在建模和整合关联性中缺乏知识或有错误，模型结构（即假设关联的数学表达式模型）也可能是不确定的。

④ 评估不确定性　进行接触评估时，上述所有不确定性都可能导致接触水平的总体不确定。如果将与类似工作场所相关的数据汇总在一起，这种不确定性甚至会更高。一般而言，不确定性越高，那么可用的数据和信息就越少，例如，如果信息只能从一家公司获得。在这种情况下，应该考虑额外测量

数据。

如果忽视了不确定性的任何来源，或者至少没有给出它们对最终评估可能产生影响的一些迹象，这将导致与之相关的评估具有虚假的准确性和精确性。所有这些不确定性和误差都需要考虑，与此同时，在风险评估过程中对毒理学数据的解释也存在不确定性。因此，不确定性分析是任何接触评估的重要组成部分，因为它提供了对结果的重要观察，并可能发现模型的弱点。这反过来应该导致对结果更明智的解释。

（5）接触评估所需信息　解释测量数据或生成模型数据，需要化学品使用过程信息，来充分表征接触。

对于现有化学品，一些类似/替代化学品数据（类比数据）也可使用。评估者需要对这些信息给予适当权重。对描述性数据应可用于接触模型。这些信息为评估者提供了评估相关场景数据和接触的基础。接触评估核心信息见表 4-2[4]。

表 4-2　接触评估核心信息需求

公司应提供的相关信息
• 生产规模或使用含有该化学品产品的指标； • 化学品使用的工艺过程、生产活动和产品描述等内容； • 混合物配方和产品构成； • 化学品使用方式(包括对接触和使用数量描述)； • 处理化学品的存在形式(如粉末、小球、液体)； • 参与潜在接触活动的人数； • 接触性质的描述，如任务、接触频率和持续时间等； • 使用的控制措施(包括工程技术/个体措施)； • PPE(个体防护装备)使用适合性信息以及确保 PPE 正确使用的管理信息。
测量数据的核心信息
如接触测量可用，应能与上述核心需求关联，包括： • 个人接触的原始数据：测量浓度、浓度单位、采样样品、接触的持续时间和频率、采样和分析方法，明显异常的解释。数据应涵盖轮班时的个人接触和/或急性危害存在地点的短期和/或峰值接触的描述以及可能导致严重接触的主要任务描述； • 至少需要 12 个数据样本来充分描述一个公司内的工作接触； • 依据公认的方案和方法，提供收集和分析数据证据的质量保证信息，包括实验室间质量保证方案和抽样策略的描述； • 能够评估数据的可靠性和代表性的详细描述。

（6）生物监测　生物监测数据可用于接触评估。它可以更好地了解接触的性质和程度，从而为接触评估过程增加可用价值。生物监测信息有助于更好地描述接触情况，并进一步减少工作场所控制措施有效性的不确定性。

生物监测信息应当用于帮助描述特定任务或活动中接触的相关性。为了对任何特定场景提供可靠的接触估计，进行生物测量期间，为考虑个体间差异和个体内部变化，任何接触都应包含足够的数据，预计至少需要 12～20 个数据。

生物监测信息反映了实际接触，表明了身体接触和身体吸收已经发生了。它往往是控制措施（包括个体防护技术）有效性的重要标志。然而，生物监测信息很少能够代表接触的主要途径或不同接触途径对总剂量的相对比例。

生物监测信息应被视为等同于其他形式的接触数据。生物监测数据必须满足与其他形式接触信息有关的所有质量要求。也就是说，它必须具有高质量和能够代表计划描述的接触情况。生物监测结果反映了来自任何相关途径（包括消费品、环境）的个体总接触。

（7）接触水平与风险表征　接触评估是通过对不同场景实施评估。一旦描述了这些场景，就应该提供对接触的定量估计。场景评估有两个端点，合理最坏情况（RWC）的接触水平和每个特定场景与每个相关接触路径的典型接触水平。

① 不确定性　忽略了不确定性或变异或者至少没有给出对最终评估结果可能有影响的某些提示，将导致虚假精度和准确性的评估。

② 短时间采样数据　为了提供相关的接触评估，评估者应要求企业提供短时间采样数据。这不应与测量接触峰值相混淆，后者很难获得此数据。如果这些数据可用，应对此进行评估。当数据具有足够的质量和可靠性时，应将其用于为短时间接触提供合理的最坏情况和典型值。

③ 颗粒度　如果接触的是粉尘，则应提供可用的粒径分布指标。这个信息用于经吸入进入人体的评估，因为摄取可能取决于气道中的沉积模式，这种沉积模式反过来又取决于颗粒的粒径分布。重要的是要知道是否测量了可吸入性粉尘或呼吸性粉尘。

④ 空气采样类型　采取经验证的方法和适宜的采样策略采集的个体采样数据更适用于接触评估，也可以采用适宜的抽样策略使用定点采样数据来反映个体接触。定点采样应在紧邻工人呼吸带的区域进行采集。

⑤ 生物监测数据　对于生物监测数据，至少应该提到许多参数。这些指标包括所测量的精确度、采样策略（例如在工作日结束时采样或 24h 采样）、所测化学品的生物半衰期以及任何可能有助于解释数据的信息。生物监测数据应提供与吸入或皮肤接触数据相同的核心信息，以便根据工作条件对结果进行适当的解释。可能情况下，应提出生物监测水平与吸入（或真皮）接触水平之间的既定关系。

⑥ 合理的最坏场景　合理最坏场景被认为是特定场景全部可能使用的环境中小比例情况超过的接触水平。它不包括极端使用或误用，但可以包括正常使用的上限，因为人们认识到接触控制可能很差或根本不存在。事故、故障或

恶意使用导致的接触不应予以处理。但正常使用应涵盖定期和经常进行的清洁和维护。

需要专家判断来确定合理最坏场景下可能假设的环境，以避免被过分夸大接触估计。测量或建模数据和/或模拟数据可以用来得出合理的最坏场景接触水平。

⑦ 典型值　典型接触是对每个场景可能使用环境接触平均水平近似区域的评估。可以用测量数据中心趋势来说明这一点，这些数据可以通过专家建议和专家对测量过程的了解来判断。如果很少有高质量、可用的测量数据，专家知识和建议将从根本上决定典型接触的评估。

⑧ 确定合理最坏情况和典型值的标准　在推导合理最坏情况和典型接触水平时，应结合接触数据质量和专业判断。这种评估最好是应用职业卫生专门知识而不是严格的统计方法来进行。

(8) 接触评估分级标准　表 4-3[1] 显示了评估可用接触数据和信息的有效性和适宜性，以确定合理最坏情况和典型接触值。如果接触评估的基础非常差，则建议需要更多的信息。然而，如果企业不能提供任何进一步信息，那么应该像没有任何信息一样继续进行评估。

表 4-3　工作场所接触评估评分标准

数据特征	内容和解释
高等质量的实际数据。例如：代表所述场景个体接触数据（包括生物监测所获得的）；根据认可方案收集及分析的数据；作为由关键接触决定因素所支持的原始数据集使用的数据	这种数据形式可能会决定是否存在对 MOS 的依赖。除非这类数据没有覆盖关键活动，否则不太可能得出需要更多信息的结论。 数据的可信度很高，应该会影响风险评估 RC 阶段对 MOS 的解释
中等质量的实际数据。例如：已合并和只有基本统计数据支持的数据；使用非标准协议获得的数据；应用非标准化方案已经获得的数据；不能作为场景完全代表性所描述的数据；可以合理表达个体接触的定点采样所获得的数据	这种形式的数据可能会决定是否存在对 MOS 的依赖。当 MOS 处于临界状态时，需要更多信息的结论可能更合适。 数据的置信度很好，这将在 RC 阶段对 MOS 产生积极的解释
质量较差的实际数据。例如：只可从合规性监测或定点采样获得的数据；关键接触决定因素的有限信息是可用的数据。 中等质量的替代数据。例如：符合上述实际数据定义，但只有基本统计数据支持，或者数据点可能不足以说明代表性的数据	为反映数据不确定性，应该给出结论，即如果相关 MOS 相应较高，则不存在问题。当 MOS 较低时，可能会有适当的考虑。在中度 MOS 存在时，需要更多信息的结论可能更合适。 数据置信度仍然是可以接受的，特别是当接触评估来自广泛来源时。 来自合规性监测的接触数据往往偏向于反映高端接触。这种内部产生的差应在 RC 阶段加以考虑

续表

数据特征	内容和解释
来自上述任何类别中都没有涉及的公开接触数据。例如，这可能包括非适宜性定点采样中获得的数据；对模型输入数据没有充分定义的情况；已被用来预测空气接触水平的某些生物监测数据	不能用来得出没有关系的结论。需要更多信息的结论首选默认值。仅在特殊情况下才可能表明存在关联的结论。 数据可信度是有问题的，这些数据本身不能有效地用来描述风险。但是，这些数据可以帮助解释某些接触数据可能不足的情况，并指导做出关于填补信息的决定

注：MOS—安全系数；RC—风险表征。

2. 吸入接触评估

职业环境中，通常基于外部接触数据进行评估。吸入量由呼吸带区域空气中化学品浓度来表示，可受多种因素影响，包括化学品物理性状、个体健康状况以及工作速率。

（1）测量数据　吸入接触测量数据应能代表采样期间的接触，应能够表达整个时间周期（通常为 8h）的接触。为使数据能代表工作场所接触，应使用随机抽样策略收集数据。使用非随机策略收集的信息，例如作为符合性采样策略的最坏情况抽样，对于本评估目的是存在偏倚的。

接触信息的质量及其适用性需在其纳入接触评估之前进行详细的评估。这种评估应该始终使用职业卫生专业知识，而不是采用简单的惯例或严格使用统计方法。例如，通常需要考虑收集这些信息的条件，以便确定这些信息的代表性，以及它在接触评估过程中的相关性和权重。分析时应考虑：

a. 描述正在进行的任务/活动或过程；

b. 工作场所接触信息，应该有一个合适的质量控制；

c. 原始数据集是任何接触评估的首选起点；

d. 接触数据应反映个人接触情况，并应描述整个工作班的时间加权接触；

e. 测量数据至少有 12 个数据样本可用于代表特定工作类型、活动或部门的特定任务；

f. 可将来自类似接触场景的类似化学品测量数据与被评估化学品相关的数据进行汇总，并充分说明；

g. 任何极端情况下的接触测量，都应始终、透明地处理数据，例如“未检出”数据，应该报告这些数据样本并使用检测极限的一半值进行统计；

h. 解释接触信息时，应采用适当的专家判断，并进行清楚、简洁的解释；

i. 测量数据表达，对于接触评估所要描述的每一场景都应详细说明样本量、测试设备数量、接触范围、中位数和第90百分位数。

(2) 建模数据　EASE模型产生的输出作为连续接触的浓度范围。最初使用全工作班接触信息来开发模型，并通过专家判断对模型修订。随着EASE应用经验的增加，模型输出显示了任务本身发生的接触。EASE输出可以自身作为评估结果，也可用于构建观察工作模式的时间加权平均结果。由于这一程序是基于对模型的实用解释而不是科学严格性，其产生的结果应该谨慎对待。

在可能同时接触粉尘和蒸气的地方，可以使用EASE来预测每种物理状态的接触，然后将其相加，得出总体接触范围。目前情况表明，对于喷漆、焊接、焊补、导致烟雾形成的过程和用于作为分解产物释放的化学品等无法预测吸入接触情况。

(3) 混合物　用于推导EASE模型范围的测量数据是在工作场所收集的，化学品使用时通常仅为一种成分。有些化学品实际上总是以混合物的形式存在，例如油雾或铸造颗粒。如果一种化学品作为混合物，以及混合物如何通过空气传播等相关数据无法获得，简单的方法就是通过一种因素等同于混合物中化学品的浓度来减少评估接触。

(4) 使用呼吸防护装备时的评估　呼吸防护装备（RPE）应该是控制有害化学品吸入接触的最后选择。RPE只能保护穿戴者，而其他控制措施（如局部通风）通过防止化学品进入工作场所空气中来保护每个人。此外，如果RPE使用不当或维护不当，穿戴者可能会接受不到保护。使用RPE时，评估吸入接触需要考虑所有这些因素。

3. 皮肤接触评估

工作方式、环境条件以及工作场所和操作者之间界面等许多因素，也会影响皮肤潜在接触程度。皮肤接触的可变性非常大，改变接触的变量越多，结果偏差就越大。污染物很少在身体上均匀分布，了解污染物的身体分布可能会完成更有效的风险评估。所有皮肤接触模型或方法都要求用户根据皮肤接触相关的场景进行分类。

(1) 测量数据　皮肤接触方法，在数据可用情况下，应用场景测量数据(包括使用类比推理)。如果无可用测量数据，则使用适当模型。一般方法参见图4-2。测量的皮肤接触数据包括：采样表面积（cm^2）、污染化学品量(mg)、单位面积质量（mg/cm^2）、采样/接触时间（min)、接触频率、采样方法和任何混合物构成。支持信息包括工作服穿戴细节、服装清洁和个人卫生等。

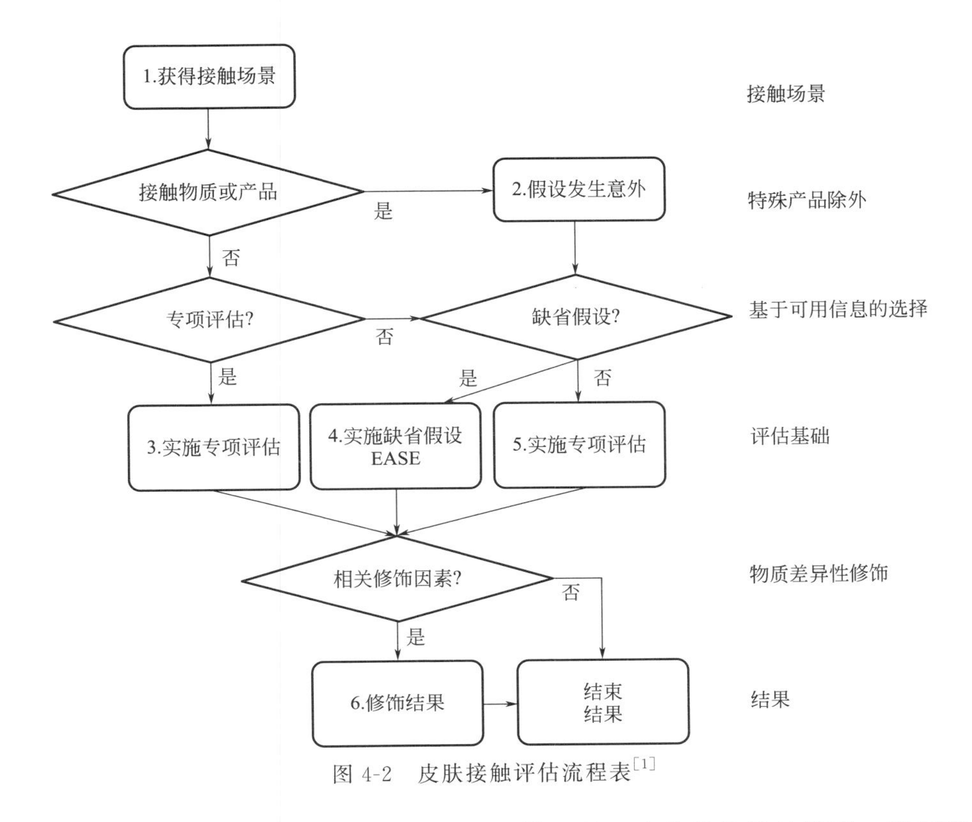

图 4-2 皮肤接触评估流程表[1]

(2) 建模数据 EASE 中的皮肤接触模型是一个非常简单的模型。模型预测不是来自实际测量的接触数据。皮肤接触假设是均匀的，并主要评估手和前臂的潜在接触率（大约 $2000cm^2$）。假定皮肤接触气体和蒸气的程度非常低，没有任何形式的个体防护装备损坏，接触仅取决于被污染表面物体的实际接触。该模型没有考虑个人卫生习惯（如洗手）、皮肤蒸发或其他类型的损失（例如，出汗或磨损）等因素对其的影响。

(3) 腐蚀性介质 对于腐蚀性化学品，偶尔会发生直接的皮肤接触。对于正确标记的腐蚀性化学品，不需要评估皮肤接触风险。应该注意的是，这只适用于腐蚀性，如存在其他性质的影响需要评估。

(4) 刺激物 与腐蚀性情况相反，接触刺激物可避免这样的假设是不应该的。这可能是强烈刺激物，不适用弱的刺激物，需要根据具体情况判断。

(5) 蒸发率 对于高挥发性化学品，由于皮肤表面化学品的滞留时间缩短，皮肤接触减少。例如，对于具有 21kPa 蒸气压的化学品和 $1mg/cm^2$ 的皮肤接触水平，蒸发时间计算为 4s。

如果工人与这种化学品有连续的直接接触，例如将手浸入液体化学品中，则不能考虑这种由于蒸发而导致的接触减少效应。此外，考虑到化学品的快速蒸发，开放性皮肤接触必须是主要的接触情况。

（6）高温　处理热产品（>60℃）时，不需要评估皮肤接触，因为皮肤接触只可能在非常短的时间内偶尔发生。

（7）使用 PPE 时的评估　接触评估中，应该考虑 PPE 什么时候减少接触以及如何发挥作用。定量和定性皮肤接触知识的普遍缺乏，以及关于使用手套和其他 PPE 及其适用性的很少量的可用信息，导致重复讨论如何评估皮肤接触、如何考虑合适或不合适的手套所提供的保护。

短时间穿戴，提出假设保护因素。较长时间穿戴，可能需要基于可用的渗透分布数据的实际保护因素或概率建模。但应记住，穿戴 PPE 后的人体因素在决定皮肤污染程度时起到很大作用。

对低挥发性液体的研究表明，手套内部的污染似乎与活动和使用的产品类型无关，取决于手套穿戴时间。穿戴上内侧已经被污染的手套或工作服，会导致很高的皮肤接触。

在获得有关 PPE 有效性的进一步数据之前，需要采用一种实用的解决方案来正确选择工作服和手套的真实默认值，比如 90%的保护（=10%的穿透率），随着进一步证据的出现，可以对其进行修改。然而，从长远来看，至少对于低挥发性液体来说，一个基于戴手套时间的默认值可以更好地预测手部污染。

五、风险表征

通过比较接触人群数量、质控信息与 N(L)OAEL 或定量评估特定接触造成的潜在效应，对化学品危害风险表征进行分析。风险表征需要对每一类潜在接触人群和每一种不良健康效应分别进行分析。评估的重点应为不同预测接触水平的人体毒理学效应。一般情况下，N(L)OAEL 值从动物研究数据中直接导出。当人的 N(L)OAEL 值可用时，原则上可以使用下面描述的方法。在使用动物研究数据时，需要考虑一些不适用的因素。

如果无法确定 N(L)OAEL 值，则应依据人群接触数量、质控信息评估效应发生的可能性。如果没有确定 N(L)OAEL 值，但测试结果能显示剂量/浓度与不良效应严重性之间的关系，或在仅使用一种剂量/浓度的试验方法有关的情况下，有可能评价效应的相对严重程度，评估中应权衡这类信息。

如果接触估计值高于或等于 N(L)OAEL 值，考虑到人群的接触，此时表明该化学品应被定义为“受关切的”。评估者应决定在化学品接触或如此毒性下的附加数据是否能将接触或N(L)OAEL值细化，还应考虑是否可以从已有的数据集中预测这种附加信息。如果接触估计值小于N(L)OAEL值时，风险评估者需要确定结果的适用性。这一步骤中，需要考虑N(L)OAEL超过估计接触量（即“安全边界”）的幅度。具体参数信息如下：

① 从实验数据的变异性和种内、种间变异等因素中产生的不确定性；

② 效果的性质和严重性；

③ 有关接触人群的数量、质量信息；

④ 接触的差异（途径、持续时间、频率和模式）；

⑤ 观察到的剂量-效应关系；

⑥ 对数据库的总体信度。

风险表征应考虑潜在接触人群的性质，如年轻、年老或虚弱、公众接触等。与消费者或通过环境间接接触相比，职业人群通常会看到较低的“安全边界”。这是因为职业人群不包括更易受伤的人群（如儿童、患病的老年人）；工作场所的接触水平、接触模式可以被监测和控制。根据N(L)OAEL、接触水平、可能性的定性评价，对于在给定接触条件下发生的效应，风险评估者需要决定哪些可能的结果适用于所有的潜在接触人群和潜在效应。

1. 急性毒性

正常工作期间，人体对化学品的非连续性接触是引发急性毒性发生的主要接触模式。此外，化学品误用也是引发急性毒性的因素之一。通常情况下，难以获得这些非连续性接触的定量可靠数据，但可以通过计算推导（例如通过了解化学品的量和它可能分散的空间体积），从而确定通过口腔、皮肤或吸入途径的接触量。

当将人体研究中的急性毒性数据用于风险表征分析时，应考虑将研究中构成与不良效应相关的接触水平和人体接触水平进行实际比较。然而，通常在风险表征分析中使用的急性毒性数据来自动物实验。从这些研究中，应该已经推导出了剂量-效应关系的数据，但通常只有可靠的实验数据值可以作为LD_{50}值或LC_{50}值。人体接触量、接触峰值应与相关剂量或浓度的急性毒性数据进行比较。

风险表征时，评估者需要根据研究中观察到的引发不良效应的剂量或浓度进行判断，决定$LD(C)_{50}$或判别剂量值、不良反应的性质和严重性、剂量-反应曲线的斜率、物种间的数据通用性、途径外推程度的合理性以及人群因素等这些结果信息哪些可用。

当评估者对接触和效应数据的相关性和可靠性感到满意，并且，在急性毒性研究中，人体接触水平与相关剂量/浓度水平的差异研究足以确保对人体的急性毒性效应极不可能发生，便可以得出“不需要进一步信息且不需要采取额外的风险降低措施”的结论。为了证明这一结果，评估者应特别注意：

① 剂量-反应曲线的斜率：曲线斜率越大，接触条件基本相同条件下毒性降低的程度越大；

② 接触人群：例如，包括儿童或体弱者在内的人群一般认为需要高度保护以免受潜在伤害；

③ 化学品的挥发性：极易挥发的化学品应不按照通常的急性毒性标准进行分类，但若该化学品通过挥发能在大气中达到足够高的浓度，也会引发接触人群的健康状况问题。

当评估者未能得出不需要进一步的资料、测试，而且除了已经适用的风险降低措施外，也不需采取任何行动的结论时，应说明理由。如果可以清楚地确定，通过获得已确定的更好或更相关的数据，以及目前使用的减低风险措施，都无法大大改善接触评估和效应评估，则需要进行风险的限定（即对特定用途和人群或潜在人群）。

2. 刺激性

评估者需确定接触模式（考虑到已经采取的任何减少风险措施）仍存在会引起潜在的皮肤、眼睛或呼吸道刺激的可能性。

有非刺激性浓度值时，评估可以通过从化学品在大气中浓度推导出的质量分数确定，然后将接触水平与非刺激性浓度值进行比较。对于皮肤和眼睛的刺激，评估者通常可以通过非刺激性浓度值和接触评估结果进行判断。对于呼吸刺激物，评估者应估计接触量与非刺激性浓度值进行比较，并判断哪些结果适用。

对于某些效应，当没有非刺激性浓度值时，应以务实的方式从人体接触的途径、形式和程度角度对有潜在引发人皮肤、眼睛或呼吸道刺激发生的化学品进行评估。通常情况下，评估者应需考虑：

① 是否能观察到化学品的剂量/浓度与刺激性反应的严重程度之间的关系；

② 仅有单一浓度条件被测试时，一切刺激性反应的严重程度；

③ 任何刺激性反应的可逆性（或不可逆性）；

④ 在使用该化学品时，是否存在长期或反复接触的可能性；

⑤ 是否将该化学品用作或作为制剂使用；

⑥ 化学品的相关物理化学性质（如其化学品形态；水解产物等）。

对于皮肤和眼睛的刺激应该很少，如果有必要，需要进一步的测试。对于呼吸道刺激，为了确定接触阈值水平，有时可能需要对研究流程进行进一步测试。对于所有类型的刺激，如果可能的话，应判断进一步的接触信息，以便改进评估。

3. 腐蚀性

用于皮肤和眼部刺激的方法通常可以用于与腐蚀性有关的风险特性分析。如果一种化学品或含有该化学品的制剂可吸入（或在使用中可能成为可吸入的），则应使用上文所述的呼吸道刺激性方法。在与腐蚀性有关的风险特性分析之后，可以不进行进一步的测试，但可能需要有关接触的进一步信息。

4. 致敏性

对于皮肤敏感，亦可应用上述皮肤和眼睛刺激的方法进行。当具有效应严重性或浓度效应关系的信息时，这些因素应在风险表征分析中加以考虑，如上文所示的皮肤和眼睛刺激。然而，关于浓度-效应关系的可靠信息很少，其主要目的必须是确保在使用该化学品时防止诱导皮肤致敏。

至于腐蚀性，不建议进行进一步皮肤敏感检测，但应需要更多的关于接触的信息。

呼吸道敏感症是一种潜在的危及生命的症状。然而，接触条件（剂量/浓度，频率和/或接触时间）和可能会诱发人呼吸道致敏的化学品，均没有清楚的了解。只有在阳性的人类数据基础上才能确定一种化学品作为呼吸过敏原，尽管皮肤致敏研究和/或结构-活动关系和体外数据（例如与大分子的反应），化学品理化性质可用于提供指示性证据来表明该化学品可能是呼吸道过敏原。因此，对此点进行风险表征分析可能会有困难。

当有来自人类经验的证据表明该化学品是呼吸道过敏原时，可以为接触条件的研究提供依据，可与人口的接触条件进行比较。当有必要使用指示性证据表明该化学品可能是呼吸道过敏原时，评估将必须更加系统，即在确定其不诱导不良效应后带入到已知的接触条件中。特别是从人类经验中得到的有记录的和相关的阴性数据，如果有的话，应进行辅助参考。

5. 重复给药毒性

通过比较 N(L)OAEL 值与人体接触剂量进行风险表征分析，通常给出用于评估接触 N(L)OAEL 比率的“安全边界”法。此外，当评估者认为进一步的接触评估或更多的信息对于优化评估不再有作用时，将会使用风险降低评估。风险评估报告中应包括清楚且公正的风险降低评估的解释。

特殊情况下，当使用所有相关可用数据（包括毒动学研究和人类经验数据）也不能推算人类途径和接触时，需要更多关于效应的信息。同样，由于关注效应严重程度的重要性，也许需要进一步的测试去优化 NOAEL 值，或需要进一步研究特殊系统或有机毒性。

当需要更多用于重复给药毒性的测试时，需要考虑将这一实验和用于进一步测试其他效应的实验联合起来的可能性。这可以减少用于实验的动物数量和实验成本。

6. 致突变性

体内测试（体细胞或生殖细胞）中致突变性显示阳性结果的化学品，以及人类数据表明具有潜在的遗传毒性/致突变性的化学品需要给予特别关注。除非明确证明阈值作用机制正确，否则应谨慎假设阈值不能确定致突变性。风险表征分析对此须以务实为基础，应考虑人体接触模式和程度，以及从实验结果中观测到已知或可以推断出人的效应相关性（毒物代谢动力学数据），以及化学品的效力和现有风险降低措施。

7. 致癌性

当知道某一化学品具有已知或怀疑其具有潜在致癌毒性时，不论其为遗传毒性或非遗传毒性，风险表征分析应按照在致突变性或重复给药毒性部分所示的方法进行，分为非阈值和阈值效应。

如果最终得出结论，需要进一步提供有关有效信息时，则应非常仔细地考虑信息获得的经济性（在动物使用、费用和时间方面），以便更适当和恰当地进行风险评估。例如，进一步的毒物代谢动力学数据可以在不需要测定生存周期的情况下得到时。在测试中如需进行生物测定，则应制定测试流程，来确保待测化学品通过接触途径测定的重复给药毒性数据获得最大信息量。

8. 生殖毒性

生殖毒性的各个方面受基础剂量阈值机制影响，应从现有数据中提供未见不良反应剂量或当引起毒效应的最低剂量值，尽管特定条件下产生生殖毒性的阈值剂量并不总是容易辨认。在极少情况下，未见不良反应剂量是从良好的报告和可靠的人类数据导出的，它应该用于风险表征分析。但一般来说，这个数值通常来自动物研究。应按照重复剂量毒性的描述，对风险表征分析进行说明。应特别注意剂量/浓度与生殖和其他系统性毒性的不良效应之间的关系。

某些情况下，对于具有生殖毒性的化学品，通过风险表征分析，可以确定进一步的目标。当人们知道遗传毒性是一种化学品的生殖毒效应机制时，要谨慎假设不能确定阈值剂量/浓度。这种情况下，应使用前两节中描述的遗传毒性化学品表征的方法进行风险表征分析。

9. 其他毒性

对于低系统性毒性、低溶解性（水溶，脂溶）、可吸入颗粒物或在使用过程中可以产生可吸入颗粒物的化学品，可能会导致肺超载现象。这些化学品可能会导致不良效应，例如肺间隙、肺纤维化或肿瘤。现有的数据表明肺过载现象可以通过保持化学品大气浓度低于其密度的数值（记为 mg/m^3）的方式来避免。

10. 理化性质

对于根据某些物理化学性质（爆炸性，可燃性，氧化性）分类的新化学品或有其他类似的人类可能接触到的合理的化学品，都必须进行关于人类健康的风险表征分析。应评估在工作场所或消费者中合理可预见的使用条件下造成不利作用的可能性。

第三节　组织管理

依据《中华人民共和国职业病防治法》（以下简称《职业病防治法》）以及《工作场所职业卫生管理规定》等法律和规章的规定，用人单位在化学品的生产、使用、运输过程可能产生和存在化学有害因素等职业病危害的，对化学品等危害控制的组织管理包括：管理机构与人员配置、管理制度、管理计划和实施方案等内容。

一、管理机构与人员配置

《职业病防治法》规定，用人单位应当设置或者指定职业卫生管理机构或者组织，配备专职或者兼职的职业卫生管理人员，负责本单位的职业病防治工作。

按照《工作场所职业卫生管理规定》的要求，职业病危害严重的用人单位，应当设置或者指定职业卫生管理机构或者组织，配备专职职业卫生管理人员。其他存在职业病危害的用人单位，劳动者超过 100 人的，应当设置或者指定职业卫生管理机构或者组织，配备专职职业卫生管理人员；劳动者在 100 人以下的，应当配备专职或者兼职的职业卫生管理人员，负责本单位的职业病防治工作。

二、管理制度总体要求

《职业病防治法》规定，用人单位应当建立、健全职业卫生管理制度和操作规程。

按照《工作场所职业卫生管理规定》的要求，用人单位应当建立、健全13项职业卫生管理制度和操作规程，包括：

① 职业病防治责任制度；

② 职业病危害警示与告知制度；

③ 职业病危害项目申报制度；

④ 职业病防治宣传教育培训制度；

⑤ 职业病防护设施维护检修制度；

⑥ 职业病防护用品管理制度；

⑦ 职业病危害监测及评价管理制度；

⑧ 建设项目职业病防护设施“三同时”管理制度；

⑨ 劳动者职业健康监护及其档案管理制度；

⑩ 职业病危害事故处置与报告制度；

⑪ 职业病危害应急救援与管理制度；

⑫ 岗位职业卫生操作规程；

⑬ 法律、法规、规章规定的其他职业病防治制度。

三、管理制度分述

1. 职业病防治责任制度

《职业病防治法》规定，用人单位的主要负责人对本单位的职业病防治工作全面负责。

用人单位应建立职业病防治责任制度，明确用人单位主要负责人、相关部门和人员在职业病防治方面的职责，做到层层有责、各司其职、各负其责，做好职业病防治工作。

（1）用人单位主要负责人职责

① 认真贯彻国家有关职业病防治的法律、法规、规章和标准，落实各级职业病防治责任制，确保劳动者在劳动过程中的卫生与安全。

② 设置与用人单位规模相适应的职业卫生管理机构，配备专职或兼职的职业卫生管理人员，负责本单位的职业病防治工作。

③ 每年向员工代表大会报告用人单位职业病防治工作规划和落实情况，主动听取员工对本用人单位职业卫生工作的意见，并责成有关部门及时处理和解决提出的合理化建议和意见。

④ 每季召开一次职业病防治领导小组会议，听取工作汇报，研究和制订职业病危害防治计划与方案。

⑤ 组织建立、健全本单位职业病防治责任制、规章制度和操作规程。

⑥ 督促、检查本单位的职业病防治工作，及时消除职业病危害事故隐患。保障用人单位职业病防治经费的投入，并有效地实施。

⑦ 组织建立并实施本单位的职业病危害事故应急救援组织和预案。

⑧ 及时、如实报告职业病危害事故。

⑨ 依法承担本用人单位职业病防治工作的领导责任。

（2）分管职业卫生负责人职责　在用人单位主要负责人的领导下，根据国家有关职业病防治的法律、法规、规章和标准的规定，在用人单位中直接领导和具体组织实施各项职业病防治工作，具体职责：

① 组织制定职业病防治计划与方案，完善、修订职业卫生管理制度和职业卫生操作规程，根据各部门分工，明确各部门、各岗位人员职责并组织具体实施，督促并保证职业病防治经费的落实和专款专用。

② 组织对用人单位员工进行职业卫生法律法规、职业卫生知识培训与宣传教育，普及职业病防治知识。对在职业病防治工作中有贡献的进行表扬、奖励，对违章者、不履行职责者进行批评教育和处罚。

③ 定期组织职业病防治工作巡查，对查出的问题及时研究，制订整改措施，落实部门按期解决，及时消除职业病危害事故的隐患。

④ 定期组织职业病防治工作组人员会议，听取各部门、车间、员工关于职业卫生有关情况的汇报，及时采取措施。

⑤ 如发生职业病危害事故，要科学应对及妥善处理，及时报告，积极配合有关部门进行调查和处理，对有关责任人予以严肃处理。

⑥ 依法承担职业病防治工作的直接责任。

（3）技术部门的职责

① 编制用人单位生产工艺、技术改进方案，规划安全技术、劳动保护、职业病防治措施等，改善劳动者工作环境和条件，采取措施保障劳动者健康权益。

② 编制生产过程的技术文件、技术规程，制作和提供生产过程中的职业病危害因素种类、来源、产生部位等技术资料。

③ 对生产设备、职业病防护设施进行维护保养、检修，确保安全运行。

④ 对本用人单位的职业病防治工作负技术责任。

(4) 职业卫生管理部门职责

① 在用人单位职业病防治领导小组领导下，推动用人单位开展职业卫生工作，贯彻执行国家法律、法规和标准。

② 组织员工进行职业卫生培训教育，总结推广职业卫生管理先进经验。

③ 组织员工进行职业健康检查，并建立劳动者职业健康监护档案和职业健康监护管理档案。

④ 认真开展职业病危害因素的日常监测。

⑤ 协助有关部门制定岗位职业卫生操作规程，并对执行情况进行监督检查。

⑥ 定期组织现场职业卫生检查，对检查中发现的隐患，有权责令改正，重大隐患应书面报告领导小组。

(5) 专（兼）职的职业卫生管理人员职责

① 认真履行用人单位职业卫生管理部门职业卫生管理相关职责，贯彻落实国家有关法规标准、规章制度。汇总和审查各项技术措施、计划，并且督促有关部门切实按期执行。

② 组织并参与对员工开展职业卫生培训教育，检查督促员工正确使用个人防护用品。

③ 组织开展职业病危害因素日常监测，登记、上报、建档。

④ 协助有关部门制订职业卫生管理制度、职业安全卫生操作规程，对这些制度的执行情况进行监督检查。

⑤ 定期组织并参与现场检查，对检查中发现的不安全情况，有权责令改正，或立即报告领导小组研究处理。

⑥ 参与职业病危害事故的调查处理。

⑦ 负责建立用人单位职业卫生管理台账和档案，负责登记、存档、申报等工作。

(6) 车间负责人职责　在分管负责人的领导下工作，具体职责：

① 把用人单位职业病防治制度贯彻到每个具体环节。

② 组织本车间员工的职业卫生培训、教育并发放个人防护用品。

③ 督促员工严格按操作规程生产，确保个人防护用品的正确使用。

④ 定期组织本车间范围的检查，对车间的设备、防护设施中存在的问题，及时报领导小组，采取措施。

⑤ 发生职业病危害事故时，迅速上报，并及时组织抢救。

⑥ 对本车间的职业病防治工作负全部责任。

（7）员工职业病防治职责

① 参加职业病防治培训教育和活动、学习职业病防治知识，遵守各项职业病防治规章制度和操作规程，发现隐患及时报告。

② 正确使用、保管各种器具及职业病防护用品和设施。

③ 不违章作业，并劝阻或制止他人违章作业行为，对违章指挥有权拒绝执行，并及时向用人单位负责人汇报。

④ 当工作场所有发生职业病危害事故的危险时，应向管理人员报告，并停止作业，直到危险消除。

2. 职业病危害警示与告知制度

根据《职业病防治法》第三十三条规定，用人单位与劳动者订立劳动合同（含聘用合同，下同）时，应当将工作过程中可能产生的职业病危害及其后果、职业病防护措施和待遇等如实告知劳动者，并在劳动合同中写明，不得隐瞒或者欺骗。劳动者在已订立劳动合同期间因工作岗位或者工作内容变更，从事与所订立劳动合同中未告知的存在职业病危害的作业时，用人单位应当依照前款规定，向劳动者履行如实告知的义务，并协商变更原劳动合同相关条款。

根据《职业病防治法》第二十四条规定，产生职业病危害的用人单位，应当在醒目位置设置公告栏，公布有关职业病防治的规章制度、操作规程、职业病危害事故应急救援措施和工作场所职业病危害因素检测结果。对产生严重职业病危害的作业岗位，应当在其醒目位置，设置警示标识和中文警示说明。警示说明应当载明产生职业病危害的种类、后果、预防以及应急救治措施等内容。

根据《职业病防治法》第三十五条规定，对从事接触职业病危害作业的劳动者，用人单位应当按照国务院卫生行政部门的规定组织上岗前、在岗期间和离岗时的职业健康检查，并将检查结果书面告知劳动者。职业健康检查费用由用人单位承担。

用人单位应当建立职业病危害警示与告知制度，规范工作场所职业病危害的告知和警示工作。在制度中应明确告知内容（合同告知，现场告知、检查结果告知等）以及责任部门。合同告知对象包括用人单位的合同制、聘用制、劳务派遣等性质的劳动者；现场告知包括公告栏、警示标识、中文警示说明、告知卡的设置要求、检测结果等；检查结果告知即体检结果书面告知劳动者。

（1）合同告知　用人单位人事部门与劳动者订立劳动合同时，应当将工作过程中可能产生的职业病危害及其后果、职业病防护措施和待遇等如实告知劳动者，并在劳动合同中写明，不得隐瞒或者欺骗。未与在岗员工签订职业病危害劳动告知合同的，应按国家职业病防治法律、法规的相关规定与员工进行补签。

用人单位员工在已订立劳动合同期间，因工作岗位或者工作内容变更，从事与所订立劳动合同中未告知的存在职业病危害的作业时，用人单位人事管理、职业卫生管理等部门应向员工如实告知现所从事的工作岗位存在的职业病危害因素，并签订职业病危害因素告知补充合同。

（2）现场告知

用人单位在生产车间醒目位置设置公告栏，职业卫生管理机构负责公布有关职业病防治的规章制度、操作规程、职业病危害事故应急救援措施以及作业场所职业病危害因素检测和评价的结果。各有关部门及时提供需要公布的内容。

用人单位产生职业病危害的工作场所，应当在醒目位置按照下列规定设置警示标识：

① 生产、使用有毒物品工作场所应当设置黄色区域警示线。生产、使用高毒、剧毒物品工作场所应当设置红色区域警示线。

② 使用可能产生职业病危害的化学品、放射性同位素和含有放射性物质的材料的，必须在使用岗位设置醒目的警示标识和中文警示说明，警示说明应当载明产品特性、主要成分、存在的有害因素、可能产生的危害后果、安全使用注意事项、职业病防护以及应急救治措施等内容。

③ 对产生严重职业病危害的作业岗位，还应当在其醒目位置设置职业病危害告知卡，告知卡应当载明高毒物品的名称、理化特性、健康危害、防护措施及应急处理等告知内容与警示标识。

（3）检查结果告知　如实告知员工职业健康检查结果，发现疑似职业病危害的及时告知本人。员工离开本用人单位时，如索取本人职业健康监护档案复印件，用人单位应如实、无偿提供，并在所提供的复印件上签章。

（4）其他　职业卫生管理机构定期或不定期对各项职业病危害告知事项的实行情况进行监督、检查和指导，确保告知制度的落实。

3. 职业病危害项目申报制度

根据《职业病防治法》第十六条，用人单位工作场所存在职业病目录所列职业病的危害因素的，应当及时、如实向所在地卫生行政部门申报危害项目，接受监督。

用人单位应当建立职业病危害项目申报制度，明确职业病危害申报部门、申报内容及申报要求等。

① 职业病危害项目申报工作主要由职业卫生管理部门负责，相关职能部门密切配合。

② 用人单位每年向卫生行政部门进行申报，申报分为网上和书面两种，申报时认真填写《职业病危害项目申报表》并加盖公章，由单位主要负责人签字后报相应卫生行政部门备案，备案结束后从卫生行政部门取回《职业病危害项目申报回执》。

③ 申报内容主要包括以下几方面：用人单位的基本情况；工作场所职业病危害因素种类、分布情况以及接触人数；法律、法规和规章规定的其他文件、资料。

④ 下列事项发生重大变化的，应在规定时间内向原申报机关申报变更：

a. 进行新建、改建、扩建、技术改造或者技术引进建设项目的，自建设项目竣工验收之日起 30 日内进行申报；

b. 因技术、工艺、设备或者材料等发生变化导致原申报的职业病危害因素及其相关内容发生重大变化的，自发生变化之日起 15 日内进行申报；

c. 用人单位工作场所、名称、法定代表人或者主要负责人发生变化的，自发生变化之日起 15 日内进行申报；

d. 经过职业病危害因素检测、评价，发现原申报内容发生变化的，自收到有关检测、评价结果之日起 15 日内进行申报。

4. 职业病防治宣传教育培训制度

根据《职业病防治法》第三十四条，用人单位主要负责人和职业卫生管理人员应当接受职业卫生培训，遵守职业病防治法律、法规，依法组织本单位的职业病防治工作。用人单位应当对劳动者进行上岗前的职业卫生培训和在岗期间的定期职业卫生培训，普及职业卫生知识，督促劳动者遵守职业病防治法律、法规、规章和操作规程，指导劳动者正确使用职业病防护设备和个人使用的职业病防护用品。劳动者应当学习和掌握相关的职业卫生知识，增强职业病防范意识，遵守职业病防治法律、法规、规章和操作规程，正确使用、维护职业病防护设备和个人使用的职业病防护用品，发现职业病危害事故隐患应当及时报告。劳动者不履行规定义务的，用人单位应当对其进行教育。

按照《工作场所职业卫生管理规定》的要求，用人单位的主要负责人和职业卫生管理人员应当具备与本单位所从事的生产经营活动相适应的职业卫生知识和管理能力，并接受职业卫生培训。用人单位应当对劳动者进行上岗前的职业卫生培训和在岗期间的定期职业卫生培训，普及职业卫生知识，督促劳动者遵守职业病防治的法律、法规、规章、国家职业卫生标准和操作规程。

根据《职业病防治法》《工作场所职业卫生管理规定》的要求，用人单位应当建立职业病防治宣传教育培训制度，明确职业病防治宣传教育培训工作的负责部门、责任人，明确职业病防治宣传教育培训内容，明确职业病防治宣传教育培训人员范围、教育培训时间、全年教育培训累计时间等。

① 人事培训部门会同职业卫生管理部门对员工进行上岗前职业卫生培训和在岗期间的定期职业卫生培训，宣传普及职业卫生知识，督促员工遵守职业病防治法律、法规和操作规程，指导员工正确使用职业病防护设备和个人使用的职业病防护用品。

② 人事培训部门会同职业卫生管理部门应根据法律法规等要求、用人单位实际情况及岗位需要，制定、实施职业卫生培训计划。

③ 职业卫生宣传

a. 用人单位利用公示栏、黑板报（墙报）、厂报、会议、培训、张贴标语等形式定期开展职业卫生宣传。

b. 部门车间利用班前班后会、安全报阅读、现场岗位职业病危害讲解以及职业病危害标志牌、公告栏等进行职业卫生宣传。

④ 职业卫生培训

a. 培训内容：职业卫生法律、法规与标准；职业卫生基本知识；职业卫生管理制度和操作规程；正确使用、维护职业病危害防护设备和个人防护用品；发生事故时的应急救援措施、基本技能等；职业病危害事故案例。

b. 培训对象：用人单位主要负责人和职业卫生管理人员应接受职业卫生培训。

凡入厂新工人、新调入人员、新分配的大中专学生、来厂实习人员，由人事部门通知职业卫生管理部门，并由职业卫生管理部门组织进行用人单位、车间、班组三级职业卫生培训，经考试合格后，方准上岗工作，成绩归档存查。

凡调换新岗位的人员和采用新设备、新工艺的岗位人员，要重新进行职业卫生培训，经考试合格后，方准上岗作业。

c. 培训方式：定期教育与不定期培训相结合，采用课堂教学、观看录像、现场教育、参加上级组织培训、邀请专家等形式。

d. 培训时间：用人单位主要负责人初次培训不得少于 16 学时，继续教育不得少于 8 学时。职业卫生管理人员初次培训不得少于 16 学时，继续教育不得少于 8 学时。接触职业病危害的劳动者初次培训时间不得少于 8 学时，继续教育不得少于 4 课时。以上三类人员继续教育的周期为一年。

⑤ 建立职业卫生培训档案。

⑥ 用人单位主要负责人和财务部门应保证职业卫生宣传教育培训费用的落实。

5. 职业病防护设施维护检修制度

根据《职业病防治法》第二十五条，对职业病防护设备、应急救援设施和个人使用的职业病防护用品，用人单位应当进行经常性的维护、检修，定期检测其性能和效果，确保其处于正常状态，不得擅自拆除或者停止使用。

按照《工作场所职业卫生管理规定》的要求，存在职业病危害的用人单位应当制定职业病防护设施维护检修制度。

用人单位编制的职业病防护设施维护检修制度，包含以下内容：

① 明确职业病防护设施管理制度目的、依据。

② 确定职业病防护设施管理工作的负责部门、责任人。

③ 明确职业病防护设施名称、所在场所及部位。

④ 明确职业病防护设施专职维护检修人员。

⑤ 明确职业病防护设施的性能、可能产生的职业病危害、安全操作和维护检修注意事项。

⑥ 明确职业病防护设施的维护检修周期。

⑦ 明确职业病防护设施发生故障时的临时措施和上报有关事项。

6. 职业病防护用品管理制度

根据《职业病防治法》第二十二条，用人单位应为劳动者提供个人使用的职业病防护用品。为劳动者个人提供的职业病防护用品必须符合防治职业病的要求；不符合要求的，不得使用。

按照《工作场所职业卫生管理规定》的要求，存在职业病危害的用人单位应当制定职业病防护用品管理制度。

用人单位编制的职业病防护用品管理制度，包含以下内容：

① 明确职业病防护用品管理制度目的、依据。

② 确定职业病防护用品管理工作的负责部门、责任人。

③ 按照职业病危害场所、本岗及工序，明确职业病防护用品的种类、规格、型号。

④ 明确职业病防护用品有效使用期限。

⑤ 明确购买职业病防护用品的单位。

⑥ 明确职业病防护用品购买后的验收标准、储存标准、发放标准、领用标准、使用标准和日常穿戴检查、处理标准。

《用人单位劳动防护用品管理规范》（2018 年版）中对防护用品的选择和

更换提出了新的规定：不再鼓励用人单位购买、使用获得安全标志的劳动防护用品；删除原条款中关于“工作场所存在高毒物品目录中的确定人类致癌物质，当浓度达到其1/2职业接触限值（PC-TWA或MAC）时，用人单位应为劳动者配备相应的劳动防护用品，并指导劳动者正确佩戴和使用”的要求，修改为“接触粉尘、有毒、有害物质的劳动者应当根据不同粉尘种类、粉尘浓度及游离二氧化硅含量和毒物的种类及浓度配备相应的呼吸器、防护服、防护手套和防护鞋等”；要求劳动防护用品应当按照要求妥善保存、及时更换，保证其在有效期内。

7. 职业病危害监测及评价管理制度

根据《职业病防治法》第二十六条规定，用人单位应当实施由专人负责的职业病危害因素日常监测，并确保监测系统处于正常运行状态；同时，用人单位应当按照国务院卫生行政部门的规定，定期对工作场所进行职业病危害因素检测、评价。检测、评价结果存入用人单位职业卫生档案，定期向所在地卫生行政部门报告并向劳动者公布。职业病危害因素检测、评价应由有资质的职业卫生技术服务机构进行。发现工作场所职业病危害因素不符合国家职业卫生标准和卫生要求时，用人单位应当立即采取相应治理措施，仍然达不到国家职业卫生标准和卫生要求的，必须停止存在职业病危害因素的作业；职业病危害因素经治理后，符合国家职业卫生标准和卫生要求的，方可重新作业。

按照《工作场所职业卫生管理规定》的要求，存在职业病危害的用人单位应当制定职业病危害监测及评价管理制度。

用人单位编制的职业病危害监测及评价管理制度，应包含以下内容：

① 明确职业病危害日常监测及评价管理制度的目的、依据。

② 确定职业病危害日常监测及评价管理负责部门、责任人。

③ 明确职业病危害因素的监测人员、监测场所、监测周期、监测标准和依据、监测内容、监测设备、监测方法和要求、上报要求、备档要求。

④ 明确对职业病危害因素检测后的评价分析、评价结果及整改和治理措施、上报内容及时限。

⑤ 明确作业场所职业病危害因素检测结果公布地点及事宜。

《用人单位职业病危害因素定期检测管理规范》（安监总厅安健〔2015〕16号）中规定，用人单位应当建立职业病危害因素定期检测制度，每年至少委托具备资质的职业卫生技术服务机构对其存在职业病危害因素的工作场所进行一次全面检测；用人单位应当将职业病危害因素定期检测工作纳入年度职业病防治计划和实施方案，明确责任部门或责任人，所需检测费用纳入年度经费预算予以保障；用人单位应当建立职业病危害因素定期检测档案，并纳入其职业卫生档案体系；用人单位应当及时在工作场所公告栏向劳动者公布定期检测结果和相应的防护措施，并定期向所在地卫生健康主管部门进行申报；针对定期检测结果中职业病危害因素浓度或强度超过职业接触限值的，用人单位应结合本单位的实际情况，制定切实有效的整改方案，立即进行整改。整改落实情况应有明确的记录并存入职业卫生档案备查。

8. 建设项目职业病防护设施“三同时”管理制度

《职业病防治法》第十七条规定，新建、扩建、改建建设项目和技术改造、技术引进项目（以下统称建设项目）可能产生职业病危害的，建设单位在可行性论证阶段应当进行职业病危害预评价。第十八条规定，建设项目的职业病防护设施所需费用应当纳入建设项目工程预算，并与主体工程同时设计、同时施工、同时投入生产和使用。建设项目的职业病防护设施设计应当符合国家职业卫生标准和卫生要求。建设项目在竣工验收前，建设单位应当进行职业病危害控制效果评价。

按照《工作场所职业卫生管理规定》的要求，存在职业病危害的用人单位应当制定建设项目职业病防护设施“三同时”管理制度。

用人单位编制的建设项目职业病防护设施“三同时”管理制度，应包含以下内容：

① 明确职业病防护设施“三同时”管理制度目的、依据。

② 明确职业病防护设施“三同时”工作的内容。

③ 明确职业病防护设施“三同时”工作实行分类监督管理。

《建设项目职业病防护设施“三同时”监督管理办法》中规定，建设单位对可能产生职业病危害的建设项目，应当依照本办法进行职业病危害预评价、职业病防护设施设计、职业病危害控制效果评价及相应的评审，组织职业病防护设施验收，建立、健全建设项目职业卫生管理制度与档案。

9. 劳动者职业健康监护及其档案管理制度

《职业病防治法》第三十五条规定，对从事接触职业病危害作业的劳动者，用人单位应当按照国务院卫生行政部门的规定组织上岗前、在岗期间和离岗时的职业健康检查，并将检查结果书面告知劳动者。职业健康检查费用由用人单位承担。第三十六条规定，用人单位应当为劳动者建立职业健康监护档案，并按照规定的期限妥善保存。职业健康监护档案应当包括劳动者的职业史、职业病危害接触史、职业健康检查结果和职业病诊疗等有关个人健康资料。劳动者离开用人单位时，有权索取本人职业健康监护档案复印件，用人单位应当如实、无偿提供，并在所提供的复印件上签章。

按照《工作场所职业卫生管理规定》的要求，用人单位应当建立、健全劳动者职业健康监护制度，依法落实职业健康监护工作。第三十条规定，对从事接触职业病危害因素作业的劳动者，用人单位应当按照《用人单位职业健康监护监督管理办法》《放射工作人员职业健康管理办法》《职业健康监护技术规范》(GBZ 188)、《放射工作人员健康要求及监护规范》(GBZ 98) 等有关规定组织上岗前、在岗期间、离岗时的职业健康检查，并将检查结果书面如实告知劳动者。职业健康检查费用由用人单位承担。第三十一条规定，用人单位应当按照《用人单位职业健康监护监督管理办法》的规定，为劳动者建立职业健康监护档案，并按照规定的期限妥善保存。职业健康监护档案应当包括劳动者的职业史、职业病危害接触史、职业健康检查结果、处理结果和职业病诊疗等有关个人健康资料。劳动者离开用人单位时，有权索取本人职业健康监护档案复印件，用人单位应当如实、无偿提供，并在所提供的复印件上签章。

根据《职业病防治法》《工作场所职业卫生管理规定》、用人单位职业健康监护监督管理等的要求，用人单位应制定劳动者职业健康监护及其档案管理制度，制度中应包括以下内容：

① 明确组织和落实职业健康监护的责任部门。

② 明确职业健康检查应包括上岗前、在岗期间、离岗时和应急时职业健康检查及具体要求。

a. 在委托职业健康检查机构对从事接触职业病危害作业的劳动者进行职业健康检查时，应当如实提供相关文件、资料，包括：用人单位的基本情况；工作场所职业病危害因素种类及其接触人员名册；职业病危害因素定期检测、评价结果。

b. 职业健康检查应当由取得《医疗机构执业许可证》的医疗卫生机构承担。

c. 需进行上岗前的职业健康检查的劳动者包括：拟从事接触职业病危害作业的新录用劳动者，包括转岗到该作业岗位的劳动者；拟从事有特殊健康要求作业的劳动者。

用人单位不得安排未经上岗前职业健康检查的劳动者从事接触职业病危害的作业，不得安排有职业禁忌的劳动者从事其所禁忌的作业。用人单位不得安排未成年工从事接触职业病危害的作业，不得安排孕期、哺乳期的女职工从事对本人和胎儿、婴儿有危害的作业。

d. 应当根据劳动者所接触的职业病危害因素，定期安排劳动者进行在岗期间的职业健康检查。

对在岗期间的职业健康检查，用人单位应当按照《职业健康监护技术规范》

（GBZ 188）等国家职业卫生标准的规定和要求，确定接触职业病危害的劳动者的检查项目和检查周期。需要复查的，应当根据复查要求增加相应的检查项目。

e. 对准备脱离所从事的职业病危害作业或者岗位的劳动者，用人单位应当在劳动者离岗前 30 日内组织劳动者进行离岗时的职业健康检查。劳动者离岗前 90 日内的在岗期间的职业健康检查可以视为离岗时的职业健康检查。对未进行离岗时职业健康检查的劳动者，不得解除或者终止与其订立的劳动合同。

f. 出现下列情况之一的，用人单位应当立即组织有关劳动者进行应急职业健康检查：接触职业病危害因素的劳动者在作业过程中出现与所接触职业病危害因素相关的不适症状的；劳动者受到急性职业中毒危害或者出现职业中毒症状的。

③ 根据职业健康检查报告，采取下列措施：

a. 对有职业禁忌的劳动者，调离或者暂时脱离原工作岗位；

b. 对健康损害可能与所从事的职业相关的劳动者，进行妥善安置；

c. 对需要复查的劳动者，按照职业健康检查机构要求的时间安排复查和医学观察；

d. 对疑似职业病病人，按照职业健康检查机构的建议安排其进行医学观察或者职业病诊断；

e. 对存在职业病危害的岗位，立即改善劳动条件，完善职业病防护设施，为劳动者配备符合国家标准的职业病危害防护用品。

职业健康监护中出现新发生职业病病人或者以上疑似职业病病人的，用人单位应当及时向所在地卫生健康主管部门和有关部门报告。

④ 应当及时将职业健康检查结果及职业健康检查机构的建议以书面形式如实告知劳动者。

⑤ 应当保障职业病病人依法享受国家规定的职业病待遇；应当按照国家有关规定，安排职业病病人进行治疗、康复和定期检查；对不适宜继续从事原工作的职业病病人，应当调离原岗位，并妥善安置；对从事接触职业病危害作业的劳动者，应当给予适当岗位津贴。

⑥ 应对制定、落实本单位职业健康检查年度计划，并保证所需要的专项经费。劳动者接受职业健康检查应当视同正常出勤。

⑦ 用人单位应当为劳动者个人建立职业健康监护档案，并按照有关规定妥善保存。职业健康监护档案包括下列内容：

a. 劳动者姓名、性别、年龄、籍贯、婚姻、文化程度、嗜好等情况；

b. 劳动者职业史、既往病史和职业病危害接触史；

c. 历次职业健康检查结果及处理情况；

d. 职业病诊疗资料；

e.需要存入职业健康监护档案的其他有关资料。

⑧ 劳动者离开用人单位时，有权索取本人职业健康监护档案复印件，用人单位应当如实、无偿提供，并在所提供的复印件上签章。

10.职业病危害事故处置与报告制度

《职业病防治法》第三十七条规定，发生或者可能发生急性职业病危害事故时，用人单位应当立即采取应急救援和控制措施，并及时报告所在地卫生行政部门和有关部门。卫生行政部门接到报告后，应当及时会同有关部门组织调查处理；必要时，可以采取临时控制措施。卫生行政部门应当组织做好医疗救治工作。对遭受或者可能遭受急性职业病危害的劳动者，用人单位应当及时组织救治、进行健康检查和医学观察，所需费用由用人单位承担。

按照《工作场所职业卫生管理规定》的要求，应建立、健全职业病危害事故处置与报告制度。用人单位发生职业病危害事故，应当及时向所在地卫生健康主管部门和有关部门报告，并采取有效措施，减少或者消除职业病危害因素，防止事故扩大。对遭受或者可能遭受急性职业病危害的劳动者，用人单位应当及时组织救治、进行健康检查和医学观察，并承担所需费用。用人单位不得故意破坏事故现场、毁灭有关证据，不得迟报、漏报、谎报或者瞒报职业病危害事故。

根据《职业病防治法》《工作场所职业卫生管理规定》和企业职业病危害事故调查处理等要求，用人单位应建立、健全职业病危害事故处置与报告制度，制度中应包括以下内容：

（1）事故分类

按一次职业病危害事故所造成的危害严重程度，职业病危害事故分为三类：

① 一般事故：发生急性职业病10人以下的；

② 重大事故：发生急性职业病10人以上50人以下或者死亡5人以下的，或者发生职业性炭疽5人以下的；

③ 特大事故：发生急性职业病50人以上或者死亡5人以上，或者发生职业性炭疽5人以上的。

放射事故的分类及调查处理按照《放射事故管理规定》执行。

（2）管理分工

① 明确处理职业病危害事故的专职机构和各部门负责人；

② 制定职业病危害事故处置方案，明确各类危害事故发生时，各负责人和相应机构的职责与任务。

（3）事故处置、报告

① 停止导致职业病危害事故的作业，控制事故现场，防止事态扩大，把

事故危害降到最低限度。

② 依法采取临时控制和应急救援措施，及时组织抢救急性职业病病人，对遭受或者可能遭受急性职业病危害的劳动者，及时组织救治、进行健康检查和医学观察。

③ 保护事故现场，保留导致职业病危害事故的材料、设备和工具等。

④ 立即向卫生健康主管部门报告事故，报告内容包括事故发生的地点、时间、发病情况、死亡人数、可能发生原因、已采取措施和发展趋势等，任何单位和个人不得以任何借口对职业病危害事故瞒报、虚报、漏报和迟报。

⑤ 组成职业病危害事故调查组，配合上级行政部门进行事故调查。

⑥ 事故调查组进行现场调查取证时，任何单位和个人不得拒绝、隐瞒或提供虚假证据或资料，不得阻碍、干涉事故调查组的现场调查和取证工作。

⑦ 职业病危害事故处理工作应当按照有关规定在90日内结案，特殊情况不得超过180日。事故处理结案后，应当公布处理结果。

11. 职业病危害应急救援与管理制度

《职业病防治法》第二十条规定，用人单位应当建立、健全职业病危害事故应急救援预案。

根据《职业病防治法》等法律、法规的要求，用人单位应建立、健全职业病危害应急救援与管理制度，制度中应包括以下内容：

① 明确应急救援机构和人员，明确构成单位（部门）的应急处置职责。根据事故类型和应急处置工作需要，应急救援组织机构可设置相应的工作小组。

② 明确职业病危害的目标分布，根据使用物品的种类、危险性质以及可能引起职业病危害事故的特点，确定职业病危害事故应急救援目标。

③ 组织制定职业病危害事故应急救援预案，形成书面文件予以公布，应明确事故发生后的疏通线路、紧急集合点、技术方案、救援设施的维护和启动、医疗救护方案等内容。

④ 确保应急救援设施完好。应急救援设施应存放在车间内或邻近车间处，一旦发生事故，应保证在10s内能够获取。应急救援设施存放处应有醒目的警示标识，确保劳动者知晓和正确使用。现场应急救援设施应是经过国家质量监督部门检验合格的产品，定期检查，及时维修或更新，保证现场应急救援设施的安全有效性。

⑤ 定期组织职业病危害事故应急救援预案演练。用人单位应对职业病危害事故应急救援预案的演练做出相关规定，对演练的周期、内容、项目、时间、地点、目标、效果评价、组织实施以及负责人等予以明确。如实记录实际

演练的全程并存档。

⑥ 制定应急救援设施管理档案，包括：应急救援设施台账；应急救援设施档案；应急救援设施定期检查记录；应急救援设施维护和检修记录。

12. 岗位职业卫生操作规程

《职业病防治法》第二十条和《工作场所职业卫生管理规定》要求，用人单位应当建立、健全职业卫生管理制度和操作规程。

根据《职业病防治法》《工作场所职业卫生管理规定》的要求，涉及职业病危害的岗位，用人单位均应制定职业卫生操作规程，内容应明确岗位及性质；明确各岗位存在职业病危害场所的危害因素、产生原因、防护措施、应急处置措施、本岗位安全操作程序和维护注意事项。

13. 法律、法规、规章规定的其他职业病防治制度

（1）女职工劳动保护制度

《女职工劳动保护特别规定》第四条规定，用人单位应当遵守女职工禁忌从事的劳动范围的规定。用人单位应当将本单位属于女职工禁忌从事的劳动范围的岗位书面告知女职工。

按照《工作场所职业卫生管理规定》的要求，不得安排孕期、哺乳期女职工从事对本人和胎儿、婴儿有危害的作业。

用人单位应制定女职工劳动保护制度，制度中应包括以下内容：

① 用人单位应当遵守女职工禁忌从事的劳动范围的规定。用人单位应当将本单位属于女职工禁忌从事的劳动范围的岗位书面告知女职工。

② 用人单位不得因女职工怀孕、生育、哺乳降低其工资、予以辞退、与其解除劳动或者聘用合同。

③ 女职工在孕期不能适应原劳动的，用人单位应当根据医疗卫生机构的证明，予以减轻劳动量或者安排其他能够适应的劳动。

④ 对怀孕 7 个月以上的女职工，用人单位不得延长劳动时间或者安排夜班劳动，并应在劳动时间内安排一定的休息时间。怀孕女职工在劳动时间内进行产前检查，所需时间计入劳动时间。

⑤ 女职工产假期间的生育津贴，对已经参加生育保险的，按照用人单位上年度职工月平均工资标准由生育保险基金支付；对未参加生育保险的，按照女职工产假前工资标准由用人单位支付。

女职工生育或者流产的医疗费用，按照生育保险规定的项目和标准，对已经参加生育保险的，由生育保险基金支付；对未参加生育保险的，由用人单位支付。

⑥ 对哺乳未满 1 周岁婴儿的女职工，用人单位不得延长劳动时间或者安

排夜班劳动。

用人单位应在每天的劳动时间内为哺乳期女职工安排1h哺乳时间；女职工生育多胞胎的，每多哺乳1个婴儿每天增加1h哺乳时间。

（2）外委单位职业卫生管理制度 《职业病防治法》第三十一条规定，任何单位和个人不得将产生职业病危害的作业转移给不具备职业病防护条件的单位和个人。不具备职业病防护条件的单位和个人不得接受产生职业病危害的作业。第八十六条规定，劳务派遣用工单位应当履行本法规定的用人单位的义务。

用人单位应制定外委单位职业卫生管理制度，明确外委单位职业卫生管理要求，并在外委劳动协议中明确外委人员的职业卫生培训、职业健康检查、个人使用的职业病防护用品配备、应急救援设施配备等要求。

四、职业病防治计划和实施方案

《职业病防治法》第二十条规定，用人单位应当制定职业病防治计划和实施方案。

根据《用人单位职业病防治指南》等法律、标准的要求，用人单位制定的职业病防治计划应包括目的、目标、措施、考核指标、保障条件等内容。实施方案应包括时间、进度、实施步骤、技术要求、考核内容、验收方法等内容。用人单位每年应对职业病防治计划和实施方案的落实情况进行必要的评估，并撰写年度评估报告。评估报告应包括存在的问题和下一步的工作重点，书面评估报告应送达决策层阅知，并作为下一年度制定计划和实施方案的参考。

《职业病防治法》第四十一条规定，用人单位按照职业病防治要求，用于预防和治理职业病危害、工作场所卫生检测、健康监护和职业卫生培训等费用，按照国家有关规定，在生产成本中据实列支。

参考文献

[1] 杨书宏. 作业场所化学品的安全使用［M］. 北京：化学工业出版社，2005：33-48.

[2] 工业企业设计卫生标准［S］. GBZ 1—2010.

[3] 工作场所有害因素职业接触限值 第1部分：化学有害因素［S］. GBZ 2. 1—2019.

[4] European Chemicals Bureau（ECB）. 2nd edition of the Technical Guidance Document on Risk Assessment of Chemical Substances following European Regulations and Directives［C/OL］. http：//ecb. jrc. it/tgdoc.

[5] 王忠旭，李涛，等. 职业健康风险评估与实践［M］. 北京：中国环境出版社，2016.

第五章

实验室化学品安全使用及安全管理

实验室尤其是高校实验室是开展实验教学、科学研究以及提供技术服务等的重要场所，同时也是培养科学人才的基地。实验室化学品具有种类多、毒性大、危险性高、使用人员复杂等特点。近年来，国内外实验室因危险化学品管理或使用不当导致的严重安全事故屡有发生，造成人员伤亡和经济损失。据统计，在高校实验室所发生的安全事故中，由危险化学品引发的燃烧、爆炸事故占比高达 80%[1]。因此，在实际工作中，重视实验室安全，尤其是化学品使用安全，保障实验者的人身安全、实验室财产安全是实验室人员必须铭刻在心的大事。

第一节　实验室化学品安全使用现状

高校及科研院所实验室是进行教学、科研的主要场所，实验室危险化学品管理存在高危、复杂、多变等特性，其科学管理面临严峻挑战。近年来，高校实验室安全事故时有发生，东华大学化学化工与生物工程学院一实验室爆炸、北京交通大学市政与环境工程一实验室爆炸燃烧、南京工业大学一实验室火灾事故，等等。据统计，我国高等院校化学类实验室安全事故发生频率是企业同类实验室的 10～50 倍。

据文献统计分析，2001～2013 年高校发生的 71 起实验室安全事故中[1]，爆炸、火灾、中毒事故分别占 44%、42%与 6%；2010～2015 年国内高校发生的 46 起实验室安全事故中[2]，爆炸事故占 50%，火灾事故占 41%。由此可见，爆炸、火灾、中毒是实验室安全事故的主要类型。

根据实验室事故案例调查及原因分析[1-4]，爆炸和火灾事故的发生主要涉及化学品使用、储存和废物处理 3 个环节，主要原因有人为操作不当、化学品管理不善、实验室线路老化、负荷超载、机械故障等，其中约90%的实验室安全事故是因违反实验操作规程等人为因素而造成的。

实验室安全事故的高发暴露出实验室安全管理体系存在的严重问题主要包括[5-7]：实验人员安全意识薄弱，缺乏安全教育；安全管理制度不健全；安全防控设施不完善；仪器设备和化学品管理不规范；应急措施不到位；相关部门安全监管力度薄弱等。

针对实验室安全事故频发，为加强实验室安全管理，国家及地方相继出台了《检测实验室安全》(GB/T 27476)、《移动实验室安全管理规范》(GB/T 29472—2012)、《移动实验室安全、环境和职业健康技术要求》(GB/T 38080—2019)、《实验室危险化学品安全管理规范》(DB11/T 1191—2018)、《化学化工实验室安全管理规范》(T/CCSAS 005—2019)等相关法律法规，为我国高校实验室安全管理实现科学化、标准化和法制化提供了重要依据。

第二节　实验室安全管理

健全实验室安全管理体系是实验室危险化学品安全管理的关键环节。在实验室安全管理中，要明确组织结构和职责，制定规章制度，建立流畅的沟通和报告机制，建立全员参与机制，加强培训提高安全意识和责任感。利用有限的实验室安全管理力量，发挥最大的作用。国家标准《检测实验室安全》(GB/T 27476)[8,9]、团体标准《化学化工实验室安全管理规范》(T/CCSAS 005—2019)[10] 和地方标准《实验室危险化学品安全管理规范　第2部分：普通高等学校》(DB11/T 1191.2—2018)[11] 均对实验室安全管理体系做出了具体要求。

一、建立实验室安全管理体系

实验室应建立、实施和维持安全管理体系，安全管理体系文件包括：安全管理手册、程序文件、作业指导书以及记录表单，并建立和维持程序来控制安全管理体系相关的所有文件。安全管理手册为实验室安全管理体系的纲领性文件，是描述安全管理体系、实施安全管理及促进改进的必需文件。程序文件为安全管理手册的支持性文件，是对安全管理体系中的各项管理活动进行控制的有效依据。作业指导书是安全管理手册和程序文件有效实施的辅助性文件，是完成各项管理活动的操作规程。记录表单是实验室安全管理体系实施相关管理活动的原始证据，用于安全管理体系运行中信息的记载、传递和运行情况的证实。实验室负责人负责对实验室相关人员进行安全管理体系的宣贯，并定期组织对安全管理体系进行审核及改进。实验室全部人员须充分理解并执行安全管理体系文件。对于安全管理体系文件的要求：文件应有唯一性标识，包括发布机构、日期和/或修订标识、页码、总页数或表示文件结束的标记；所有文件在发布之前应由授权人员审查并批准使用；发布的文件应为受控文件，不得随意修改，修订时需取得授权并履行相关程序。

二、实验室组织结构和职责

实验室应明确组织结构和职责，首先要确保所从事的相关活动符合适用的安全法律法规和标准的要求，安全管理体系应覆盖实验室在固定场所内进行的所有活动。其次，明确实验室最高管理者对实验室安全管理体系运行负责；在最高管理层中明确实验室安全责任人，明确安全责任人建立、实施和维持安全管理体系的职责和权限。另外，实验室应配备安全管理人员和安全监督人员，明确其管理职责范围和权限，安全监督人员应由熟悉实验室活动和安全要求的人员担任，保证其具有评估和报告实验室活动风险、制定和实施安全保障及应急措施、阻止不安全行为或活动的能力、权力和资源。建立全员参与机制，确保相关人员知晓实验室的安全要求和安全风险，确保人员在其活动的区域承担安全方面的责任和义务，避免因个人原因产生安全隐患或造成安全事故。建立流畅的实验室内部沟通和与外来人员的外部沟通机制，建立实验室安全风险隐患及事故事件的报告机制。

三、人员管理

人是实验室安全管理体系的主体，是建设者、维护者和执行者，也是被保护主体之一，所以人员管理是实验室安全体系良好运行的关键。人员的管理主要包括人员培训、授权以及监督等。实验室应配备足够的人员确保实验室的安全工作，并确保实验室人员具备从事相关工作的能力。实验室应实行全员安全责任制，明确管理体系中的各岗位职责并进行人员授权或任命，所有员工均应明确职责并做出相关承诺。同时，实验室应制定相应的安全培训计划，确保进入岗位的所有人员经过相应的安全教育培训及考核合格，并保存相关记录。实验室应实行全员安全监督，所有人均有权对他人进行监督，若发现有违反安全规定的行为应及时制止并上报实验室最高管理者。

四、应急管理

实验室应制定应对火灾、爆炸、化学品泄漏、中毒、烧伤、冻伤、电击、被放射线照射等各种突发情况的专项应急预案或现场处置方案，并定期开展相关的培训和演练。实验室应定期评审应急预案或现场处置方案，尤其是当发生突发情况后，应重新评估预案或现场处置方案的有效性，必要时重新修订。应急预案或现场处置方案以及相关的安全信息应方便员工获取。使用剧毒气体的实验室应配备专业处置人员或消防员。

第三节 实验室化学品的安全使用

实验室危险化学品数量繁多、性质各异，大多数化学品往往具有多种危险属性，使用时尤需注意。化学品安全使用包括采购和验收、使用、储存以及废物处置等，在实验室安全管理体系中应制定相应的管理程序和记录表格，危险化学品流向应保留所有记录[9-12]。

一、采购和验收

实验室应按照相应的采购程序采购化学品，采购时应选择具有危险化学品安全生产许可证或危险化学品经营许可证等相应资质的单位，采购危险化学品时应索取安全技术说明书和安全标签。

化学品验收应按照相应的程序和验收标准进行，验收时应严格核对和检查化学品名称、规格、数量、包装、安全技术说明书和安全标签，并按相关要求进行技术验收，验收合格后登记入库。对于不合格的化学品，按照相应的程序处理。

二、安全使用

1. 通用要求

化学实验室内要保证充足的通风和照明，防止中毒和误操作。实验人员不准携带与实验无关的物品进入实验室（有特殊要求的除外），在实验室内严禁吸烟、饮食。进行化学实验时，要按要求着装，不得穿短裤、高跟鞋及长发披肩等；操作时应严格按照操作规程进行，并掌握对各类安全事故的处理方法。实验结束、离开实验室前，应切断仪器设备电源，关闭水、气阀门。实验室内所有化学品、样品必须贴有醒目、明确的标签，注明名称、浓度、配制时间以及有效日期等，领用化学品应填写使用记录，使用前应熟悉所用化学品的性能和操作注意事项。实验过程中，手和身体其他部位不得直接接触化学药品，特别是危险化学品；在进行有危险性的化学实验时，应在通风橱中操作并采取适当的防护措施，且有2名及以上实验人员进行实验。操作相关容器时应按相关规定要求进行，如气体钢瓶搬运、装卸、储存和使用应符合《气瓶搬运、装卸、储存和使用安全规定》（GB/T 34525—2017）的相关规定[13]；在遇到实验室停水停电时，要及时关闭水阀、切断仪器设备电源；易燃、易挥发试剂必须远离火源和火种；废酸、废碱必须经过中和处理，有机溶剂以及易燃物质必须分类倒入废液桶等。

2. 安全操作

操作人员在使用化学品前应熟悉其性能和操作注意事项，并掌握对可能产生的安全事故的处理方法。

（1）易燃易爆化学品　使用易燃易爆化学品时，必须远离明火；使用与空气混合后能发生爆炸的气体（如甲烷、氢气等）时，必须在通风橱内或者室外空旷处进行操作；进行有爆炸危险的操作，所用到的玻璃容器必须使用软木塞或胶皮塞，不得使用磨口瓶塞；对易燃物质蒸馏或加热时，禁止采用明火，应使用水浴或油浴进行加热；蒸发易燃或有毒液体时，必须于通风橱中操作；使用高氯酸、过氧化氢等易爆化学品时禁止振动、摩擦和碰撞；取用钾、钠、钙、黄磷等易燃物质时，必须使用专用镊子，不得用手接触。钾、钠、钙存放在煤油中储存，不得与水或水蒸气接触；黄磷宜水中储存，保持与空气隔离。进行加热操作时，如发生着火爆炸，应立即切断电源、热源和气源，并进行灭火。

（2）有毒化学品　有毒化学品应分类储存，存储有毒物质的容器，应使用醒目标签并注明“有毒”或“剧毒”字样；有毒药品的储存、发放和领取应严格登记，并指定专人负责；在使用具有腐蚀性、刺激性的有毒（剧毒）物品时，如：强酸、强碱、浓氨水、三氧化二砷、氢化物、碘等，必须按规定佩戴好个人防护用品。使用过有毒化学品的工具必须及时清洗干净，废水应进行分类处理。禁止将有毒物质擅自挪用或带出实验室。

（3）腐蚀性化学品　开启盛有过氧化氢、氢氟酸、溴、盐酸、发烟酸等腐蚀性物质的瓶塞时，瓶口不得对着自己和他人；稀释浓酸时，必须将浓酸缓慢加入水中，并用玻璃棒缓慢不停地搅拌，不得将水直接注入酸中；在处理发烟酸（发烟硝酸等）和强腐蚀性物品时，应防止中毒或灼伤；浓酸和浓碱应先进行稀释再中和，不得直接中和。

（4）常见的化学实验操作

① 特殊危险化学品的取用　实验室中常会用到一些有特殊化学性质如极强还原性的化学品，取用时应严格按照标准的要求[14,15]，避免危险发生。

a. 金属钠、钾的取用：因金属钠、钾和水剧烈反应放出热量易发生爆燃等危险，取用时应注意避免和水接触。保存于煤油中的金属钠、钾，应用镊子从煤油里将金属钠、钾取出，在滤纸上吸净表面上的煤油，在玻璃片上或者培养皿中，用小刀切割下表面的氧化层，切取一定量的金属钠、钾后，剩余金属钠、钾放回原试剂瓶即可。

b. 丁基锂的取用：丁基锂（正丁基锂，尤其是叔丁基锂）碱性极强，化学性质非常活泼，化学反应剧烈，因此反应全程必须在低温、惰性气体（高纯氮气或高纯氩气）保护的条件下进行。过量和未反应完的丁基锂必须在低温下用合适的试剂（四氢呋喃等）猝灭，使用完的丁基锂的试剂瓶必须密封好，置于冰箱保存。

② 常见溶液配制

a. 硫酸溶液配制：浓硫酸具有强氧化性、脱水性、吸水性和强腐蚀性。浓硫酸密度大于水，遇水后大量放热，温度甚至可超100℃，因此配制过程中，应边搅拌边将浓硫酸分批次缓慢加入水中，切勿将水加入浓硫酸中，以免造成水在酸液上沸腾喷出而导致喷溅灼伤事故。硫酸溶液配制后应冷却至室温方可进一步操作或封口储存。

b. 碱溶液配制：氢氧化钠等具有强腐蚀性，溶液配制过程中大量放热。称量氢氧化钠应置于玻璃器皿中；配制后须立即塞紧瓶塞，以免与空气中物质发生反应引起变质；瓶塞应选择橡胶塞，不得用玻璃塞。

c. 氢氟酸溶液配制：氢氟酸具有极强的腐蚀性，能强烈腐蚀金属和玻璃等含硅的物质。配制和存放氢氟酸溶液时应使用塑料容器，避免使用玻璃容器和金属容器。使用和配制氢氟酸必须戴手套。不慎滴到皮肤上必须立即使用清水彻底冲洗。

d. 重铬酸钾洗液配制：重铬酸钾洗液主要用于有机物类污渍的清洗，常用来清洗不易刷洗的玻璃容器，如小口径玻璃容器。重铬酸钾洗液配制过程中要使用浓硫酸，因此配制过程要严格按照操作步骤执行，应选择耐高温的陶瓷缸或耐酸搪瓷或塑料容器，切忌用量筒配制，防止配制时大量放热造成容器破裂；向重铬酸钾水溶液中加浓硫酸时要缓慢、分次加入，充分搅拌。重铬酸钾洗液应储存于带盖的容器中，减缓硫酸吸水使洗液失效；洗液变绿失效后可加 $KMnO_4$ 粉末进行活化，用砂芯漏斗滤去产生的 MnO_2 沉淀后再循环使用；使用时要避免接触皮肤和衣服；洗液彻底失效后，必须进行无害化处理，不可直接排放至下水道。

e. 有机溶剂配制溶液：根据实验需要，部分溶液需要用有机溶剂作溶剂配制。使用有毒或易挥发的溶剂应在通风橱中操作；有机溶剂要尽量避免接触皮肤，不慎接触到应立即用水冲洗；加热溶解有机溶剂难溶的物质时应注意不断搅拌，且禁止使用明火加热；对于易挥发溶剂配制的溶液应迅速塞好塞子，低温储存。

3. 储存

危险化学品储存是化学品安全使用中的一个重要环节。危险化学品种类繁多，尤其是具有腐蚀性、易燃易爆性质的化学品以及液化与压缩气体等，是事故易发的主要危险源。研究表明化学品的泄漏、火灾及爆炸事故中约有14%～32%是在储存过程中发生的[16]，近年来发生的多起危险化学品仓库火灾、爆炸事故，如天津瑞海危险品仓库重大火灾、爆炸事故，造成了重大的人员及财产损失。因此，加强危险化学品储存管理，降低其在存储过程中的不安全风险具有重要意义。

适用于危险化学品储存和养护的法律法规、标准规范主要有《常用化学危险品贮存通则》(GB 15603—1995)[17]、《毒害性商品储存养护技术条件》(GB 17916—2013)[18]、《腐蚀性商品储存养护技术条件》(GB 17915—2013)[19]、《易燃易爆性商品储存养护技术条件》(GB 17914—2013)[20]、《危险化学品安全管理条例》[12] 等。根据国家法规标准，危险化学品储存的要求如下：

（1）基本要求　危险化学品储存必须遵照国家法律、法规和其他有关的规定。危险化学品仓库的设置必须经公安部门批准，储存危险化学品的仓库必须配备有专业知识的技术人员，其库房及场所应设专人管理，管理人员必须配备可靠的个人安全防护用品；危险化学品应根据危险品性能分区、分类、分库储存，并要有明显的符合国家有关标准的标志，各类危险品不得与禁忌物料混合储存，禁忌物料配置见表5-1；同一区域储存两种以上不同级别的危险品时，应按最高等级危险物品的性能标志。剧毒化学品以及储存数量构成重大危险源的其他危险化学品，储存单位应当将其储存数量、储存地点以及管理人员的情况，报所在地县级人民政府安全生产监督管理部门（在港区内储存的，报港口行政管理部门）和公安机关备案；且应在专用仓库内单独存放，实行双人收发、双人保管制度，建立危险化学品出入库核查、登记制度。储存危险化学品的单位应当对其危险化学品专用仓库的安全设施、设备定期进行检测、检验。储存危险化学品的建筑物、区域内严禁吸烟和使用明火。

（2）储存安排及储存量限制　危险化学品储存安排取决于其分类、分项、容器类型、储存方式和消防的要求。遇火、遇热、遇潮能引起燃烧、爆炸或发生化学反应，产生有毒气体的危险化学品不得在露天或在潮湿、积水的建筑物中储存；受日光照射能发生化学反应引起燃烧、爆炸、分解、化合或能产生有毒气体的危险化学品应储存在一级建筑物中，其包装应采取避光措施；爆炸物品不准和其他类物品同时储存，必须单独隔离并限量储存，仓库不准建在城镇，还应与周围建筑、交通干道、输电线路保持一定安全距离。盛装可燃气体的压力容器，必须有压力表、安全阀、紧急切断装置，并定期检查，不得超装。有毒物品应储存在阴凉、通风、干燥的场所，不要露天存放，不要接近酸类物质。腐蚀性物品，包装必须严密，不允许泄漏，严禁与液化气体和其他物品共存。

（3）养护　危险化学品入库时，应严格检验商品质量、数量、包装情况、有无泄漏。在储存期内，应对危险化学品定期检查，发现其品质变化、包装破损、渗漏、稳定剂短缺等情况时应及时处理。严格控制储存库房温度、湿度，并经常检查，发现变化及时采取措施。

（4）出入库管理　危险化学品必须建立严格的出入库管理制度。出入库前均应按相关制度要求进行检查验收、登记。经核对后方可入库、出库，商品性质不清楚的化学品不得入库。进入危险化学品储存区域的人员、机动车辆和作业车辆，必须采取防火措施。装卸、搬运危险化学品时应按有关规定进行，做到轻装、轻卸，严禁摔、碰、撞击、拖拉、倾倒和滚动。装卸对人身有害及腐蚀性的物品时，操作人员应根据危险性，穿戴相应的防护用品。不得用同一车辆运输互为禁忌的物料。修补、换装、清扫、装卸易燃易爆物料时，应使用不产生火花的铜制、合金制或其他工具。

4. 实验室化学品废物的处理

实验室化学品废物产生后一般要经过收集、储存后才进行处理。产生化学废物必须参照国标《危险废物贮存污染控制标准》（GB 18597—2001）[21]、《〈危险废物贮存污染控制标准〉国家标准第 1 号修改单》（GB 18597—2001/XG1—2013）[22]、《危险废物收集　贮存　运输技术规范》（HJ 2025—2012）[23] 和《化学品安全标签编写规定》（GB 15258—2009）[24] 执行，应先进行科学安全的处理，采取一定措施减少化学废物的危险程度。

表 5-1　常用危险化学品储存禁忌物配存表[17]（GB 15603—1995 附录 A）

化学危险品的种类和名称		配存顺号																		
爆炸品	点火器材	1	1																	
爆炸品	起爆器材	2	×	2																
爆炸品	炸药及爆炸性药品(不同品名的不得在同一库内配存)	3	×	×	3															
爆炸品	其他爆炸品	4	△	×	×	4														
氧化剂	有机氧化物	5	×	×	×	×	5													
氧化剂	亚硝酸盐、亚氯酸盐、次亚氯酸盐①	6	△	△	△	△	×	6												
氧化剂	其他无机氧化物②	7	△	△	△	△	×	×	7											
压缩气体和液化气体	剧毒(液氯和液氨不能在同一库内配存)	8		×	×	×	×	×	×	8										
压缩气体和液化气体	易燃	9	△	×	×	△	×	△	△		9									
压缩气体和液化气体	助燃(氧及氧空钢瓶不得与油脂在同一库内配存)	10	△	×	×	△					△	10								
压缩气体和液化气体	不燃	11		×	×								11							
自燃物品	一级	12	△	×	×	×	×	△	△	×	×	×		12						
自燃物品	二级	13		×	×	△				×	△	△			13					
遇水燃烧物品(不得与含水液体货物在同一库内配存)		14		×	×	×	△	△	△	△	△	△		×		14				
易燃液体		15	△	×	×	×	×	△	×	×		×		×	△		15			
易燃固体(H发孔剂不可与酸性腐蚀物品及有毒或易燃脂类危险货物配存		16		×	×	△	×	△	△	×		×		×				16		
毒害品	氰化物	17		△	△														17	
毒害品	其他毒害品	18		△	△															18

注：表中类别均属化学危险品。

续表

化学危险品的种类和名称				配存顺号																									
化学危险品	腐蚀物品	酸性腐蚀物品	溴	19	△	×	×	×	×				△			×	△	△	△		×	△	19						
			过氧化氢	20	△	×	×	△	△							△	△	×	△		×	△		20					
			硝酸、发烟硝酸、硫酸、发烟硫酸、氯磺酸	21	△	×	×	×	×	×	1)	×	×	△	△	×	×	△	△	△	×	△	△	△	21				
			其他酸性腐蚀物品	22	△	×	×	△	△	△	△	△	△			△		△			×	△		△	△	22			
		碱性及其他腐蚀物品	生石灰、漂白粉	23		△	△	△		△	△								△					△	×	△	23		
			其他(无水肼、水合肼、氨水不得与氧化剂配存)	24														△							×			24	
普通物品			易燃物品	25		×	×	△	△			×	×										△	△	×		△		25
			饮食品、粮食、饲料、药品、药材类、食用油脂③,④	26		×	×					×	△			×		×	△	△	×	×	×	△	×	×	×	△	26
			非食用油脂	27		×	×																×	△	×		△		27
			活动物③	28		×	×	△	△	△	△	×	×			×		×	△	△	×	×	×	×	×	×	×	×	28
			其他③,④	29																									29
配存顺号					1	2	3	4	5	6	7	8	9	10	11	12	13	14	15	16	17	18	19	20	21	22	23	24	

① 除硝酸盐（如硝酸钠、硝酸钾、硝酸铵等）与硝酸、发烟硝酸可以配存外，其他情况不得配存。

② 无机氧化剂不得与松软的粉状可燃物（如煤粉、焦粉、炭黑、糖、淀粉、锯末等）配存。

③ 饮食品、粮食、饲料、药品、药材、食用油脂及活动物不得与贴毒品标志及有恶臭易使食品污染熏味的物品以及畜禽产品中的生皮张和生皮毛（包括碎皮）、畜禽毛、骨、蹄、角、鬃等物品配存。

④ 饮食品、粮食、饲料、药品、药材、食用油脂与按普通货物条件储存的化工原料、化学试剂、非食用药剂、香精、香料应间隔1m以上。

注：1. 无配存符号表示可以配存。

2. △表示可以配存，堆放时至少间隔2m。

3. ×表示不可以配存。

4. 有注释时按注释规定办理。

(1) 收集方法[15]

① 分类收集法。按废物的类别、性质和状态分类收集。

② 按量收集法。根据实验过程中排出废物量的多少或浓度高低进行收集。

③ 相似归类收集法。将性质或处理方式、方法等相似的废物收集在一起。

④ 单独收集法。部分危险废物应单独收集处理。

(2) 收集注意事项

① 禁止将不相容的危险废物收集在一起，如接触后发生剧烈反应、燃烧、爆炸或产生有毒气体等的危险废物。禁止将酸与活泼金属（如钠、钾、镁）、氰化物、硫化物及次卤酸盐收集在一起；禁止将碱与酸、铵盐、挥发性胺等收集在一起；禁止将易燃物与氧化性酸收集在一起；禁止将氧化剂（如过氧化物、氧化铜、氧化银、氧化汞、含氧酸及其盐类、高氧化态金属离子等）与还原剂（如锌、碱金属，碱土金属、金属氢化物、低氧化态金属离子、醛、甲酸等）收集在一起。

② 常温常压下易燃（如二硫化碳、乙醚等）、易爆（如过氧化物、硝化甘油等）和可排出有毒气体的危险废物（如氰、磷化氢等）及具有强烈臭味的废液（如硫醇、胺等），必须进行预处理使之稳定后再进行储存。

③ 放射性废物和感染性废物应密封收集，并采取屏蔽和隔离措施，严防泄漏。

(3) 储存注意事项

① 实验室应设立符合相关标准的专用的废物储存设施。

② 化学废物储存：常温常压下不水解、不挥发的固体危险废物可分别堆放，其他化学废物必须装入容器中储存，所用容器应当符合相关标准。化学废物应根据其危险级别分开存放，严禁将危险废物与生活垃圾混装。

③ 废物储存标识：盛装废物的容器上必须粘贴符合标准的标签，并标明危险废物的相关信息。

④ 存放容器及时间：储存容器及材质要符合相关标准，要与存储的危险废物相容，要用密闭式容器收集储存；原则上，废液在实验室的停留时间不应超过 6 个月。

⑤ 定期检查：对储存所用的危险废物容器及设施进行检查，发现破损应及时采取措施。

(4) 处理　树立绿色化学思想，采用减量化、再利用、再循环的原则处理化学废物。处理时防止产生有毒气体及火灾、爆炸等危险，处理后的废物要确保无害才能排放。

① 实验产生的有毒气体通过吸收或处理装置，采用吸附、吸收、氧化、

分解等方法进行处理。

② 含有毒无机离子的废液，利用沉淀、氧化、还原等方法进行回收或无害化处理。

③ 有机类实验废液大多易燃、易爆、不溶于水，可采用蒸馏法、焚烧法、溶剂萃取法、吸附法、氧化分解法、水解法、光催化降解法等处理。

④ 对于放射性废物，应按中华人民共和国国务院令第 612 号《放射性废物安全管理条例》[25] 的规定执行。

第四节　实验室中的职业危害与防护

实验室在教学、科研和日常检测检验过程中，涉及的化学试剂种类繁多，除易燃、易爆类试剂外，有毒试剂主要存在刺激性、腐蚀性、麻醉性、窒息性、致畸致癌性等[26,27]。当前，受关注较多的是由于因爆炸、火灾等事故导致的健康危害。对于实验室人员而言，长期的职业接触对身体健康造成的伤害同样不可忽视。

一、实验室中的化学职业危害

化学品进入人体的主要途径是呼吸道，也可经过皮肤和消化道进入人体。气体、蒸气和气溶胶状态的有毒化学品（如苯、甲苯等有机溶剂）均可经呼吸道进入体内从而导致中毒；一些化学品可经皮肤吸收而引起中毒，如芳香族氨基和硝基化合物、金属有机化合物等；经消化道摄入的中毒比较少见，多数是事故性误服，不良个人卫生习惯或食物受污染均可导致经口摄入。因此，在进行实验操作时切忌口尝、鼻嗅及用手直接触摸化学品。

1. 刺激性气体

刺激性气体是指对眼、呼吸道黏膜和皮肤等具有刺激性作用，引起急性炎症、肺水肿危害的气态物质。刺激性气体种类繁多，实验室常见的主要有：挥发性无机酸（盐酸、硝酸等）、有机酸（甲酸、乙酸等）、氯气、氨气、光气、氮氧化合物、二氧化硫、氟化氢等。涉及该类化学品的操作必须在通风橱中进行，保持实验室通风良好。

2. 窒息性气体

窒息性气体是指被机体吸入后，可导致组织细胞缺氧窒息的有害气体，中毒后表现为多系统受损，主要以神经系统受损最为突出。实验室中可见的窒息性气体有一氧化碳、硫化氢、氰化氢和甲烷等。涉及该类化学品的操作必须在通风橱中进行，保持实验室通风良好。

3. 腐蚀性试剂

实验室中常用的腐蚀性化学品如强酸、强碱、浓氨水、浓过氧化氢、氢氟酸、冰乙酸和溴水等，使用时应严格按照要求佩戴好个体防护用品，如橡胶手套和护目镜等；不得用鼻子直接嗅气体；实验结束后马上清洗仪器用具，立即用肥皂洗手。

4. 有机溶剂

化学实验室中有机溶剂使用最为频繁，且该类化合物多具有挥发性、易燃性。常见的有烷烃类、卤代烃类、醇酯类、芳香烃、酮和醚类等。使用该类化学品时应严禁使用明火和可能产生电火花的电器，防止发生燃爆事故。

5. 爆炸性化学品

苦味酸、高氯酸及其盐、过氧化氢等是实验室中常用的爆炸性化学品，使用时要避免撞击、强烈振荡和摩擦；当实验中有高氯酸蒸气产生时，应避免同时有可燃气体或易燃液体蒸气存在。

6. 金属/类金属

金属/类金属是实验室常用的试剂，不同的金属/类金属、含同一元素的不同化合物的毒性作用各不相同。急性中毒多是由于吸入高浓度金属烟雾或气化物或误服含金属化合物食物造成。在实验室中，金属/类金属职业危害大多数属于低剂量、长时间接触而引起的慢性毒性作用。部分金属蒸气（汞蒸气）及有机物（四乙基铅）可通过呼吸道或皮肤接触吸收。在进行此类化学品实验时应注意养成良好的个人卫生习惯，禁止用手直接取用任何化学药品，实验后注意清洗。

实验室危险化学品种类繁多，因其毒性作用和靶器官的不同造成的健康损害不同。预防实验室职业危害应采取综合措施，控制或尽可能减少实验室人员对危险化学品的暴露。遵循“三级预防”原则，尽量使用无毒或低毒的化学品；降低化学品的浓度；设置必要的工程防护和个体防护，执行严格的安全操作规范和完善的安全管理制度，从而保护实验人员的生命安全和身体健康。

二、实验室安全事故预防

火灾和爆炸是实验室最常见的事故类型，据统计因危险化学品造成的火灾和爆炸事故占比约80%，而火灾和爆炸的主要原因是危险化学品保存或使用不当。因此，正确的实验操作以及规范的化学品存放对预防火灾和爆炸的发生起到了关键的作用。针对不同性质的化学品应采取不同的预防措施[15]：

① 挥发性有机物应在通风良好的设施内存放。

② 使用可燃性气体时，附近严禁明火和操作可能产生电火花的电器，使用易燃液体时严禁用明火、电炉直接加热，不得在烘箱内存放、干燥、烘焙有机物，在蒸馏可燃性物质时，必须要有蒸气冷凝装置或合适的尾气排放装置。

③ 严禁把氧化剂与可燃物一起研磨；不能在纸上称量过氧化物和强氧化剂。碱金属如钠、钾等应严格按要求保存和处理，严禁与水接触。

④ 乙醚、异丙醚、丁醚、甲乙醚、四氢呋喃、二氧六环等物质易与空气中的氧反应，生成的过氧化物如受热、震撞可产生极强烈的爆炸。因此，在加热操作之前，应检查是否有过氧化物存在，如有，除去过氧化物后方可使用。

⑤ 废弃溶剂严禁倒入污物缸，应倒入回收瓶内再集中处理；燃着的或阴燃的火柴梗不得随意丢弃，应放在表面皿中，实验结束后一并投入废物缸；对于易发生自燃的物质及沾有该类物质的滤纸，不能随意丢弃，以免形成新的火源而引起火灾。

⑥ 在做高压或减压实验时，应使用防护屏或戴防护面罩；实验时防止煤气管、煤气灯漏气，实验完毕应立即关闭煤气（液化气）和电器开关；不得让气体钢瓶在地上滚动，不得撞击钢瓶表头，更不得随意调换表头。搬运钢瓶时应使用钢瓶车。有条件的地方应实行集中供气，即所有钢瓶集中放置，用管线连接到需用气地点。实行集中供气的实验室必须做到管线不漏气，各用气地点有明确标牌明示，供气前必须认真检查，确认无误方能供气。

三、实验室安全防护

规划建造实验室或者改造实验室时，在考虑实验室的合理布局及各功能区的合理分割的基础上，应关注实验室安全防护设施的设计。首先，设计工艺要求应考虑实验室配套的水、电、送排风、气体、洗眼器和紧急冲淋装置、消防系统解决方案等辅助设施的安全要求；其次，考虑管道井、通风井、墙面和地面等建设及安全应符合相关标准的要求；最后，应考虑化学因素如暴露控制、通风、化学品储存要求、化学品的移取、废物处置、应急措施、仪器安全规定等。

1. 个体防护

在实验室工作时，任何时候都必须穿着实验室防护服（连体衣、隔离服或工作服）；严禁穿着实验室防护服离开实验室；为了防止眼睛或面部受到泼溅物、碰撞物或人工紫外线辐射的伤害，必须正确佩戴安全眼镜、面罩（面具）或其他防护设备；其他特殊类型的实验室要严格按标准穿戴特殊防护装置。

2. 防护设施

（1）通风橱和通风罩　通风橱和通风罩是实验室最常用的防止有毒化学烟气危害的防护设施。应根据实验内容和场地要求选择通风橱/通风罩的材质、形状和规格；根据所使用的实验试剂性质调节风速，特殊试剂应选择专用通风橱。通风橱使用应注意保证实验室换气次数，并防止气流交叉污染。禁止在未开启通风橱时在通风橱内实验，禁止在做实验时将头伸进通风橱内操作或查看，禁止在通风橱内做国家禁止排放的有机物质与高氯化合物混合的实验，通风橱的操作区域要保持畅通，不使用通风橱时，禁止在通风橱台面长期存放过多实验器材或化学物质。

（2）手套式操作箱　操作过程中涉及剧毒物质或必须在惰性气体或干燥空气中具有活性的物质时，必须使用密封性好的手套式操作箱。

（3）紧急冲淋装置和洗眼器　紧急冲淋装置和洗眼器可在发生事故时通过大量的水快速喷淋、冲洗，迅速清洗附着在人体的有毒有害物质，是化学实验室必须配置的应急救援设施。冲淋装置和洗眼器应安装在危险区域附近，周边应无障碍物，以便迅速使用。洗眼器的水源应为清洁的或使用适当的滤材过滤后的。紧急冲淋装置和洗眼器是进行初步处理的应急设备，不能代替医学治疗，受伤人员经初步处理后必须尽快接受进一步的医学检查和治疗。

（4）消防和急救设备　实验室应配备火灾检测器（烟火报警器）以及一定数量的消防器材，如灭火器、灭火沙和灭火毯等。消防器材必须放置在便于取用的明显位置，指定专人管理，并按要求定期检查更换。实验室内应备有急救箱，箱内应备有消毒药品、防外伤药品、防烫伤药品、防冻伤药品等常用药品，以及药棉、纱布、创可贴、绷带等常用治疗用品。

3. 其他防护注意事项

进入实验室前，必须熟悉实验室及其周围的环境，如煤气、水阀、电闸、灭火器、冲淋装置、洗眼器及实验室外消防水源等设施的位置，熟知灭火器和沙箱，以及急救药箱的放置地点和使用方法。进入实验室的人员需穿防护服，不得穿凉鞋、高跟鞋或拖鞋；留长发者应束扎头发；离开实验室时须换掉工作服。在实验操作前，需充分了解实验中所用化学品的潜在危险及相应的安全措施；根据实验情况采取必要的安全措施，如戴防护眼镜、面罩或橡胶手套等。实验人员或最后离开实验室的工作人员都应检查水阀、电闸、煤气阀等，关闭门、窗、水、电、气后才能离开实验室。

第五节　实验室化学品危害事故的应急处理

化学实验室事故对人体可能造成的伤害有烧伤、化学灼伤、割伤、冻伤、电击伤、中毒等，各实验室以及接触化学品（尤其是危险化学品）的单位必须按照应急管理部令第 2 号《生产安全事故应急预案管理办法》[28] 中的相关规定，制定各类紧急事故的应急预案，强化宣传及贯彻执行力度，积极开展应急演练，确保在事故现场能及时采取一些有效的急救措施，为进一步救治奠定基础。

化学品危害事故的应急处置和中毒救援详见第七章。

实验室作为科学研究的重要场所，保存有大量贵重仪器设备，易燃、易爆、有毒有害化学品，技术成果资料等。因实验室人员集中且流动性大，使得实验室安全管理至关重要。在实验室安全管理中，应始终坚持“预防为主、安全第一”的方针，从安全意识、管理机制、日常监督和实验室标准化建设等方面构建完备的实验室安全管理体系，从而有效地防止实验室安全事故的发生，为实验人员营造一个和谐的实验环境。

参考文献

［1］ 李志红. 100 起实验室安全事故统计分析及对策研究［J］. 实验技术与管理，2014，31（4）：210-213，216.

［2］ 董继业，马参国，傅贵，等. 高校实验室安全事故行为原因分析及解决对策［J］. 实验技术与管理，2016，33（10）：258-261.

［3］ 李志华，邱晨超，贺继高，等. 化学类实验室事故风险分析及其对策［J］. 实验室研究与探索，2018，37（3）：294-298.

［4］ 李健，白晓昀，任正中，等. 2011～2013 年我国危险化学品事故统计分析及对策研究［J］. 中国安全生产科学技术，2014，10（6）：142-147.

［5］ 张杰. 高校实验室精准管理任重而道远——论实验室存在安全隐患的几个主要因素［J］. 实验技术与管理，2019，36（11）：237-239.

［6］ 赖宇明，柯红岩，王海成. 德国高校化学实验室安全管理的启示［J］. 实验室科学，2018，21（6）：192-195.

［7］ 林清强，林凤屏，王正朝，等. 高校实验室危险化学品的安全管理［J］. 实验室科学，2018，21（4）：221-223，226.

［8］ 检测实验室安全　第 1 部分：总则［S］. GB/T 27476. 1—2014.

[9] 检测实验室安全　第5部分：化学因素 [S]. GB/T 27476. 5—2014.
[10] 化学化工实验室安全管理规范 [S]. T/CCSAS 005—2019.
[11] 实验室危险化学品安全管理规范　第2部分：普通高等学校 [S]. DB11/T 1191. 2—2018.
[12] 中华人民共和国国务院第 591 号令. 危险化学品安全管理条例 [R/OL]. (2019-07-17) [2020-08]. http://www.gov.cn/flfg/2011-03/11/content_1822902.htm.
[13] 气瓶搬运、装卸、储存和使用安全规定 [S]. GB/T 34525—2017.
[14] 蔡乐，等. 高等学校化学实验室安全基础 [M]. 北京：化学工业出版社，2018.
[15] 郭伟强，等. 基础知识与安全知识//分析化学手册 [M]. 3版. 北京：化学工业出版社，2016.
[16] 高鹤，刘晓莉，吴月浩. 危险化学品仓库的设计探讨 [J]. 中国化工贸易，2019，11(27)：33.
[17] 常用化学危险品贮存通则 [S]：GB 15603—1995.
[18] 毒害性商品储存养护技术条件 [S]. GB 17916—2013.
[19] 腐蚀性商品储存养护技术条件 [S]. GB 17915—2013.
[20] 易燃易爆性商品储存养护技术条件 [S]. GB 17914—2013.
[21] 危险废物贮存污染控制标准 [S]. GB 18597—2001.
[22] 《危险废物贮存污染控制标准》国家标准第 1 号修改单 [S]. GB 18597—2001/XG1—2013.
[23] 危险废物收集　贮存　运输技术规范 [S]. HJ 2025—2012.
[24] 化学品安全标签编写规定 [S]. GB 15258—2009.
[25] 放射性废物安全管理条例（中华人民共和国国务院令第 612 号）[R/OL].（2020-04-18）[2020-08]. http://www.gov.cn/zwgk/2011-12/29/content_2033177.htm.
[26] 孙贵范，邬堂春，牛侨，等. 职业卫生与职业医学 [M]. 8版. 北京：人民卫生出版社，2018.
[27] 李德鸿，赵金垣，李涛. 中华职业医学 [M]. 2版. 北京：人民卫生出版社，2019.
[28] 生产安全事故应急预案管理办法（应急管理部令第 2 号）[S]. [2019-09-01].

第六章

个体防护装备

本章结合我国现行法律、法规和标准要求，重点介绍目前我国个体防护装备认证管理制度、个体防护装备的分类与管理；以及在化学品使用中，如何安全、有效地选择、使用和维护个体防护装备，并对日常管理中需要关注的要点进行提示。

第一节　个体防护装备的管理

一、个体防护装备概念

个体防护装备，又称“劳动防护用品”，系指劳动者在劳动过程中为防御物理、化学、生物等有害因素伤害而穿、佩戴或皮肤涂抹的各种装备或用品的总称，在《中华人民共和国职业病防治法》中又称为“个人使用的职业病防护用品”。

个体防护装备根据性能及管理要求又分为特种劳动防护用品和一般劳动防护用品，涉及对安全、职业健康等危害因素从头到脚的防护。例如使用呼吸器可减少空气污染物进入呼吸系统，预防尘肺病、化学中毒等呼吸系统或经呼吸道进入人体的其他系统危害导致的职业病，空气呼吸器在突发事件应急处置或救援中可以预防急性中毒或窒息；眼面部防护装备可以防止眼睛或面部皮肤相关的职业病；防护服和防护手套，依据其设计和选材，可以防止有毒、有害物质通过皮肤吸收或皮肤接触而导致的急、慢性疾病。

二、个体防护装备的认证与管理

我国对劳动防护用品的生产、销售和使用有两套管理制度，即特种劳动防护用品“工业产品生产许可制度”和“安全标志认证制度”。“工业产品生产许可制度”以产品流通环节为重点，由各省级市场监督管理机构对本行政区域内生产许可证工作进行日常监督和管理，监督对象主要是特种劳动防护用品的生产和经营企业；“安全标志认证制度”以产品的使用环节为重点，由各省级市场监督管理机构在本行政区域内开展监督管理，监督对象主要是使用特种劳动防护用品的生产企业[1]。

1. 工业产品生产许可

工业产品生产许可只适用于国内生产的产品，采取认证制度。无生产许可证的产品不得生产和销售。采购和使用特种劳动防护产品的单位可索取所购买产品的生产许可证复印件备案。工业产品生产许可证有效期一般不超过 5 年，证书由两页组成，第一页包括厂家信息、证书编号和有效期，第二页列出了获得许可的产品类别。

2019 年 9 月 18 日，国务院印发《关于调整工业产品生产许可证管理目录，加强事中事后监管的决定》（国发〔2019〕19 号），取消了特种劳动防护用品的工业产品生产许可证管理。

2. 特种劳动防护用品

劳动防护用品分为特种劳动防护用品和一般劳动防护用品。“工业产品生产许可”和“安全标志认证”制度分别对所适用的特种劳动防护用品建立了目录，见表 6-1。

表 6-1 特种劳动防护用品目录和适用范围

防护用品类别	产品单元	工业产品生产许可	安全标志认证
头部防护	安全帽	适用	
呼吸防护	过滤式防毒面具	适用	
	防毒过滤元件		
	长管面具		
	自给开路式压缩空气呼吸器		
	自吸过滤式防颗粒物呼吸器		
眼面部防护	焊接眼面护具	适用	
	防冲击眼护具		
防护服	阻燃防护服	适用	
	防静电工作服		
	防静电毛针织服		

续表

<table>
<tr><th>防护用品类别</th><th>产品单元</th><th>工业产品生产许可</th><th>安全标志认证</th></tr>
<tr><td rowspan="15">防护鞋靴</td><td>防静电鞋</td><td colspan="2" rowspan="5">适用</td></tr>
<tr><td>导电鞋</td></tr>
<tr><td>保护足趾安全鞋</td></tr>
<tr><td>防刺穿鞋</td></tr>
<tr><td>电绝缘鞋</td></tr>
<tr><td>胶面防砸安全靴</td><td rowspan="4">不适用</td><td rowspan="4">适用</td></tr>
<tr><td>耐酸碱皮鞋</td></tr>
<tr><td>耐酸碱胶靴</td></tr>
<tr><td>耐酸碱塑料模压靴</td></tr>
<tr><td>耐化学品的工业用橡胶靴</td><td rowspan="6">适用</td><td rowspan="6">不适用</td></tr>
<tr><td>耐化学品的工业用塑料模压靴</td></tr>
<tr><td>耐油防护鞋</td></tr>
<tr><td>防寒鞋</td></tr>
<tr><td>耐热鞋</td></tr>
<tr><td>防水鞋</td></tr>
<tr><td rowspan="3">防坠落</td><td>安全带</td><td colspan="2" rowspan="2">适用</td></tr>
<tr><td>安全网</td></tr>
<tr><td>密目式安全立网</td><td>不适用</td><td>适用</td></tr>
<tr><td rowspan="3">防护手套</td><td>耐酸(碱)手套</td><td colspan="2" rowspan="2">适用</td></tr>
<tr><td>带电作业用绝缘手套</td></tr>
<tr><td>耐油手套</td><td>适用</td><td>不适用</td></tr>
</table>

3. 安全标志认证

安全标志认证同时适用于国内产品和进口产品。安全标志认证管理重点在使用环节；所有国内产品都采取有效期管理；进口产品采取有效期和进口批次两种管理形式。

有效期管理的申请单位为产品制造商。在认证审查中，政府职能部门会对产品测试和生产现场（含国外）做评审，通过者获得安全标志证书，有效期4年，证书编号中有LA字样，证书主页包括获证单位名称、证书编号、有效期和年审信息，附件包括证书所包括的产品类别和每类产品的认证编号。获得认证产品每年要接受监督检验（年审），合格后在证书左下角的年审签章空格处盖章。

进口批次管理适用于申请单位为进口产品国内代理商、进口商及其他单位，审查不包括现场评审。安全标志证书有效期 1 年，证书编号有 LA-DL 字样，证书内容包括获证单位名称、证书编号、有效期、每类产品的认证编号；获得代理证书的产品每年都需重新申请认证。

劳动防护用品 LA 证自 2005 年 7 月 8 日颁布实施以来得到严格执行。为贯彻实施新修改的《中华人民共和国安全生产法》，维护法制统一，推进依法治安，国家安全生产监督管理总局对涉及劳动防护用品、矿山救护队资质、安全培训、工贸企业有限空间作业等方面的部门规章进行了清理。自 2015 年 7 月 1 日起，废止《劳动防护用品监督管理规定》，特种劳动防护用品 LA 认证不作为强制性许可范围。

三、个体防护装备的配备标准及程序

用人单位在选配个体防护装备时，需要结合生产现场的实际接触情况，依据实际危害类别和接触水平，科学、正确选配个体防护装备，在正确使用前提下，使其发挥有效降低职业病危害接触水平的作用。《个体防护装备配备基本要求》（GB/T 29510—2013）在职业危害辨识和评估，个体防护装备选择、使用培训和使用管理方面建立了一套程序，引导用人单位根据自身情况，采取科学的方法，建立适合本企业实际情况的个体防护装备配备标准，并据此开展个体防护装备的选配、发放、更换和使用。

GB/T 29510—2013 根据各类个体防护装备的防护功能类别和/或防护级别，比较详细地说明了个体防护装备在不同行业或作业中应用的适用范围，针对性较强。个体防护装备选用要求参考《呼吸防护用品的选择、使用与维护》（GB/T 18664—2002）、《护听器的选择指南》（GB/T 23466—2009）、《手部防护　防护手套的选择、使用和维护指南》（GB/T 29512—2013）、《有机溶剂作业场所个人职业病防护用品使用规范》（GBZ/T 195—2007）等；个体防护装备使用期限的要求依据《个体防护装备选用规范》（GB/T 11651—2008）附录 B 的有关规定。

第二节　呼吸防护装备

一、呼吸防护装备定义

呼吸防护装备也称呼吸器，是防御缺氧空气和空气污染物进入呼吸道的防

护用品。根据我国职业病目录，80%以上的职业病都是由呼吸危害导致的，长期暴露于有害的空气污染物环境，如粉尘、烟、雾，或有毒有害的气体或蒸气，会导致各种慢性职业病，如苯中毒、铅中毒等，短时间接触高浓度的有毒、有害的气体，如一氧化碳或硫化氢，会导致急性中毒；呼吸防护装备是一类广泛使用的预防经呼吸道吸收引发职业健康危害的个体防护装备。

二、呼吸防护装备的分类

呼吸防护装备从设计上分过滤式和供气式两类，参见图 6-1。

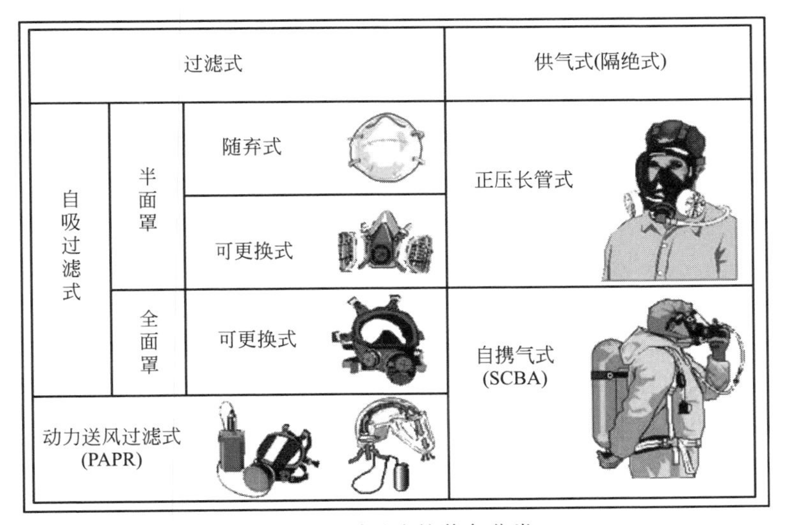

图 6-1　呼吸防护装备分类

1. 过滤式呼吸器

依靠过滤元件将空气污染物过滤后用于呼吸的呼吸器。分为自吸过滤式呼吸器和动力送风过滤式呼吸器。

（1）自吸过滤式呼吸器　靠使用者自主呼吸克服过滤元件阻力，吸气时面罩内压力低于环境压力，属于负压呼吸器，具有明显的呼吸阻力。

a. 随弃式防颗粒物口罩。防颗粒物口罩俗称防尘口罩。颗粒物是空气中悬浮的粉尘、烟、雾和微生物的总称。随弃式的含义是产品没有可以更换的部件，当任何部件失效或损坏时应整体废弃。随弃式防颗粒物口罩用过滤材料做成面罩本体，覆盖使用者的口鼻及下巴，属于半面罩。

b. 可更换式半面罩。可更换式半面罩是半面罩的一种，除面罩本体外，过滤元件、吸气阀、呼气阀、头戴等部件都可以更换。

可更换式半面罩本体一般为橡胶或硅胶材料的弹性罩体，头戴固定系统可调节，吸气时空气经过滤元件过滤，呼出的气体经呼气阀直接排出面罩外。可更换式半面罩通常有几个号型，如大、中、小号，或大中和中小两个号型，方便使用者按脸型大小选择。

可更换式半面罩有单独防颗粒物和单独防毒（有毒有害气体或蒸气）设计，也有综合防护颗粒物和毒物的设计，后者单一面罩的适用范围广。可更换式半面罩有单过滤元件和双过滤元件两种常见类型。双过滤元件面罩的吸气阻力相对较低，过滤元件防护容量相对较大，因此较重；单过滤元件面罩总体重量相对较低、结构紧凑，但吸气阻力可能会比较高，浓度较高时需要频繁更换过滤元件。从材质上看，橡胶面罩耐用性会比硅胶面罩差一些，面部密封圈手感柔软的面罩（尤其是鼻梁部分），在长时间佩戴时对面部的压迫较小，舒适感较好。

c. 可更换式全面罩。全面罩覆盖使用者口、鼻和眼睛。全面罩本体一般为橡胶或硅胶材料，头戴固定系统可调节，一般都会设置吸气阀和呼气阀，有些面罩内设有口鼻罩，上面另设吸气阀，口鼻罩可减少呼气中二氧化碳在面罩内的滞留，也减少呼气导致的面镜起雾；过滤元件数量有单、双之分，有些单罐还通过一根呼吸管与面罩连接，这样可以把滤罐挂在腰间或带在身上，提高携带能力；有些全面罩内设眼镜架和通话器，眼镜架供戴校正镜片的人员使用，通话器能改善通话清晰度，适用于对通话质量有较高要求的场所。吸气时空气经过过滤元件过滤，若设有呼吸导管，经过滤的气体经呼吸导管以及吸气阀进入面罩内，或再经过口鼻罩上的吸气阀进入口鼻区，呼出的气体经过呼气阀直接排出。

（2）动力送风过滤式呼吸器　靠机械动力或电力克服阻力，将过滤后的空气送到头面罩内呼吸，送风量可以大于一定劳动强度下的人的呼吸量，吸气过程中面罩内压力可维持高于环境气压，属于正压式呼吸器。

2. 供气式呼吸器

供气式呼吸器也称隔绝式呼吸器，呼吸器将使用者的呼吸道完全与污染空气隔绝，呼吸空气来自污染环境之外。

（1）正压长管式供气呼吸器　依靠一根长长的空气导管通过空压机气泵或高压空气源将空气输送到劳动者呼吸区，且在一定劳动强度下保持面罩内压力高于环境压力。

（2）自携气式呼吸器　简称 SCBA，呼吸空气来自使用者携带的空气瓶，高压空气经降压后输送到全面罩内呼吸，而且能维持呼吸面罩内的正压，消防员灭火或抢险救援作业通常使用 SCBA。

三、呼吸防护装备的防护等级

呼吸器种类繁多，设计多样，防护能力有所不同。GB/T 18664—2002 对各类呼吸器的防护能力用指定防护因数（APF）做了划分，参见表 6-2。

表 6-2　各类呼吸防护用品的指定防护因数（APF）

呼吸防护用品类型	面罩类型	正压式①	负压式②
自吸过滤式	半面罩	不适用	10
	全面罩		100
送风过滤式	半面罩	50	不适用
	全面罩	＞200～＜1000	
	开放型面罩	25	
	送气头罩	＞200～＜1000	
供气式	半面罩	50	10
	全面罩	1000	100
	开放型面罩	25	不适用
	送气头罩	1000	
携气式	半面罩	＞1000	10
	全面罩		100

① 相对于一定的劳动强度，使用者任一呼吸循环过程中，呼吸器面罩内压力均大于环境压力。

② 相对于一定的劳动强度，使用者任一呼吸循环过程中，呼吸器面罩内压力在吸气阶段低于环境压力。

指定防护因数是一种或一类（如自吸过滤式半面罩）功能适宜的（指符合产品标准）呼吸防护用品，在适合使用者佩戴（指面罩与使用者脸型适配）且正确使用的前提下，预期能将空气污染物浓度降低的倍数。

无论是过滤式还是供气式半面罩，负压式呼吸器的 APF 相同，如防尘口罩、可更换半面罩和自吸式半面罩长管供气呼吸器的 APF 都是 10；自吸过滤式全面罩或全面罩自吸长管供气呼吸器的 APF 都为 100；全面罩正压式 SCBA 的 APF 最高，其防护能力最强。

四、过滤式呼吸器的过滤元件

过滤式呼吸器的过滤元件有不同的类别和级别，这些都在产品标准中有相关规定。

1. 防颗粒物呼吸器过滤元件的分类、分级及标识

《呼吸防护 自吸过滤式防颗粒物呼吸器》(GB 2626—2019)是 QS 和 LA 认证所使用的标准。防颗粒物过滤元件的分类和分级见表 6-3。

表 6-3 GB 2626—2019 中自吸过滤式防颗粒物呼吸器过滤元件的分类和分级

滤料分类	过滤效率 90%	过滤效率 95%	过滤效率 99.97%
KN 类	KN90	KN95	KN100
KP 类	KP90	KP95	KP100

(1) 分类 防颗粒物滤料分 KN 和 KP 两类。KN 是防非油性的颗粒物,KP 是防非油性和油性的颗粒物。非油性的颗粒物很常见,包括各种粉尘,如煤尘、岩尘、水泥尘、木粉尘等,还包括酸雾、油漆雾、焊接烟等。典型的油性颗粒物,如油烟、油雾、沥青烟、焦炉烟和柴油机尾气中的颗粒物。KN 类不适合对油性颗粒物的防护。

(2) 分级 滤料过滤效率分 3 级。KN90 和 KP90 级别的过滤元件过滤效率是 90%,KN95 和 KP95 过滤效率是 95%,KN100 和 KP100 过滤效率是 99.97%。

(3) 标识 按照 GB 2626—2019 的要求,符合该标准的产品应在过滤元件上标示类别和过滤效率级别,并加注标准号,如:GB 2626—2019 KN95,或 GB 2626—2019 KP100。

2. 防毒呼吸器过滤元件的分类、分级及标识

《呼吸防护 自吸过滤式防毒面具》(GB 2890—2009)是 QS 和 LA 认证所使用的标准。

(1) 防毒过滤元件的类别和区分方法 防毒过滤元件使用吸附材料过滤气体或蒸气,过滤材料通常具有选择性,即只对某类或某几类气体或蒸气有效,基本的分类为:

① 有机蒸气类 指常温常压下为液态的有机物所挥发出的蒸气,如苯、甲苯、二甲苯、正己烷等;不适合常温常压下为气态的有机物,如甲烷、丙烷、环氧乙烷或甲醛等。

② 无机气体 如氯气、氰化氢、氯化氢等。

③ 无机酸性气体 如二氧化硫、氯化氢、氟化氢、硫化氢等。

④ 碱性气体或蒸气 如氨气、甲胺等。

⑤ 汞蒸气。

⑥ 一氧化碳气体。

⑦ 氮氧化物　如二氧化氮和一氧化氮气体。

⑧ 特殊气体或蒸气　如甲醛、磷化氢、砷化氢等。

防毒过滤元件对某些气体或蒸气的有效性有赖于测试，测试中按照类别选择有代表性的气体检测过滤元件的防护有效性，例如我国标准用苯检测防有机蒸气类过滤元件，用氰化氢检测防无机气体的过滤元件，用氨气检测防碱性气体的过滤元件，用汞蒸气和一氧化碳气体分别检测防汞蒸气和一氧化碳气体的过滤元件，等等。此外，所有的防毒过滤元件同时可与防颗粒物过滤材料或元件组合，构成对颗粒物、气体和蒸气的综合防护，俗称“尘毒组合”。

（2）防毒过滤元件分类标识　GB 2890—2009 规定：单独防一类气体的过滤元件是普通类过滤元件，标记 P（普通）；防一种以上气体的多功能过滤元件，标记 D（多功能）。防毒过滤元件有 1～4 个容量规格，1 表示容量最低。在相同浓度下，大容量的过滤元件防毒时间通常更长。

GB 2890—2009 对同时防毒和颗粒物的综合过滤元件（带滤烟层）做了过滤效率的要求，P1 的效率是 95%，P2 为 99%，P3 为 99.99%，并同时适合防油性和非油性的颗粒物。综合过滤元件，标记 Z（综合）。如果和 GB 2626—2019 比较防颗粒物的过滤效率，上述 P1 基本等同于 GB 2626—2019 的 KN95 或 KP95，P3 基本等同于 KN100 或 KP100。

（3）防毒过滤元件标记举例　参照《呼吸防护　自吸过滤式防毒面具》（GB 2890—2009），对过滤元件标记和标色举例如下：

① P-A-1 P：普通（防单一类型）、防 A 类气体（某些有机蒸气）、容量 1 级（低容量）过滤元件，棕色色带。

② D-A/B-2 D：多功能的（防一类以上气体），同时防护 A、B 两类气体或蒸气的（防某些有机蒸气和某些无机气体），容量 2 级（中等容量）的过滤元件，棕色和灰色两条色带。

③ Z-E-P2-1 Z：综合防护的（同时防颗粒物），P2 级防颗粒物的（过滤效率 99%）、防 E 类气体的（防某些酸性气体）、容量 1 级的（低容量）过滤元件，粉色和黄色色带。

五、呼吸器的选择与使用

1. 呼吸器的使用原则[2]

美国国家职业健康安全管理局（OSHA）使用以下的准则确定工程和管理

控制的可行性：

① 技术可行性 可用的或可适用于具体环境的有关材料和方法的现有技术知识，其应用能将员工暴露在已经违规的职业健康危害的客观可能性减少。

② 经济可行性 指雇主在经济上有能力承担针对已识别的危害采取所需的控制措施。经济可行性是开展危害控制时需重点考虑的一个问题，根据OSHA指令CPL2.45，在满足以下条件时，OSHA会允许依靠使用个体防护装备（PPE）来控制危害，至少可以一直持续到工程控制所带来的经济负担对公司而言已经不太明显的时候为止：

a. 如果针对一个单一设施的重大改造所需的资金花费会严重威胁到公司的财务状况，而这一方法也是雇主实现有效工程控制的唯一的选择。

b. 如果没有可行性的管理（管理的或作业方式方面的）控制，并且，

—如果有适当的个体防护装备或用品时；

—在那些受到局限的、缺乏可行性的工程或管理控制情况下，允许采取个体防护措施来充分地降低风险。

③ 培训员工正确佩戴、使用和维护防护装备。

④ 正确使用呼吸防护装备 呼吸防护装备用于接触已确认的职业危害因素超过或可能超过职业接触限值的场所，然而，除非遇到下述条件，不能将呼吸防护作为主要的接触控制手段：

a. 当工艺发生改变，而使用替代物、工程控制措施和作业方式设计等都不可行时，或这些措施正在安装或调试阶段；

b. 当需要一个备用的暴露控制策略时（如：使用高毒污染物的封闭性作业）；

c. 当有可能出现缺氧或立即威胁生命和健康（IDLH）的环境时；

d. 紧急事件需要从污染区域或空气污染物浓度未知区域逃生，或进入到污染区域或空气污染物浓度未知区域；

e. 事关消防或危险物质应急响应预案。

⑤ 呼吸防护计划要素

a. 书面的操作流程（呼吸器使用、选择，包括任何特定现场的说明）。

b. 经适当培训的/合格的项目管理人员。

c. 对现存的或潜在的危害物、暴露情况以及工作地点条件的评估。

d. 合理使用的培训。

e. 佩戴和适合性检验流程。

f. 医学评估和医学检查。

g. 将呼吸器分发到个体的劳动者（实际可行的）。

h. 维护保养的流程/清单（清洗、存储、检查、维修等）。

i. 当需要保护员工健康时，提供呼吸器。

j. 呼吸器的自愿使用和项目信息（除了只有防尘口罩的使用外）。

k. 保存记录，包括：

—书面的呼吸保护计划；

—对于需要使用呼吸器岗位的工业卫生监测数据；

—当前批准的使用者和支持的医学证明；

—当前批准的使用者适合性检测记录；

—应急设备检查和维护标签/记录；

—实施全面的项目评估和整改行动。

l. 检查和评估项目计划的有效性。

m. 使用经批准的呼吸器。

n. 采购和库存控制。

o. 呼吸空气质量保证。

2. 呼吸器的选择

应该参考最新的法规和标准；根据危害环境种类和危害水平选择呼吸器；针对尘、毒危害，在采取主动的工程控制措施后，如果作业现场仍存在呼吸危害，可采取个体防护措施，即使用呼吸器进行预防；选择呼吸器要考虑防护用品的防护能力，还要依据危害环境的危害水平，应按照《呼吸防护用品的选择、使用与维护》（GB/T 18664—2002）标准规定的方法选择。综合考虑以下因素：

① 潜在的缺氧环境（氧气浓度低于海平面空气中的19.5%），缺氧环境能导致心跳和呼吸加快、异常疲劳、判断力下降，并且无法进行剧烈运动。这些症状会随着氧气浓度的下降而加剧。

② 空气中存在的污染物，包括空气污染物的存在状态和类型（例如：蒸气、气体、粉尘、雾、烟或者混合物）、现场可能的超标情况，以及可能影响呼吸器性能的工作场所条件。

③ 空气污染物的物理和化学性质（例如：蒸气压、挥发性、反应性、可燃性、嗅阈值或其他警示性质）：

a. 可燃性污染物的爆炸下限；

b. 气体和蒸气的嗅阈值和其他警示特性；

c. 过度暴露于污染物可能引发的健康效应或症状；

d. 工作环境条件，例如高温和潮湿。

e. 呼吸器使用的持续时间，对污染物浓度或者呼吸器、滤毒盒、滤罐和/或滤棉使用时间的任何限制。

3. 立即威胁生命和健康浓度（IDLH）的条件

立即威胁生命的环境，指可能导致不可逆转的健康效应，或可能影响个体逃离危险环境的能力。

① 对 IDLH 环境，推荐的呼吸器类型：

a. 通过认证的正压自携气式呼吸设备配全面罩，提供最少 30min 的使用时间；

b. 正压长管供气式呼吸器并辅助自携式空气源；

c. 仅用于逃离 IDLH 环境，可以使用通过认证的针对这种环境的紧急逃生呼吸器。

② 对于气体和蒸气的防护，推荐的呼吸器：

a. 供气式空气呼吸器（例如缺氧或 IDLH 环境）。

b. 空气过滤式呼吸器：

—配有经认证的、对污染物有使用寿命失效指示的滤毒盒和/或滤毒罐的呼吸器；或者

—有根据数据和信息的更换计划，能确保滤毒盒和/或滤毒罐在使用寿命结束前进行更换。

4. 医学检查

① 考虑佩戴呼吸器的医学适合性，主要涉及呼吸器类型、呼吸器使用间隔、工作强度、其他因素（例如：热、使用其他 PPE 等）和个人的整体健康。

② 必须进行医学评估，使用医学问卷或者初始医学检查。当进行呼吸器使用的医学评估时，医生或者其他的注册健康护理专家可能会考虑一些情况：

a. 呼吸性疾病史（例如：哮喘、肺气肿、慢性肺疾病）。

b. 工作史（例如：暴露在可能导致肺部疾病危害的可能性）：

—过去的职业；

—在正常工作活动中，与呼吸相关的问题；

—以往呼吸器使用的问题。

c. 还有其他医学信息可能提供呼吸器佩戴和使用可行或不可行的证据，例如：

—心理问题或者包括幽闭症等症状；

—其他身体畸形或者缺陷，可能影响呼吸器的使用；

—过去和现在使用的药物；

—对因热产生的心率增加的耐受性。

d. 如果使用全面罩呼吸器或者自吸式呼吸设备，应当进行视力、听力和肌肉骨骼问题的筛查。

e. 应当考虑工作环境对于呼吸器使用的影响，例如高海拔、湿热、工作强度/类型和与已经穿戴的其他个体防护产品的相互影响。

根据医学结论和呼吸器使用限制（如果有），给出书面医学建议。此信息将传达给员工，并且归档在雇主的永久记录中。

5. 呼吸器适合性检验

① 员工在使用密合型呼吸器面罩之前，必须通过使用相同材质、型号和尺寸的呼吸器的适合性检验。适合性检验必须定期重测（至少每年），或当/如果选用不同类型呼吸器的时候重测。

② 定性适合性检验。当需要达到的适合因数为 100 及以下时使用。

a. 定义：一种依靠呼吸器佩戴者对测试试剂味道、气味或者刺激性的感受能力的适合性检验。

b. 已证实可以使用的定性适合性检验：

—糖精喷雾味觉检验，能用于任何颗粒物防护呼吸器的适合性检验；

—乙酸异戊酯气味检验，呼吸器必须配合有机蒸气滤毒盒；

—苯酸苄铵酰胺苦味检验，能用于任何颗粒物防护呼吸器的适合性检验；

—刺激性烟的方法，能用于任何颗粒物防护呼吸器的适合性检验。

c. 经证实可用的定性适合性检验方法所具有的特性：

—在现场可以快速、简便实施；

—依靠佩戴者的主观反应；

—需要筛查气味或者味道阈值。

③ 定量适合性检验。定量适合性检验是一种靠设备检测面部密合部位泄漏的方法。某种呼吸器与某个人之间的适合性用适合因数这样的数值检测结果来表达。常用的定量适合性检验包括：

a. 靠发生气溶胶来检测的方法；

b. 靠控制面罩内负压来检测的方法；

c. 使用空气中的气溶胶，用凝结核计数检测的方法。

④ 记录保持的内容应包括：

a. 测试者的身份；

b. 选择的呼吸器类型、型号和尺寸；

c. 适合性检验、培训和选择呼吸器的日期；

d. 定量适合性检验结果或者通过的定性适合性检验的类型；

e. 需同时佩戴的防护装备的清单。

6. 呼吸器的使用

① 不容许在呼吸器和使用者面部密合区留胡子，该要求适用于：

a. 正压和负压呼吸器；

b. 密合型和松配合型呼吸器面罩。

② 绝不允许矫视眼镜、眼镜和眼罩干扰使用者的呼吸器面罩密封性能。

③ 每次佩戴密合型面罩时，都必须做佩戴气密性检查。

④ 应当监督呼吸器的持续有效性。

⑤ 在使用呼吸器过程中，应在无污染区域更换滤盒、滤罐和滤棉以及做其他常规性维护工作。

⑥ 呼吸器使用过程中可能会阻碍声音交流。

⑦ 对于 IDLH 环境使用呼吸器，在 IDLH 环境外，必须有一位或多位员工与进入 IDLH 环境的员工保持直接的视觉、语音或通信交流，以便可以有效施救。

⑧ 应当评估寒冷气候下呼吸器的使用。

⑨ 应对在密封防护服内使用的呼吸器做评估。

⑩ 呼吸空气质量（长管供气式呼吸器）

a. 必须满足的空气要求：

—氧气浓度（体积分数）19.5%～23.5%；

—一氧化碳浓度不超过 10×10^{-6}；

—没有明显异味。

b. 氧气不能使用在空气管路系统，因为如果纯氧接触灰尘或者油，可能发生剧烈爆炸。

c. 特别注意，必须确保便携压缩机的更改日期有标识，并且提供的呼吸空气满足空气要求。

d. 用于呼吸的工厂压缩空气，必须不能被污染，并满足空气要求。

e. 呼吸气体罐必须满足空气要求并有标注。

⑪ 紧急逃生呼吸器。紧急逃生呼吸器的正确使用依赖于：

a. 呼吸器的能力与环境暴露或潜在暴露以及限值之间的匹配；

b. 使用者可使用的呼吸器；

c. 佩戴容易（快速佩戴的培训）；

d. 呼吸器的使用状况（必须在所有工作时间内使用）；

e. 员工对正确使用呼吸器的知识。

7. 培训

① 呼吸器培训计划的内容一般应包括：

a. 为什么需要呼吸器，不适合、不正确使用和维护会如何损害防护；

b. 呼吸器的局限性和能力；

c. 在紧急情况下，包括呼吸器故障的情况下，如何有效地使用呼吸器；

d. 每位使用者关于正确检查、佩戴、使用、维护和储存的使用说明；

e. 每次呼吸器佩戴的密合性检查使用技巧；

f. 在一般空气环境，佩戴呼吸器的适应期内评估舒适性；

g. 在测试环境，佩戴呼吸器测试定性或者定量适合性检验的机会；

h. 如何识别医学信息和症状，这些症状可能限制或者阻止呼吸器的有效使用。

② 应该定期评估培训计划的有效性。

③ 至少每年进行再次培训。

六、根据空气污染物选择适合的过滤元件

过滤式呼吸器依靠过滤元件过滤空气中的污染物，如果选择不当，呼吸器就不能起作用。过滤式呼吸器适合对各类颗粒物的防护，也适合对某些气体或蒸气的防护，但也受到限制。对有些气态的毒物，如环氧乙烷，目前还缺少有效的并能安全使用的过滤技术，遇到这种情况，就必须选择长管供气呼吸器。

过滤式呼吸器的选择依赖危害辨识，首先必须区分是颗粒物防护，还是气体或蒸气的防护，或两者并存。

1. 颗粒物的过滤

粉尘、烟和雾都需要使用防颗粒物呼吸器。在区分颗粒物是否为油性的基础上，应根据毒性高低选择过滤效率水平。一般地，毒性越高的污染物的职业卫生标准越严格，另外，还应参考其致癌性、致敏性等特点。

2. 有毒、有害气体或蒸气的过滤

可以选择过滤式呼吸器防护某些有毒、有害的气体或蒸气，但并非所有气体或蒸气都有适合和有效的过滤方法，《呼吸防护　自吸过滤式防毒面具》（GB 2890—2009）对防毒过滤元件按照气体的类别加以分类，具有指导作用（参见对 GB 2890—2009 的介绍），但选择时仍需要注意一些特例，如普通防酸性气体的过滤元件，并不保证能适用于氮氧化物即二氧化氮和一氧化氮气体

的防护；对磷化氢、砷化氢、甲醛等气体或蒸气的有效防护，必须根据对这些气体的防毒时间测量数据来判断（GB 2890—2009 标准并未包括），不能贸然使用；对常温、常压下以气态存在的有机物，如甲烷、环氧乙烷、溴甲烷等，也都缺少可靠的过滤方法，应选择长管供气式呼吸器。

表 6-4 为工作场所空气中常见化学物质呼吸防护过滤元件选择建议表，对常见的化学毒物的呼吸防护过滤元件选择提供了建议，对一些不适合使用过滤式呼吸防护的化学毒物，建议使用长管供气式呼吸器（用 SA 表示，参见表 6-4 的标注）。

表 6-4 工作场所空气中常见化学物质呼吸防护过滤元件选择建议表

化学物质中文名	过滤元件选用建议	化学物质中文名	过滤元件选用建议
氨	(F)K	对硝基苯胺(4-硝基苯胺)	A+KN95
钡及其可溶化合物	KN95	二氟氯甲烷(一氯二氟甲烷,氟利昂 22)	SA
倍硫磷	A+KP95		
苯	A	二甲胺	K
苯胺	A	二甲苯(全部异构体)	A
苯乙烯	A	二甲基乙酰胺	A
吡啶	A	二硫化碳	A
丙酮	A	1,2-二氯丙烷	A
丙烯醇	A	二氯二氟甲烷(氟利昂 12)	SA
丙烯腈	A	二氯甲烷	(F)SA
丙烯醛	(F)A	1,2-二氯乙烷	A
丙烯酸	(F)A	肼	(F)SA
丙烯酸甲酯	(F)A	糠醛(呋喃甲醛)	(F)A
丙烯酰胺	A+KN95	乐果	A+KP95
抽余油(60～220℃)	A+KP95	联苯	A+KN95
碘仿(三碘甲烷)	(F)A	磷化氢(磷烷)	SA
碘甲烷	(F)SA	磷酸	(F)KN95
丁醇(正丁醇,71-36-3)	(F)A	硫化氢	HS
丁醛	(F)A	氯	(F)B
丁酮	(F)A	氯苯	A
对二氯苯	(F)A	氯丁二烯	(F)A
对硫磷	A+KP95	氯化铵烟	(F)KN95

续表

化学物质中文名	过滤元件选用建议
氯化氢及盐酸	E
氯化氰	(F)SA
氯化锌烟	KN95
氯甲烷	SA
氯乙烯	SA
马拉硫磷	A+KP95
煤焦油沥青挥发物(按苯溶物计)	KP100
锰及其无机化合物(按 MnO_2 计)	KN95
内吸磷	A+KP95
尿素	K+KN95
镍及其无机化合物(可溶,按 Ni 计)	KN95
镍及其无机化合物(难溶,按 Ni 计)	KN100
铍及其化合物(按 Be 计)	KN100
四乙基铅(按 Pb 计)	A
松节油	(F)A
铊及其可溶化合物(按 Tl 计)	KN95
钽及其氧化物(按 Ta 计)	KN95
碳酸钠(纯碱)	KN95
锑及其化合物(按 Sb 计)	KN95
铜尘	KN95
铜烟	KN95
钨及其不溶性化合物(按 W 计)	KN95
五氧化二钒烟尘	KN95
五氧化二磷	KN95
硒及其化合物(按 Se 计,除六氟化硒、硒化氢外)	KN95

化学物质中文名	过滤元件选用建议
硝化甘油	A
硝基甲苯(全部异构体)	A+KN95
溴	(F)A+B+E
溴化氢(氢溴酸)	E
溴甲烷	(F)SA
溴氰菊酯(敌杀死)	(F)A+KP100
氧化钙	KN95
氧化镁烟	KN95
二硝基苯(全部异构体)	A+KN95
二硝基甲苯	A+KN95
二氧化氮	SA
二氧化硫	E
二氧化氯	E
二氧化碳	SA
二氧化锡(按 Sn 计)	KN95
二异氰酸甲苯酯(TDI)	A+KN100
酚(苯酚)	A+KN95
氟化氢(按 F 计,氢氟酸)	(F)E
锆及其化合物(按 Zr 计)	KN95
镉及其化合物(按 Cd 计)	KN100
汞-金属汞(蒸气)	Hg
钴及其氧化物(按 Co 计)	KN95
光气(碳酰氯)	SA
过氧化氢(双氧水)	(F)SA
环己烷	(F)A
1,2-环氧丙烷	A
环氧乙烷	(F)SA
甲拌磷	A+KP95
甲苯	A
N-甲苯胺	A
甲醇	SA

续表

化学物质中文名	过滤元件选用建议
甲酚	A+KN95
甲基丙烯腈	SA
甲基丙烯酸	(F)A
甲基丙烯酸甲酯	A
甲基肼	(F)SA
甲硫醇	A
甲醛	(F)FM
甲酸	(F)A
焦炉逸散物(按苯溶物计)	(F)A+KP100
偏二甲基肼	(F)SA
铅及无机化合物(按Pb计,铅尘)	KN95
铅及无机化合物(按Pb计,铅烟)	KN95
氢氧化钾	KN95
氢氧化钠	KN95
氰氨化钙	KN95
氰化氢(按CN计,氢氰酸)	(F)SA/(F)B
氰化物(按CN计)	SA/KN100
溶剂汽油	(F)A
1,2,3-三氯丙烷	(F)A
三氯甲烷(氯仿)	A
1,1,1-三氯乙烷	A
三氯乙烯	A
三硝基甲苯	A+KN95
三氧化铬(铬酸盐,重铬酸盐,按Cr计)	KN100
砷化氢(胂,砷化三氢,砷烷)	(F)SA

化学物质中文名	过滤元件选用建议
砷及其无机化合物(除砷化氢外,按As计)	KN100
升汞(氯化汞)	KN95
石蜡烟	KN95
石油沥青烟(按苯溶物计)	A+KP100
四氯化碳	(F)A
四氯乙烯	(F)A
四氢呋喃	A
四溴化碳	(F)A
氧化锌	KN95
液化石油气	SA
一甲胺(甲胺)	(F)K
一氧化氮	SA
一氧化碳(非高原)	SA/CO
乙胺	(F)K
乙苯	A
乙二胺	(F)A
乙二醇	A+KP95
乙酐(乙酸酐,醋酸酐)	(F)A
乙醚	A
乙醛	(F)A
乙酸(醋酸,冰醋酸)	(F)A
乙酸丁酯	(F)A
乙酸乙酯(醋酸乙酯)	(F)A
异丙醇	(F)A
铟及其化合物(按In计)	KN95
正己烷(己烷)	A
重氮甲烷	SA

注：呼吸器过滤元件选择中的符号说明，防毒过滤元件的标识：
A—防某些有机蒸气；B—防某些无机气体；E—防某些酸性气体；
K—防某些碱性气体；CO—防一氧化碳；HS—防硫化氢；
Hg—防金属汞蒸气；FM—防甲醛；(F)—应首选全面罩；
SA—应首选长管供气呼吸器；
KN90/KN95/KN100/KP95/KP100—参见GB 2626—2019；
"+"—综合防护，同时使用；"/"—或者。

3.“尘毒组合”防护

当作业场所存在多种污染物，分别以颗粒物和气态存在情况下，过滤式呼吸器应选择尘毒组合的过滤元件。如某些树脂砂铸造同时存在铸造烟（颗粒物）和有机蒸气；喷漆作业产生的漆雾是挥发性颗粒物，同时存在有机蒸气危害；一些高沸点的有机物，在加热情况下会同时以蒸气和颗粒物状态存在；一些焊接作业同时产生有害气体等，这些都需要选择尘毒组合的综合性过滤防护。

七、呼吸防护用品的维护、更换和使用管理

呼吸防护用品的使用寿命是有限的，使用中应注意检查、清洗和储存几个环节[3]。

1. 日常检查

（1）检查过滤元件有效期　国家标准规定，防毒过滤元件必须提供失效期信息，购买防毒面具要查验过滤元件是否在有效期内。防毒过滤元件一旦从原包装中取出存放，其使用寿命将受到影响。

（2）检查和更换面罩　对呼吸器面罩通常没有标注失效期的要求，其使用寿命取决于使用、维护和储存条件。每次使用后在清洗保养时，应注意检查面罩本体及部件是否变形，如果呼气阀、吸气阀、过滤元件接口垫片等变形或丢失，应用备件更换；若头带失去弹性或无法调节，也应更换；如果面罩的密封圈部分变形、破损，需整体更换。

2. 清洗

禁止清洗呼吸器过滤元件，包括随弃式防尘口罩、可更换防颗粒物和防毒的过滤元件。可更换式面罩应在每次使用后清洗，按照使用说明书的要求，使用适合的清洗方法。不要用有机溶剂（如丙酮、油漆稀料等）清洗沾有油漆的面罩和镜片，这些都会使面罩老化。

3. 储存

使用后，应在无污染、干燥、常温、无阳光直射的环境存放呼吸器，不经常使用时，应在密封袋内储存。防毒过滤元件不应敞口储存。储存时应避免橡胶面罩受压变形，最好在原包装内保存。

4. 呼吸保护计划

呼吸保护计划是在使用呼吸器的用人单位内部建立的管理制度，它规范呼

吸防护的各个环节，从危害辨识到呼吸器选择，从使用者培训到呼吸器使用、维护以及监督管理等。《呼吸防护用品的选择、使用与维护》（GB/T 18664）对呼吸保护计划进行了详细的说明，并对呼吸保护培训内容提出要求，在标准附录 H 中，提供了呼吸保护计划管理情况检查表和呼吸保护计划执行情况检查表等，对用人单位开展呼吸防护，为严格、有效管理提供了很好的借鉴和方法，用人单位应参照执行。

第三节 眼面部防护装备

眼面部防护装备主要用于防护一些高速粒子或飞屑冲击、物体击打、有害光等物理因素及化学物质对眼睛和面部构成的伤害。眼面部防护装备主要分为防护眼镜、防护眼罩、防护面屏和呼吸器全面罩等。

一、眼面部防护装备的基本功能

《个体防护装备配备基本要求》（GB/T 29510）中对防冲击眼护具、焊接眼护具、防激光护目镜、炉窑护目镜、微波护目镜、X 射线防护眼镜、化学安全防护镜和防尘眼镜的基本功能和应用做了说明。焊接防护面屏专门用于焊接作业，可以防焊接弧光（紫外线、红外线和强可见光）和焊渣的飞溅，保护整个头面部及颈部。表 6-5 对常用的眼面部防护装备的防护功能、设计特点和不适合情况做了汇总，从中可以看到，这些眼面部防护装备首先都具备了防冲击的功能，而且兼备其他的防护性能。防激光护目镜是需特殊设计的产品，表 6-5 中介绍的眼面部防护装备都不具备防激光的功能。

表 6-5 常用的眼面部防护装备的防护功能、设计特点和不适合情况

产品类型	基本防护功能	其他设计特点	不适合情况
防护眼镜	防冲击	侧翼防护，防雾镜片，有遮光号	防尘 防液体喷溅 防气体 防焊接弧光
防护眼罩	防冲击 防液体喷溅	具有间接通气孔防雾镜片	防气体 防焊接弧光
焊接防护面屏	防焊接弧光 防冲击 防焊渣飞溅	有遮光号 和某些安全帽匹配（配安全帽用）	防尘 防液体喷溅 防气体

续表

产品类型	基本防护功能	其他设计特点	不适合情况
防冲击面屏	防冲击 防液体喷溅	和某些安全帽匹配(配安全帽用) 防熔融金属飞溅 防热辐射	防气体 单独用于防冲击 防焊接弧光
防红外面屏	防冲击 防红外辐射	金属镀层(如铝合金) 有遮光号的镜片 防熔融金属飞溅	防尘 防气体 防焊接弧光
呼吸器全面罩	防冲击 防液体喷溅 防尘 防气体和蒸气	带眼镜架	防焊接弧光

二、眼面部防护装备的选用

《个体防护装备选用规范》(GB/T 11651)对需要使用眼面部防护装备的作业做了规定，表 6-6 对其中的常见作业做了汇总；《个体防护装备配备基本要求》(GB/T 29510)对各类眼面部防护装备的使用规范做了规定。

当进入作业场所，现场有高速运动、转动的工具或机械在使用，如打磨、切削、铣、刨等，工作人员都要佩戴防冲击眼护具，防止来自正面和侧面的冲击物对眼睛的伤害；防冲击面屏虽然能覆盖眼睛和面部皮肤，对冲击危害起到防护作用，但如果面屏设计可掀起并暴露眼睛，就必须同时使用防护眼镜。

表 6-6 眼面部防护装备的选择

作业类别①	举例	防护需求	防护用品举例
(A02)②：有碎屑飞溅的作业 (A03)：操作转动机械作业	维修、钉、刨、切割、击打、锯、钻、车、铣、打磨、研磨、抛光等	防冲击	防护眼镜
(A11)：高温作业 (A25)：强光作业 (可见光、紫外线或红外线)	焊接、冶炼、铸造、锻造	防有害光辐射	焊接防护面屏、防红外线及强光面屏或护目镜
(A22)：沾染性毒物作业	喷漆、喷涂、清洗、清理、维修、包装等	防液体或颗粒物进入眼睛，或刺激眼睛及皮肤，或沾染面部皮肤	呼吸器全面罩、防护眼罩、防护面屏

续表

作业类别[①]	举例	防护需求	防护用品举例
(A23):生物性毒物作业	防疫、生物安全实验室、去污、消毒等	防病原微生物携带体(颗粒物或液体)通过眼黏膜侵入人体	防护眼罩、防护面屏或呼吸器全面罩
(A26):激光作业	激光切割	防激光	防激光护目镜
(A30):腐蚀性作业	使用某些化学品的作业,如酸洗、电镀、清洗、配料、装卸、维修等	防液体飞溅、防有毒有害气体或蒸气刺激眼睛或经皮肤吸收	呼吸器全面罩、防护眼罩、防护面屏
(A35):野外作业 (A37):车辆驾驶作业	野外勘探、野外架设、野外维护、驾驶员等	防户外强光(日光和紫外线),防意外飞溅物	有一定遮光作用的防护眼镜

① 摘录自 GB/T 11651—2008 表 3 的需使用眼面部防护装备的部分作业。
② 对应 GB/T 11651—2008 表 3 的作业类别编号。

在使用液态化学品或其他液体的作业场所，当存在液体喷溅对眼睛构成伤害的潜在风险时，应选择防护眼罩；如果化学品的挥发物可通过皮肤吸收，应首选呼吸器全面罩，如喷漆作业；在焊接作业场所中，应选择可防护焊接弧光和冲击物伤害的焊接防护面屏，除手持式焊接防护面屏，头戴式或配安全帽式焊接防护面屏应能和防颗粒物口罩、面罩配合高温焊接打磨作业的眼面部防护使用；如果工人需要同时做焊接和打磨，应在焊接防护面屏内加戴防护眼镜。防高温辐射的面屏是依靠表面金属镀层反射红外辐射，有些镜片同时还有一定的遮光性能（深浅不等的墨绿色），可过滤强光。呼吸器全面罩的面镜可防冲击性危害，并能防护化学液体喷溅，防止气态化学物质或粉尘等对眼睛的刺激或经眼睛的吸收等。

选择防护眼镜的一个关键是试戴，每个人瞳距不同、脸型不同，有些人使用不适合的眼镜会感觉头晕。试戴时还要观察侧面，确认防护眼镜侧翼或有延伸弧度的镜片能保护到眼睛的侧面，防护来自侧面的飞溅物伤害。对眼镜腿可调节的眼镜，试戴时应伸缩调节长度，甚至可以转动调节角度，保证佩戴稳定，并适合脸型；如果经常摘眼镜，可选择眼镜腿有穿孔的设计，方便用线绳把眼镜挂在颈部，便于携带。

三、眼面部防护装备的更换和维护

通常，眼面部防护装备都是重复使用的，配发给个人使用，不建议共用。眼面部防护装备使用后需要清洗和维护，防护眼镜和眼罩可以用水清洗表面附着的灰尘，用肥皂清洗一些污渍，清洗后晾干；不要用干布擦脏污的镜片，避免镜片刮花降低了透明度；如果在使用过程中化学液体喷溅到眼面部防护装备上，应尽早摘掉防护用品进行清理，防止化学液体沾染皮肤；如果沾染了难以清除的油漆，可以用矿物油（如柴油）试着溶解清除，但不应使用有机溶剂，否则有可能破坏镜片。有金属镀层的防护面屏的清理要格外小心，避免不当操作破坏镀层。呼吸器全面罩可以清洗和消毒，具体方法应阅读供应商提供的产品说明书。

不使用眼面部防护装备时，应将眼面部防护装备带离工作现场，清理后在洁净的场所保存。每次使用眼面部防护装备前后，应检查眼面部防护装备是否有破损或部件缺失，当镜片出现裂纹，或镜片支架开裂、变形、破损时，应立即更换；镜片如果有轻微的擦痕，通常并不会影响镜片的抗冲击性能；但当镜片透明度明显降低、影响视物时，也应更换。

四、常见错误和检查要点

1. 不使用

不使用是最常见的错误，很多存在眼面部伤害风险的场所，即便配发了眼面部护具，也经常见到不使用的现象，需加强监督。进入要求佩戴防护眼镜的车间或区域的所有人，包括主管和访客，都应佩戴防护眼镜。

2. 用防护眼镜焊接

普通防护眼镜不能有效防护焊接弧光中的紫外线、红外线和强光，紫外线可通过防护眼镜与面部的缝隙进入眼部，从而伤害眼睛。同时，紫外线对面部皮肤也有伤害。气体保护焊、氩弧焊等是产生紫外线的主要作业方式，从事这类工作的人员，必须使用焊接防护面屏进行防护。

3. 错把近视镜当作防护眼镜

一般近视镜等视力矫正眼镜不具备防冲击性能，如果戴近视镜的人需要防冲击，应加戴防护眼镜，选择能罩在近视镜外的防护眼镜，或定制有防冲击性能的近视镜。

4. 在室内使用有遮光号的镜片

有遮光号的镜片的防护眼镜用于户外防强光，在室内使用会使光线明显减暗，有可能引发其他风险。

5. 错用防护眼罩防气体

防护眼罩具有间接的通风口，便于眼罩内外空气流通，减少起雾，但其设计不具有佩戴气密性的结构，不能防止气体或蒸气进入眼罩对眼睛产生刺激，应选择呼吸器全面罩。

6. 用工作服或布等擦拭防护眼镜镜片

防冲击眼护具的镜片一般都是由聚碳酸酯材料制成，当表面脏污时，如果用干布直接擦拭，很容易把镜片擦花，应用少量洗洁剂和清水冲洗，并风干。

7. 放置眼面部防护装备时，使镜片部分直接接触物体表面

眼面部防护具的镜片容易被沙粒刮擦变模糊，影响视线，降低使用寿命。放置时，应避免防护眼镜的镜片直接接触物体表面，面屏可挂起。

第四节　手部防护装备

手部防护装备是为了防御职业活动中物理、化学和生物等外界因素伤害劳动者手部的个体防护装备。防护手套的种类繁多，除抗化学物质外，还有防切割、电绝缘、防水、防寒、防热辐射、耐火阻燃等功能的防护手套。

一、防护手套的选择

防护手套在日常的作业中是必不可少的防护用品。各种防护手套因其功能的不同，使用的场所也会不同。正因为防护特性对于它是十分重要的，所以我们在选购和使用的时候要注意以下几方面：

① 评估作业中的手部职业危害，根据工作环境存在的职业危害风险选择适合材质的防护手套。

② 选择适合使用者手型的手套：不能选择太小的手套，手套太小不利于使用者手部血液的流通；但也不能选择太大的手套，如果手套过大的话，就会导致使用人员工作不方便、不灵活，而且手套也十分容易从手上滑脱下来；导致其他风险。

③ 选择橡胶材质制成的手套，不应使其长期接触酸等物质，同时也要避免接触尖锐物体。

④ 使用合成橡胶制成的手套，其颜色应该是十分均匀的，并且手掌部分应该是比较厚的，但是其他部分的薄厚程度却是要一样的。且其表面应比较光滑；最为重要的是，此种手套不能出现任何损坏，否则就不能再使用了。

二、防护手套的使用与管理

检查手套和其他的个体防护装备，保证放置整齐。了解相关的知识：如何正确使用工具、如何正确操作、相关的危险化学品安全信息、紧急情况下的反应。戴手套之前应洗干净双手，布手套和皮手套需要定期清洗或丢弃。对橡胶过敏的人不能使用橡胶手套。一旦化学品进入手套中，就会带来更多问题。在过高的温度、过大的力量、过强的震动和过于刺激的化学品条件下，手套有可能起不到保护作用。

不管使用的是哪一类型手套，使用人员都应该对其做相当详细的检查，一旦发现破损，应立即将其更换。

使用后应将内外污物擦洗干净，待干燥后，撒上滑石粉平整放置，以防受损，切勿放于地上。在运贮时，应勿与油、酸碱类或其他有腐蚀性的物质接触，并离热源 1m 以上，在干燥通风、－15～30℃、相对湿度 50％～80％的库房内存放。

第五节　身体防护装备

防护服主要应用于消防、军工、船舶、石油、化工、喷漆、清洗消毒、实验室等行业与部门，主要有以下几大类：化学防护服、耐酸碱工作服、耐火工作服、隔热工作服、通气冷却工作服、通水冷却工作服、防射线工作服、劳动防护雨衣、普通工作服等。本节重点介绍化学防护服。

一、化学防护服的分类

1. 按结构分类

可分为连体式和分身（体）式、密封头罩式和非密封头罩式、衣裤式和斗篷式多种类型。连体式化学防护服上衣和裤子连为一体，通常都带有头罩，有的还带有手套和靴套（或靴子）。分身式化学防护服上衣和裤子为分体结构，上衣通常都带有头罩。密封头罩式化学防护服头罩为整体气密结构，可将人员头部及呼吸面具同时罩于其中，人员视觉由封闭头罩面部的宽大眼窗来保障。非密封头罩式化学防护服头罩面部有开口，与呼吸面具、防护眼镜等配合。一般情况下，连体式和密封头罩式化学防护服比分身式、非密封头罩式化学防护服的密闭性能更好、防护等级更高。斗篷式不具备密闭性。

2. 按防护功能分类

国际标准化组织（ISO）将化学防护服按不同功能进行了分类（表 6-7）；主要分为：气密型、非气密型、液体喷射致密型、液体喷洒致密型、颗粒物致密型、液体有限泼溅致密型；也可按气体致密型、液体致密型、粉尘致密型进行分类[4]。

表 6-7 ISO 17491 对化学防护服的分类

化学防护服类型		符号	示例图片
Type1	气密型		
Type2	非气密型		
Type3	液体喷射致密型		
Type4	液体喷洒致密型		
Type5	颗粒物致密型	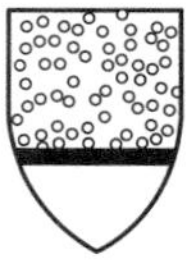	
Type6	液体有限泼溅致密型		

（1）气体致密型化学防护服　气体致密型化学防护服是为防气态危险化学品伤害人体的防护服，也用于液态化学品和固态粉尘的防护，通常被视为防护能力最强的化学防护服。该防护服多为全身包裹密封式的连体式服装，具体可分为全封闭呼吸装置内置、非密封头罩呼吸装置外置及与正压式供气系统连接使用等3种。防护服的制作材料、接缝、拉链等接合部位都有严格的气体密封性要求，对可经皮肤吸收，包括致癌或剧毒性的气体化学物质和高蒸气压的化学雾滴有很好的隔绝作用。

（2）液体致密型化学防护服　液体致密型化学防护服是为防液态化学品伤害人体的防护服，有连体式和分身式不同结构。从防护功能看，液体致密型化学防护服包括：

a. 防液态化学品渗透的防护服：用于接触高浓度的非挥发性剧毒液体泼溅、接触、浸入而进行的防护。

b. 防化学液体穿透的化学防护服：用于防御无压状态下非挥发性的雾状危险化学品伤害人体，对于高压状态下的雾状危险化学品应做气体致密防护。

（3）粉尘致密型化学防护服　粉尘致密型化学防护服是用来防止化学粉尘和矿物纤维穿透的防护服。一般采用连体式结构，仅适用于对空气中飘浮的粉尘和矿物纤维的防护。

3. 按人体与外界环境接触可能性大小分类

可分为气密型、密闭型和开放型3种。

（1）气密型化学防护服　气密型化学防护服主要特征是具备保持气密、内表面正压的能力，同时有防止化学物质渗透到服装内部的功能。一般为连体、密封头罩、手套和靴套（或靴子）一体的全封闭式结构。具体又分为需内置正压式空气呼吸器的内置式全封闭化学防护服和通过软管从外部向服装内部送气的送气式气密型化学防护服两种。

（2）密闭型化学防护服　密闭型化学防护服是防护全身或身体一部分的防护服装。其袖口、裤口、领口等服装末端有开口。但开口部分被密闭，可以防止外界污染空气进入服装内部，服装材料也具有防化学物质渗透的功能，服装内部的气密性虽然没有充分的表面正压，但能确保皮肤不直接暴露或接触化学物质。

（3）开放型化学防护服　开放型化学防护服是防护全身或身体一部分的防护服装。典型的如防毒斗篷。其袖口、领口等服装末端有开口，但对于这些开口处无密封要求，整个服装不具备防污染空气的能力，服装材料具有一定的防化学物质渗透的功能，主要用于对液态、固态化学物质的防护。

4. 按防护原理分类

可分为隔绝式和透气式两种类型。

（1）隔绝式化学防护服　一般采用不具透气性能的橡胶等隔绝材料制造，通过使人员皮肤与外界环境隔绝达到防护目的，防护的可靠性高，但穿着时人员的身体负荷较大，一般有较严格的穿着时限或需采取某些降温措施，尤其是在环境温度较高的条件下。

（2）透气式化学防护服　一般采用具有一定透气性的有孔材料制造，在保证外界污染物质不进入的情况下，具有一定的排汗、透气、散热功能，可提高服装的穿着舒适性，一般可穿着较长时间。也有某些服装只在腋下等局部采用透气材料，常称其为半（部分）透气式化学防护服。

材料的透气性和抗化学渗透性、穿透性通常相互制约，难以兼顾，故透气式化学防护服的防护能力（尤其是耐压透性能）一般较隔绝式低，使用条件要受到一定的限制。

5. 按使用次数分类

可分为一次性使用、有限次使用和可重复使用 3 类。

（1）一次性化学防护服　也称简易防护服。一般是用厚度极薄的密封薄膜或者金属衬箔材料，按一定顺序复合叠加到延展性较低、多孔的基材表面而成。造价低、使用方便，但极易因为外力（如冲击、摩擦）而损坏。对火焰和高温也十分敏感，使用条件限制较多，通常需与其他服装配合使用。

（2）有限次使用的化学防护服　在未被危险化学品污染前可以多次使用，受污染后不推荐再使用。

（3）可重复使用的化学防护服　多次重复使用，但应按制造商提供的清洗说明进行清洗，并按生产商的指示判断其污染的程度与清洁的必要性、可行性。

6. 其他分类方法

按防护能力的强弱还可将化学防护服分为重型化学防护服和轻型化学防护服。其中重型化学防护服防护毒物种类更多，一般为 200 多种，防护毒物时间更长，对多数毒物的防护时间在 8h 以上。

美国标准是将化学防护服按防护等级分为 A、B、C、D 共 4 级，A 级为气体密闭型防护服，B 级为防液体溅射防护服，C 级为增强功能型防护服，D 级为一般型防护服。

欧洲标准是将化学防护服分为 Type1、Type2、Type3、Type4、Type5、Type6 共 6 类，依次为气密型防护服、非气密型防护服、液体喷射致密型防护服、液体喷洒致密型防护服、颗粒物致密型防护服和液体有限泼溅致密型防护服。

二、化学防护服的选择

选择化学防护服，应当从以下几个方面进行相关的危险性分析：工作人员将暴露在何种有害化学品之中；以何种形态出现（固态、液态还是气态）；这些有害化学品对人体有何种危害；作业人员以何种方式接触，是液体化学品少量泼溅，还是带一定压强的液体化学品喷射；潜在的最大接触剂量如何等。具体而言，化学防护服的选择应重点考虑以下主要因素：

1. 化学防护服的材料

防护服的材料是决定化学防护服阻隔有害化学品能力的主要因素之一。ISO 16602：2007(E) 标准对 Type5、Type6 类的有限次使用化学防护服对化学品的抗渗透性能不做考量，所以此类防护服多采用具有空隙、有一定透气性的面料，较常见的有 SMS 无纺布、覆微孔膜无纺布、闪蒸法无纺布，这 3 种面料各有特点：SMS 无纺布的透气性远超其他两种，但是阻隔性较弱；覆微孔膜无纺布阻隔性最好，但抗刮擦性能及透气性较差。Type1、Type2、Type3 类的有限次使用化学防护服使用的面料通常为多层复合化学防护膜。可重复使用化学防护服的面料为橡胶，如 PVC、氯丁橡胶、丁基橡胶、氟橡胶等，橡胶面料同样不具备透气性，而且克重远高于多层复合化学防护膜。

目前没有一种化学防护服材料能够阻挡所有类型的有毒化学物质。因此，在进行化学防护服选择时应特别注意其材料对于目标毒物的防护性能。如果选择不当，由于化学防护服材料与危害物质的相容性或反应性等，可能导致化学防护服面料短时间内老化或毒物的快速渗透，给穿着者带来极大的危险，同时也会给防护服造成致命的损害。典型材料对常见危险化学品的防护性能见表 6-8。表中数据引自防护服制造商安全用品手册。

2. 化学防护服的结构形式

结构形式是影响化学防护服密闭性能的重要因素。对于气体、蒸气、气溶胶和粉尘等可造成空气污染物质的防护，需使用具有气密或密闭性能的化学防护服。对于非挥发性液体、固体的防护，一般无需考虑服装的气密或密闭性能。

表 6-8 典型材料对常见危险化学品的防护性能

材料		聚氯乙烯(PVC)	氯丁橡胶	丁基橡胶	氟化橡胶
对典型毒物的防护性能	A	一氧化碳、盐酸、氰化氢、50%过氧化氢、10%～30%硝酸、氰化钾、25%汞、硫酸	氨气、氯气、一氧化碳、盐酸、10%～30%硝酸、苯酚、氰化钾、汞、25%硫酸	乙腈、丙酮、苯胺、一氧化碳、盐酸、氰化氢、50%过氧化氢、硫化氢、苯酚、氰化钾、汞、25%硫酸	苯胺、苯、一氧化碳、氯仿、氯乙烯、氰化氢、50%过氧化氢、汽油、10%～30%硝酸、60%硝酸、发烟硫酸、苯酚、氰化钾、硫黄、汞、25%硫酸、二甲苯
	B	氨气、氯气、60%硝酸、98%硫酸	氰化氢、50%过氧化氢、硫化氢、汽油、60%硝酸	氨气、10%～30%硝酸	氯气、盐酸、硫化氢、98%硫酸
	C	丙酮、苯胺、苯、氯仿、氯乙烯、汽油、发烟硫酸、苯酚、二甲苯	乙腈、丙酮、苯胺、苯、氯仿、氯乙烯、发烟硫酸、98%硫酸、二甲苯	苯、氯气、氯仿、氯乙烯、汽油、60%硝酸、发烟硫酸、98%硫酸、二甲苯	丙酮、乙腈、氨气

注：A表示非常好或适合；B表示好或一般适合；C表示不适合。

3. 环境因素

环境中存在化学危害，但危害物质种类、危害程度等均未知时，应使用防护能力最高的内置式重型化学防护服；对于高毒性毒物及毒物的高浓度状态，应考虑使用重型化学防护服；对于危害程度较高但作业空间较为狭小的情况，可考虑使用外置式重型化学防护服；对于同时存在火焰和毒物危害的场合，应考虑使用防火化学防护服；如果除化学危害外，周围还存在摩擦、刺、割等危险，应考虑使用具有耐磨、防刺、防割功能的重型化学防护服；对于同时存在燃烧的高危化学危害场合，应考虑选用防火化学防护服。由于和单一化学品相比，化学防护服材料对混合物更难防护，一种化学品的渗透会引起另一种化学品的渗透，当污染物为混合物时，选择化学防护服更应慎重。

4. 作业状态

当作业环境温度较高、作业劳动强度大时，应考虑使用透气式化学防护服，或选择具有自冷功能的化学防护服，或选配制冷服装。

5. 人的因素

主要是考虑服装是否合身、使用人员是否处于良好的身体及精神状态。尤其对于穿着全封闭式重型化学防护服的人员，由于在穿着化学防护服执行任务期间身体负荷较大，对其身体状况、心理状况都有较高的要求。

总体来说，选择化学防护服要遵循“有效、适用及舒适”的原则。“有效”即选择的化学防护服应能对穿着者提供可靠和有效的化学危害防护能力；“适用”即在有效防护的前提下，充分考虑任务、作业条件等综合因素的影响，选择适宜类型和级别的化学防护服，以使人员便于开展相关工作和活动；“舒适”即所选择的化学防护服应对使用者产生尽可能小的生理负担（如热负荷），或有可减少不舒适性的辅助手段（如制冷背心、化学防护服自带的冷却系统等）。此外还应特别注意：化学防护服主体材料对化学物质的防护能力只是整体防护效能的关键要素之一，化学防护服结构特点及其与配套防护用品（包括呼吸防护用品、化学防护手套、化学防护靴等）的匹配性等都是构成化学防护服防护能力的关键因素。

三、化学防护服选择的一般程序

化学防护服的选择应遵照一定的程序，具体参见图 6-2。

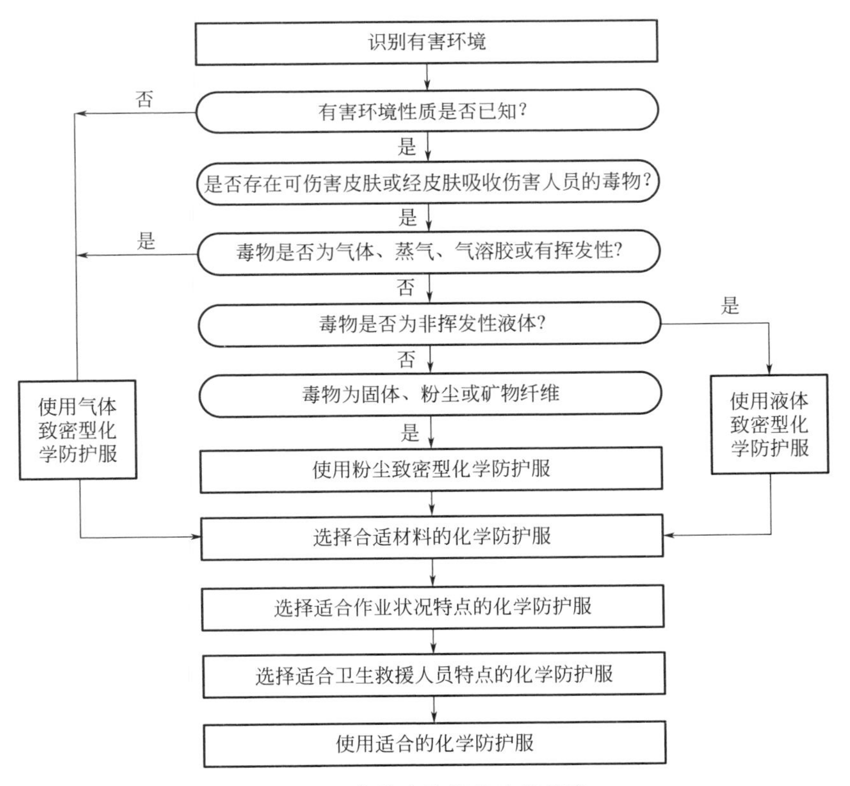

图 6-2　化学防护服的选择程序

四、化学防护服的穿着、脱除及储存

由于不同生产商及不同类型的化学防护服在使用的材料、设计及尺码上均可能存在差异，所以化学防护服的穿着、脱除及储存方法应遵从该化学防护服供应商的指导。

参考文献

[1] 马骏，李涛. 实用职业卫生学 [M]. 北京：煤炭工业出版社，2017.

[2] Michael D Larraaga. 卫生工程手册　职业环境、健康和安全 [M]. 陈青松，唐仕川，等译. 北京：中国环境出版社，2017.

[3] 王恩业. 工作场所职业危害辨识及个体防护应用 [J]. 现代职业与安全，2011，(6)：50-54.

[4] 孙承业. 中毒事件处置 [M]. 北京：人民卫生出版社，2013.

第七章

化学事故应急救援

第一节 概　述

化学工业的快速发展为人类生活水平的提高和物质文明的进步做出了巨大贡献，同时由于化学品的危害特性也会给人类的生命财产及生存环境带来潜在的威胁。环境保护部编制的《中国现有化学物质名录》（2013 版）中收录记载的化学物质有 45612 种，随着新化学物质管理工作的进一步规范、加强，该名录记载的新的化学物质将不断进行更新，数量也会不断增长。

当有毒、有害物质或危险化学品在生产、储存、经营、运输和使用过程中，由于各种原因引起泄漏、污染或爆炸就会引发化学事故而造成人民生命和财产的损失。近年来危险化学品安全生产状况虽持续好转，但形势依然严峻，重大事故时有发生。如 2015 年 8 月 12 日 23 时 30 分左右，位于天津市滨海新区天津港的瑞海公司危险品仓库发生火灾、爆炸事故，造成 165 人遇难，8 人失踪，798 人受伤，304 幢建筑物、12428 辆商品汽车、7533 个集装箱受损，直接经济损失 68.66 亿元；2018 年 11 月 28 日零时 41 分，在张家口市桥东区河北盛华化工有限公司附近发生爆燃事故，造成 23 人死亡、22 人受伤、约 50 辆汽车被烧毁；2019 年 3 月 21 日 14 时 48 分许，位于江苏省盐城市响水县生态化工园区的天嘉宜化工有限公司发生特别重大爆炸事故，造成 78 人死亡、76 人重伤、640 人住院治疗，直接经济损失 19.86 亿元。因此，如何在发生此类化学事故后能及时、有效地控制危害源、抢救受害人员、指导现场人员做好个人防护和有序撤离、消除危害后果、立即进行应急救援工作是十分必要的。制定科学的应对突发化学事故应急救援方案，坚持预防为主，贯彻统一领导、集中指挥、横向协调、自救互救与社会救援相结合的原则，对预防和减少化学事故是迫切和必需的。

一、化学事故类型

化学事故类型的分类方法有很多，不同的分类方法显示了化学事故不同的特点。

1. 按事故伤害等级分类

根据国务院《生产安全事故报告和调查处理条例》（国务院令第493号）规定，事故一般分为特别重大事故、重大事故、较大事故、一般事故：

（1）特别重大事故　指造成30人以上死亡，或者100人以上重伤（包括急性工业中毒，下同），或者1亿元以上直接经济损失的事故；

（2）重大事故　指造成10人以上30人以下死亡，或者50人以上100人以下重伤，或者5000万元以上1亿元以下直接经济损失的事故；

（3）较大事故　指造成3人以上10人以下死亡，或者10人以上50人以下重伤，或者1000万元以上5000万元以下直接经济损失的事故；

（4）一般事故　指造成3人以下死亡，或者10人以下重伤，或者1000万元以下直接经济损失的事故。

2. 按受污染对象分类

可分为：空气污染、水体污染和地面污染三种污染型化学事故。

3. 按其他方式分类

（1）按化学物质释放形式分类　可分为：直接外泄型和次生释放型两种。

（2）按对人员危害途径分类　可分为：呼吸系统中毒型、神经系统中毒型、血液系统中毒型三种化学事故。

（3）按事故的运动与否分类　可分为：固定源型化学事故和移动源型化学事故两种。

（4）按形式分类　可分为：火灾事故、爆炸事故、中毒和窒息事故、灼伤事故以及其他化学事故。

二、化学事故的发生原因[1]

化学事故发生的原因是复杂的，既有自然及历史造成的原因，也有人为及社会产生的破坏作用，常见的原因主要有三个方面。

1. 自然因素

如台风、地震、洪水、泥石流、雷击等自然因素发生时可损毁各种化工设施、设备而造成有毒、危险化学物质外泄，引发爆炸、污染事故。

2. 技术及人为原因

包括化工厂房设施建设位置选择不当、工艺设计不科学、设备老旧、管理不善、缺少规章制度、产品质量不合格等。此外，还有如操作人员素质不高、不遵守安全规定和操作规程违章操作，生产时责任心不强、麻痹大意误操作，以及突然停电、停水、意外撞车、翻车或沉船等导致有毒化学品泄漏、火灾或爆炸，人为地造成有毒有害物品大规模扩散而突发化学事故。

3. 敌对分子破坏（恐怖）或战争破坏

战争可使化工企业遭受破坏，大量有毒有害化学物质外泄而造成事故。海湾战争和科索沃战争均有典型案例。针对化工设施（包括危险化学品运输车辆）进行恐怖袭击也是恐怖分子比较容易采用的一种手段。该类事件与平时发生的化学突发事故有一定的相似性，有时也归属于突发化学事故的范畴。

三、化学事故的危害特点

1. 发生突然

化学事故由于化学危险源以及相应环境的特殊性质，往往在突然中发生，在一刹那爆发，在一瞬间酿成，具有突发的特点。

2. 持续时间长

化学事故发生后化学毒物的作用时间比较长，消除灾害造成的后果较为困难。

3. 扩散迅速

化学事故由于化学危险源自身的化学物理性质以及相应的气象条件，一旦发生后化学物质极易向四周扩散，化学事故的危害范围包含化学物质扩散的范围。

4. 涉及面广

由于化学事故特别是重大以上化学事故发生突然、持续时间长、扩散迅速，为消除危害及影响，就需要事故单位或周边居民给予配合，这样势必会影响相关人员的正常生活。

第二节　化学事故应急救援基本程序

在处理化学事故时，首先要认识化学事故的特点，遵循科学的处理原则、程序和方法，提高化学事故应急救援水平，特别要防控重特大事故发生时对人民生命和财产以及社会安全造成严重的损害。

一、化学事故应急救援应遵循的原则[2]

1. 救人第一　防灾控害

以人为本是化学事故应急救援的第一要务。应在保障施救人员安全的前提下，抢救受害人员的生命，控制化学事故现场，防止灾害扩大。

2. 属地管理　分级负责

由危险化学品生产、经营、储藏、运输等单位所在地按照职责和权限具体负责辖区内危险化学品事故应对工作。发生事故的企业或单位是事故应急救援的第一响应者，按照分级响应的原则，及时启动相应的应急预案。

3. 统一领导　科学决策

要提高化学事故应急救援的效率，统一领导、科学决策至关重要。应由所在地政府成立的现场指挥部或总指挥部根据预案要求和现场情况变化启动应急响应和组织应急救援，现场指挥部负责现场具体处置，重大决策由总指挥部决定。

4. 信息畅通　协同应对

化学事故发生原因、发展过程和由此产生的后果十分复杂，发展速度快，稍有处置失误，即可造成事故形势恶化升级。总指挥部、现场指挥部与救援队伍应保证实时信息互通，提高救援效率，在事故单位开展自救的同时，外部救援力量应根据事故单位的请求或总指挥部的统一部署参与救援。

5. 保护环境　减少污染

化学事故会对事发地的环境造成污染，往往具有污染区域广、受害人群大、持续时间长、危害后果严重、恢复难度大的特点。因此，在化学事故处置中应加强对环境的保护，控制事故范围，减少对人员、大气、土壤、水体等的污染。

6. 保护现场　保全证据

每一起化学事故都应查清事故的原因，只有根据事故的原因吸取教训、采取预防措施，方可有效防范同类事故的发生。因此，在救援过程中，有关单位和人员应妥善保护事故现场和相关证据。

7. 预防为主　平战结合

贯彻落实“安全第一，预防为主，综合治理”的方针，坚持事故应急与预防相结合。按照长期准备、重点建设的要求，做好应对危险化学品事故处置的各项准备工作，包括思想准备、预案准备、物资和经费准备等。加强预案编制、应急培训、应急演练等工作，做到常备不懈。充分利用现有的应急救援设施、设备和救援力量，坚持一专多能、平战结合，充分发挥专业机构在应急救援工作中的作用，同时也要发挥兼职应急救援力量的作用。

二、化学事故应急响应基本程序[3]

根据化学事故特点和救援规律，化学事故应急响应遵循如下基本程序：

1. 及时向上级部门报告

发生化学事故后，事故单位在开展自救的同时，应按照有关规定立即向当地政府部门报告。

2. 立即启动应急预案

政府有关部门在接到事故报告后，应立即启动相关预案，赶赴事故现场，成立现场指挥部（或可进行远程指挥的应急指挥中心或总指挥部），明确总指挥、副总指挥及有关成员单位或人员职责分工，制定科学、合理的救援方案，并统一指挥实施。

3. 设置警戒区并及时疏散现场人员

现场指挥部根据情况，划定警戒隔离区域，抢救、撤离遇险人员，制定现场处置措施（工艺控制、工程抢险、防范次生衍生事故），及时将现场情况及应急救援进展报总指挥部。在有需要时，向总指挥部提出外部救援力量、技术及物资支持、疏散公众等请求和建议。总指挥部根据现场指挥部提供的情况对应急救援进行指导，划定事故单位周边警戒隔离区域，根据现场指挥部请求调集有关资源、下达应急疏散指令。

4. 及时请求支援，增派外部救援力量参与救援工作

根据突发化学事故发生、发展等情况，现场指挥部应及时调派外部救援力

量增援，与事故单位合力开展救援。现场指挥部和总指挥部应及时了解事故现场情况，并应根据情况变化对救援行动及时做出相应调整。

三、化学事故现场应急处置

1.防护与救护

在救援过程中，要把人员生命安全放在第一位，根据化学事故物质的毒性及划定的危险区域确定相应的防护等级，并根据防护等级按标准配备相应的防护器具。从应急救援人员、遇险人员、周边公众三方面进行全面考虑，最大限度避免、减少人员伤亡。

（1）应急救援人员防护　现场应急救援人员应针对不同事故的危险特性，为避免直接造成伤亡，采取相应安全防护措施后方可进入现场救援。特别是进入受限（密闭）空间、有毒作业场所，若救援人员不配戴空气呼吸器，有可能造成救援人员中毒或窒息死亡。要严格控制进入现场的救援人员数量，并做好记录。进入现场的人员越少越有利于避免群死群伤事故。现场监测人员若遇直接危及生命安全的紧急情况，应及时撤离危险现场并报告救援队伍负责人和现场指挥部，避免重大人员伤亡。

（2）遇险人员救护　救援人员应携带救生器材迅速进入现场，将遇险受困人员转移到安全区域。将警戒隔离区内与事故应急处理无关的人员撤离至安全区，撤离要选择正确方向和路线，要逆风向或侧风向穿越有毒区域。对救出人员进行现场急救，待生命体征稳定后，及时运送至专业医疗机构进行救治。

（3）公众安全防护　指挥部根据现场人员的危险情况，及时发布疏散指令。根据危险化学品的危害特性、理化性质，应选择安全的撤离路线。疏散人员应听从指挥、服从命令，就地取材（如毛巾、湿布、口罩），采取简易有效的措施保护自己。

2.隔离、疏散

（1）建立警戒隔离区　事故发生后，应立即在通往事故现场的主要干道上实行交通管制，设置警戒隔离区。警戒隔离区的大小应根据危险化学品自身及燃烧产物的毒性，当地当时的气候条件（特别是风向、风速等），火焰辐射热和爆炸、泄漏所涉及的范围等进行评估，确定警戒隔离区。建立警戒隔离区时还应注意以下几点：

① 警戒隔离区的边界应设警示标志，并设专人负责警戒。

② 除消防、应急处理人员及必须坚守岗位的人员外，其他人员禁止进入

警戒隔离区。

③ 泄漏溢出的化学品为易燃品时，警戒隔离区内严禁火种。

④ 根据事故发展、应急处置和动态监测情况，适当调整警戒隔离区范围。

（2）紧急疏散　迅速将警戒隔离区及污染区内与事故应急处理无关的人员撤离，以减少不必要的人员伤亡。紧急疏散时应注意：

① 如事故物质有毒时，需要佩戴个体防护用品或采用简易有效的防护措施。

② 应向上风侧方向转移，明确专人引导和护送疏散人员到安全区，并在疏散或撤离的路线上设立哨位，指明方向。

③ 不要在低洼处滞留。

④ 及时清点人数，避免有人员遗留在事故区或污染区。

3. 询情和侦检

① 询问现场人员情况，摸清楚化学品储量、泄漏量、泄漏时间、部位、形式、扩散范围，周边单位、居民、地形、电源、火源等情况，知晓现场消防设施、工艺流程，听取到场人员处置意见或建议。

② 使用快速现场检测仪器，判定并检测现场泄漏物质性质、浓度、扩散范围等。

③ 分析可能存在的设施、建（构）筑物险情及可能引发爆炸或燃烧的各种危险源，评估消防设施运行情况，以采取可能的对策，防范次生灾害的发生或加重。

四、化学事故现场危险化学品泄漏处理[4]

化学毒物泄漏后，不仅污染环境、对人体造成损害，如遇可燃物质还有引发火灾、爆炸的可能。因此，对泄漏的化学品应及时正确处理，防止事故扩大。泄漏处理一般包括泄漏源控制及泄漏物处理两大部分。

1. 泄漏源控制

通过控制泄漏源来消除化学品的溢出或泄漏。通过关闭阀门、停止作业或通过采取改变工艺流程、物料走副线、减负荷运行等方法进行泄漏源控制。容器发生泄漏后，采取措施修补和堵塞裂口。

2. 泄漏物处理

现场泄漏物要及时进行覆盖、收容、稀释等处置，防止二次事故的发生。泄漏物处置主要有 4 种方法：

（1）围堤堵截　如果化学品为液体，泄漏到地面上时会四处蔓延扩散，难以收集处理。为此，需要筑堤堵截或者引流到安全地点。贮罐区发生液体泄漏时，要及时关闭雨水阀，防止物料沿明沟外流。

（2）稀释与覆盖　为减少大气污染，通常是采用水枪或消防水带向有害物蒸气云喷射雾状水，加速气体向高空扩散。在使用这一技术时，将产生大量的被污染水，因此应疏通污水排放系统。对于可燃物，也可以在现场施放大量水蒸气或氮气，破坏燃烧条件。对于液体泄漏，为降低向大气中的蒸发速度，可用泡沫或其他物品覆盖外泄的物料，在其表面形成覆盖层，抑制其蒸发。

（3）收容（集）　对于泄漏量较大的事故，可选择用泵机或人工的方法将泄漏出的物料抽（收）入容器内或槽车内；当泄漏量小时，可用沙子、吸附材料、中和材料等吸收中和。

（4）废弃　将收集的泄漏化学品运至专业的废物处理场所进行净化处置，剩下的少量化学品用水冲洗，冲洗水应经过污水净化处理系统处理后才能排放到环境中。

3. 泄漏处理注意事项

进入现场处置的救援人员必须配备合适的个人防护装备，如果泄漏的化学品是易燃易爆品，应严禁火种。现场应急处置时应禁止个人单独行动，至少两人一起，同时要配有专人监护，确保应急救援人员绝对安全。

五、化学事故致火灾、爆炸的处理

危险化学品容易发生火灾、爆炸事故。但不同的化学品在不同情况下发生火灾时扑救方法差异很大，若处置不当不仅不能有效扑灭火灾，反而会使灾情进一步扩大。此外，由于化学品及其燃烧产物大多具有较强的毒性和腐蚀性，极易造成人员中毒或灼伤。因此，扑救危险化学品火灾是一项重要而又危险的工作。从事化学品生产、使用、储存、运输等的作业人员和消防人员应了解、掌握常见化学物质的危险特性及其相应的灭火方法，定期进行消防演练，提高在紧急事态时的应急处置能力。

1. 灭火对策

常见的化学品火灾时采用的处置对策：

（1）扑救初期火灾　在火灾尚未扩大到不可控制之前，应使用适当的灭火器来控制火灾。首先应迅速关闭火灾部位的上下游阀门，切断进入火灾事故现场的一切物料；然后使用现场储备的各种消防设备和器材迅速扑灭初期火灾和控制火源，最大程度降低危害。

（2）积极采取措施，保护事故现场其他装备设施　及时采取冷却等保护措施，迅速转移受到大火威胁的原料物资。如火灾可能造成易燃液体外流时，可用沙袋或其他材料筑堤拦截流淌的液体或挖沟导流。必要时用毛毡、草帘堵住下水井、窨井口等处，防止火焰蔓延。

（3）采用科学的消防技术，完成火灾扑救　扑灭危险化学品所致的火灾时，决不可盲目行动。应针对每一类化学品选择正确的灭火剂和灭火方法。消防人员应穿戴必要的防护装备，必要时采取堵漏或隔离措施，预防次生灾害扩大。当火势被控制以后，仍然要派人监护，清理现场，消灭余火。

2. 几种特殊化学品的火灾扑救注意事项

（1）扑救液化气体类火灾　切忌盲目扑灭火势，在没有采取堵漏措施的情况下，必须保持稳定燃烧。否则，大量可燃气体泄漏出来与空气混合，遇着火源就会发生爆炸。

（2）扑救易爆物品引发的火灾　切忌用沙土盖压，以免发生爆炸时增强爆炸物品的威力。扑救爆炸物品堆垛火灾时，水流应采用吊射，避免强力水流直接冲击堆垛，造成堆垛倒塌引起再次爆炸。

（3）扑救遇水后容易发生燃烧、爆炸的化学品所致的火灾　要严格禁止用水、泡沫或酸碱等湿性灭火剂进行灭火扑救。

（4）扑救氧化剂和有机过氧化物等化学品所致的火灾　其灭火技术比较复杂，应针对具体物质具体分析。

（5）扑救高毒化学品和腐蚀性化学品所致的火灾　应尽量使用低压水流或雾状水，避免其流出或溅出；遇酸类或碱类化学品，最好用相应的中和剂来稀释中和。

（6）扑救易燃固体、自燃物品所致的火灾　一般都可用水和泡沫扑救，只要控制住燃烧范围，逐步扑灭即可。但有少数易燃固体、自燃物品的扑救方法比较特殊。如2,4-二硝基苯甲醚、二硝基萘、萘等是易升华的易燃固体，受热放出易燃蒸气，能与空气形成爆炸性混合物，尤其在室内，易发生爆燃，在扑救过程中应不时向燃烧区域上空及周围喷射雾状水，并消除周围一切火源。

六、化学事故患者的现场急救[5,6]

化学品对人体可造成的伤害包括中毒、窒息、冻伤、灼伤、烧伤等。进行急救时，不论患者还是救援人员都需要进行适当的防护。对重症中毒者，首先是保持呼吸道通畅和机体供氧，纠正低血压、心律失常，对心搏骤停者必须及时实施心肺复苏，保证患者生命体征稳定。

（1）救援人员的个人防护　一般医生的救援多在清洁区进行，不需要佩戴特殊防护用品。对部分刺激性化学物质所致事故的中毒者的救治可能需要佩戴简易防护用品，即戴乳胶或化学防护手套和防护眼罩等的D级防护。而进入污染区参与救援的医疗卫生人员，在进入现场前应首先根据危害水平选择适宜的个体防护装备，任何人都不能在没有适当个体防护的情况下进入现场工作。使用个体防护用品时必须了解各类防护用品的性能和适用性，以确保救援人员的安全，参考《呼吸防护用品的选择、使用与维护》（GB/T 18664—2002）。包括被救援者的防护，依据化学物质毒害作用和浓度进行相应的防护。

（2）现场医疗救治点的选择　医疗救治点应选在事故现场的上风向非污染区域内，不要远离事故现场，便于就近开展救援工作，及时抢救伤者；还要满足交通便利的要求，利于人员和车辆的通行。可设在室内或室外，便于医护人员行动或事故伤者的抢救。要充分利用现场原有通信、水电等资源，便于医疗救援工作的实施。在医疗救治点应设置醒目的标志，方便救援人员和伤员识别。救治点应悬挂轻质面料制作的旗帜作风向标，以便救援人员随时掌握现场风向，一旦发现所处的区域受到污染或将被污染时，应立即向安全区转移。

（3）清除毒物或洗消　在救治患者时应脱去患者被污染的衣物，移离污染区域至空气新鲜处，注意保暖。眼或皮肤接触时立即用大量流动清水彻底冲洗污染部位，以免眼或皮肤发生不可逆的严重病变，尤其一些强酸碱中毒患者。

（4）维持呼吸道通畅，必要时合理氧疗　可给予支气管解痉剂、去泡沫剂、雾化吸入疗法等保持呼吸道通畅。可给予鼻导管吸氧，重症患者宜面罩吸氧，出现呼吸窘迫、窒息的患者立即进行气管切开。合理的氧疗既有利于乏氧的缓解，也有利于毒物的排出。

（5）对症支持治疗

① 注意患者的保暖，大多化学物质中毒需要卧床休息24～48h，密切观察病情变化。对于情绪紧张、烦躁不安的患者要做好安抚，必要时给予镇静药，注意避免使用有呼吸抑制作用的制剂，如吗啡等。

② 维持血压稳定，呼吸平稳。

③ 做好伤者感染防控，防治并发症：感染、败血症、多脏器功能衰竭（MOF）是危险化学品中毒重症死亡的主要原因，所以初期需积极预防感染。

④ 维持水、电解质、酸碱平衡：需合理掌握输液量，避免诱发肺水肿。

⑤ 防治脑水肿，保护脑细胞：对昏迷或有颅压增高的患者需给予甘露醇125～250mL迅速静滴或呋塞米（速尿）20～40mg或地塞米松（10～20mg）等防治脑水肿。

⑥ 对症治疗：应用西咪替丁或奥美拉唑等保护胃黏膜等。

第三节　化学中毒事件救治与救援

化学事故发生时可引发火灾、爆炸，对人体造成中毒、灼伤或窒息等危害。在众多化学事故中，化学中毒事件常见且具有可预见性差、原因复杂、来势凶猛、波及面广、死亡率高等特点，故化学中毒事件的应急救援工作格外重要。

一、化学毒物进入人体的途径[5]

1. 经呼吸道吸入

气体、蒸气或气溶胶状态的化学物质主要经呼吸道进入人体，是化学毒物侵入人体的主要途径。呼吸系统是一个对外开放系统，进入人体的毒物可迅速被吸收，通过肺部毛细血管而直接进入血循环（毒物由肺部进入血循环较由胃进入血循环快20倍）。有刺激性或有异味的气体常可引起反应或警觉，促使人群及时采取措施。但无色无臭的气体，如一氧化碳、二氧化碳、甲烷等常不被觉察，以致吸收量大而较易发生急性中毒。

2. 经皮肤、黏膜吸收

皮肤、黏膜是化学毒物进入人体的另一个主要通道。一般情况下，完整皮肤表面为角质层，表皮细胞膜富含胆固醇、磷脂，形成皮肤屏障，可有效阻止毒物吸收而进入人体。当皮肤有破损时，化学物质很容易通过皮肤、黏膜进入人体。兼具脂溶性和水溶性的化学毒物能被完整的皮肤吸收，而腐蚀性化学物，如黄磷、酚、酸碱等可灼伤皮肤，经皮肤吸收。高温、高湿可促进化学物质的吸收。

3. 经消化道吸收

消化道是生活性毒物进入人体的最常见侵入途径。水溶性化学物质主要是在呈酸性的胃液内吸收，脂溶性化学物质则主要是在含碱性肠液内吸收。突发化学中毒事件中消化道中毒发生概率较低。经消化道进入人体发生的中毒一般都是因误饮染毒水或误食染毒食物才会发生，且一旦发生中毒，多数会在肝内进行生物转化后进入大循环，分布到各器官、组织中，导致全身中毒。

二、化学中毒的临床表现[7,8]

化学毒物进入人体后可造成多个器官或组织的损伤，出现各种症状，主要表现为呼吸系统、神经精神系统、消化系统、泌尿系统、血液系统等的表现。

1. 呼吸系统表现

（1）上呼吸道表现　机体吸入刺激性气体，如高浓度的氨、氯、硫酸二甲酯、二氧化硫等毒物时，可出现呛咳、咽痛等咽喉刺激症状，轻者于脱离接触后逐渐好转，重者可发生喉痉挛、急性喉炎、急性喉水肿。如果吸入刺激性气体较多时，可出现明显的上呼吸道刺激症状，如咽痛、咳嗽、胸闷等，也会有咳嗽加剧、咳黏液性痰，偶有痰中带血，此时可有咽部充血水肿，听诊两肺有散在干或湿性啰音。胸部X射线片表现为肺纹理增多、增粗、延伸或边缘模糊。如果吸入刺激性气体量较大或时间较长，机体可有咳嗽、咳痰、气急、胸闷加重等症状，也可有痰中带血，听诊两肺有干或湿性啰音，常伴有轻度发绀。胸部X射线片表现为两肺中、下野可见点状或小斑片状阴影。

（2）吸入性肺炎　如果吸入烃类化合物或其他液态化学物质（以汽油、柴油最为常见），可出现剧烈呛咳、咳痰、痰中带血，也可有铁锈色痰，胸痛、呼吸困难、发绀等症状，常伴有发热、全身不适等，胸部X射线片表现为肺纹理增粗及小片状阴影，以右下侧较多见，少数可伴发渗出性胸膜炎。

（3）肺水肿改变　严重者出现中毒性肺水肿，可分为急性间质性肺水肿或肺泡性肺水肿两种。间质性肺水肿常有咳嗽、咳痰、胸闷和较严重气急表现，肺部两侧呼吸音减低，可无明显啰音，胸部X射线片表现为肺纹理增多，肺门阴影增宽，边界不清，两肺散在小点状阴影和网状阴影，肺野透明度降低，常可见水平裂增厚，有时可见支气管袖口征和（或）克氏B线。肺泡性肺水肿相对咳嗽更加剧烈，咳大量白色或粉红色泡沫痰，呼吸困难、明显发绀，两肺密布湿性啰音，胸部X射线片表现为两肺野有大小不一、边缘模糊的粟粒小片状或云絮状阴影，有时可融合成大片状阴影或成蝴蝶形分布。

（4）急性呼吸窘迫综合征　吸入刺激性气体或有机溶剂等毒物，一般起病较急，出现呼吸窘迫、明显发绀等症状，血气分析 $P_{aO_2}/F_{iO_2} \leqslant 200$mmHg（1mmHg=133.322Pa）；胸部正位X射线片表现双肺均有斑片状阴影；肺动脉嵌顿压≤18mmHg，或无左心房压力增高的临床证据。如 $P_{aO_2}/F_{iO_2} \leqslant$

300mmHg且满足上述其他标准，则诊断为急性肺损伤（ALI）。临床上把这一类统称为中毒性急性呼吸窘迫综合征。

2. 神经精神系统表现

（1）类神经症表现 患者有躯体不适症状，如头痛、头晕、失眠、多梦、记忆力减退等，但无相应的器质性损害，临床上分兴奋型、抑制型、混合型三型。常见于各种急性中毒后恢复期。

（2）中毒性脑病 是急性中毒最严重的病变之一，系短期内毒物大量进入体内，引起中枢神经器质性和功能性损害的一组临床病象。病损部位是脑组织，病变的基础是脑水肿。多数脑病在发病前有一定潜伏期，数小时或数天，潜伏期内可以无症状、无阳性体征，常易被疏忽和误诊。初期以神经症状为主，出现剧烈头痛、呕吐（非喷射性）、烦躁不安、全身乏力，继而出现不同程度的意识障碍，如嗜睡或谵妄和昏迷。查体可见呼吸不规则、脉缓、血压高或不稳定、瞳孔两侧大小不等，腹壁反射、提睾反射迟钝或消失，病理反射可以引出。四乙基铅、汞、有机汞、有机锡、一氧化碳、二硫化碳和汽油等急性中毒时，精神症状较为突出，可出现类精神分裂症、癔症样或癫痫样发作，同时伴有发热多汗、流涎、血压不稳等自主神经功能失调症状。

（3）精神障碍 是中毒性脑病的一种表现，分为类精神分裂症、癔症样发作、类躁狂-忧郁症、焦虑症、痴呆症等。

（4）周围神经病 常见于正己烷、有机磷农药、溴甲烷、铊及其化合物、二硫化碳、一氧化碳等的中毒，常表现为感觉异常、运动障碍、自主神经功能障碍、颅神经受累。

3. 消化系统表现

（1）口腔损害 接触汞、酸雾引起口腔炎；损伤牙组织，如氟斑牙、牙酸蚀症等。

（2）急性胃肠炎 汞盐、钡盐、砷化合物、铊化合物等经口服中毒，可发生急性中毒性胃肠炎病变，并导致电解质紊乱、酸中毒和多脏器损害。

（3）肝脏损害 黄磷、四氯化碳、二甲基甲酰胺、硝基氯苯、丙烯醛、二氯乙烷、氯乙烯等中毒可损害肝脏而出现中毒性肝病的临床表现。

4. 泌尿系统表现

（1）肾脏损害 接触汞、四氯化碳等毒物可引起急性肾小管坏死型中毒性肾病。接触金、铋、汞等毒物可引起急性过敏性肾炎型中毒性肾病。接触苯酚、甲酚、乙二醇、镉、铋、铊、铅、黄磷、有机氟气体及其残液气体等亦可引起中毒性肾病。

（2）膀胱损害　接触邻甲苯胺、对二甲氧基乙基苯胺等引起中毒可导致出血性膀胱炎。

5. 血液系统表现

（1）贫血　接触砷化氢、苯肼、苯的氨基和硝基化合物等毒物可引起中毒性溶血性贫血。接触苯、三硝基甲苯、二硝基酚、砷化合物等毒物可引起中毒性血小板减少性紫癜、急性再生障碍性贫血。

（2）其他　接触硝酸甘油、氯酸盐、苯的氨基和硝基化合物、杀虫脒等毒物可引起中毒性高铁血红蛋白症等。

6. 心血管系统表现

接触锑、砷、磷、氯化钡、四氯化碳、有机汞、有机氟、无机氟等毒物可引起心肌损害、心律失常等。某些毒物所致的急性重症中毒性肺水肿能引起急性肺源性心脏病变。某些急性中毒、过敏、严重缺氧、电解质紊乱等导致儿茶酚胺增加，可引起周围循环衰竭。

7. 生殖系统表现

接触汞、二甲基甲酰胺、氟等毒物可引起大鼠的睾丸生殖细胞周期紊乱、诱导生殖细胞凋亡，损害大鼠生殖系统。

8. 皮肤、黏膜表现

强酸、强碱、铬酸及其盐类、游离碘、溴、次氯酸盐、重金属盐等可引起急性皮炎或慢性改变。急性皮炎呈红斑、水肿、丘疹，或在水肿性红斑基础上密布丘疹、水疱或大疱，疱破后呈现糜烂、渗液、结痂，自觉灼痛或瘙痒。慢性改变者呈现不同程度浸润、增厚、脱屑或皲裂。

9. 其他表现

（1）变态反应　接触甲苯二异氰酸酯（TDI）、对苯二胺、生漆等毒物可引起过敏性皮炎和哮喘。

（2）烟尘热　吸入锌、铜、镍、镉、钨、铍、氟塑料热解物等烟尘会在接触毒物后数小时出现烟尘热。

三、化学毒物中毒事故现场应急救援[6,11,12]

化学毒物中毒事故是突发公共事件的一种，其现场应急救援工作是在政府的统一领导和指挥下由相关部门共同参与、相互配合完成。现场应急救援的工作原则是以人为本、统一领导、分工协作、信息共享、快速响应、保障有力。

应尽最大努力及时抢救伤员，迅速控制危害源，防止其进一步危害公众健康。关键措施是阻断人与毒物的接触，及时控制或消除危害源，有序地抢救事故的受害者。

承担化学毒物中毒事故现场应急救援任务的卫生应急队伍应根据中毒事故类型，携带相应的应急救治药品和检测仪器、个人防护用品、调查用表和记录用具以及相关的参考资料等。应急队员到达事故现场后，应首先向现场的救援指挥部报到，报告到达的人员、装备等情况，尽快了解事件的基本概况，服从指挥部对工作任务的安排，并在规定的区域内规范有序地开展现场应急救援工作等。

1. 个人防护

应急队员应穿戴相应的防护用品后才能进入现场污染的区域，如防护服、防毒口罩、防护眼镜等。如进入高浓度毒源区的还应佩戴好输氧或送风式防毒面具，系好安全带后方可进入现场施救。由于防毒口罩对毒气滤过率有限，故佩戴者不宜在毒源处停留过久，必要时可轮流或间歇进入。毒源区外应派专人严密观察、监护，一旦发现危情应迅速通知现场处置人员撤出。如果将现场中毒人员转移出危害区需要较长时间，在条件允许的情况下还应考虑对中毒人员采取简易的呼吸道和皮肤防护措施，如予以佩戴防毒面罩、便携式供氧装置，必要时吸氧，防止发生继发性损害。

2. 确定污染区边界

设立警示线、警示标识，进行现场分区，创建一条安全有效的绿色抢救通道，设置现场管理人员，严禁无关人员和车辆随意进出，对周围交通实行管制。

（1）警示线　分红色、黄色、绿色三种。

① 红色警示线设在紧邻事件危害源的周边，将危害源与其外的区域分隔开来，只限佩戴相应防护用具的专业人员可以进入该区域。

② 黄色警示线设在危害区域的周边，其内和外分别是危害区和洁净区，该区域内的人员应佩戴适当的防护用具，出入该区域的人员必须进行洗消处理。

③ 绿色警示线设在救援区域的周边，将救援人员与公众分隔开来，患者的抢救治疗、指挥机构均设在该区域内。

（2）警示标识　主要包括禁止标识、警告标识、指令标识及提示标识四类。

① 禁止标识　禁止不安全行为的图形，如“禁止入内”标识。

② 警告标识　提醒人们对周围环境引起注意，以避免可能发生危险的图形，如“当心中毒”标识。

③ 指令标识　强制做出某种动作或采用防范措施的图形，如“戴防毒面具”标识。

④ 提示标识　提供相关安全信息的图形，如“救援电话”标识。

(3) 现场分区　根据危害源性质、现场周围环境、气象条件及人口分布等因素，事故现场危险区域一般可分为热区、温区、冷区，也称为红区、黄区、绿区。

① 热区（hot zone，又称为红区）　紧邻事故现场危害源的地域，一般用红色警示线将其与外界区域分隔开来，在该区域内从事救援工作的人员必须配备防护装置以免受到污染或物理伤害。

② 温区（warm zone，又称为黄区）　紧挨热区外的地域。在该区域工作的人员应穿戴适宜的个体防护装置避免二次污染。一般以黄色警示线将其与外面的地域分隔开来，该警示线也称洗消线，所有离开此区域的人必须在该线处进行洗消处理。

③ 冷区（cold zone，又称为绿区）　洗消线以外的地域。患者的抢救治疗、应急支持、指挥机构设在此区。

3. 人员撤离、救治

将中毒人员洗消后撤离至安全区（绿区）进行检伤分类、医学救治。

(1) 洗消　脱去受污染的衣物，对于皮肤、毛发甚至指甲缝中的污染，都要注意清除。对能由皮肤吸收的毒物及化学灼伤，应在现场用大量清水或其他备用的解毒、中和液冲洗，时间一般 10～15min。

(2) 检伤分类　中毒人员人数较多且病情较急，需要根据检伤进行分类救治。简明检伤分类法（START）是国际上通用的检伤分类方法，此分类方法以红色代表伤情严重，需要优先救治；黄色代表伤情中度，可延迟救治；绿色代表伤情较轻，可最后处置；黑色代表死亡或濒临死亡，不需要积极处置。主要依据呼吸、血液循环和神经精神状态情况判断伤情。

① 行动检查　所有自行行走伤员判断为轻度，给予绿色标志。

② 呼吸检查　所有不能行走的伤者进行呼吸检查；如有需要先保持气道畅通（须同时小心保护颈椎），可用提颌法等；呼吸在 30 次/min 以上者判断为重度，给予红色标志。如无呼吸则给予黑色标志，判断为死亡。

③ 循环检查　呼吸在 30 次/min 以下，检查桡动脉或微血管血液循环回流时间；任何循环不足（不能感觉到桡动脉跳动或微血管血液循环回流时间大

于 2s），则判断为重度，给予红色标志。

④ 神经精神检查　如桡动脉搏动可触及，或检查末梢血液循环充盈时间小于 2s，则进一步检查神经精神系统。如能按照指令做动作或回答问题，则判断为轻度，给予绿色标志；如不能按照指令做动作或回答问题，则判断为重度，给予红色标志。不属于上述伤情的伤员判断为中度，给予黄色标志。

（3）检伤分类处置

① 红标患者要立即吸氧，建立静脉通道，可使用地塞米松 10～20mg 肌内注射或稀释后静脉注射。窒息者，立即予以开放气道；皮肤和眼灼伤者，立即以大量流动清水或生理盐水冲洗灼伤部位 15min 以上。有抽搐的及时采取对症支持措施。

② 黄标患者应密切观察病情变化，有条件可给予吸氧，及时采取对症治疗措施。

③ 绿标患者在脱离环境后，暂不予特殊处理，观察病情变化。

（4）临床救治　主要从以下几个方面：

① 现场处理　脱去患者被污染的衣物，移离事故现场至空气新鲜处，注意保暖；眼或皮肤接触时应立即用大量流动清水彻底冲洗污染部位至少 15min，以免眼或皮肤发生不可逆的严重损伤。

② 开放气道　根据化学毒物引发的疾病特征可给予支气管解痉剂（如氨茶碱、β_2 受体激动剂等）、去泡沫剂（如 10%二甲硅油）、雾化吸入疗法等保持呼吸道通畅。

③ 吸氧　吸入氧浓度不宜超过 50%，使动脉血氧分压维持在 8kPa 以上（60mmHg）。轻症患者可给予鼻导管吸氧；重症患者宜面罩吸氧，保持 O_{2sat}（血氧饱和度）＞90%。危重患者采用面罩吸氧或机械通气氧疗，保持 O_{2sat}＞90%。出现呼吸窘迫、窒息的患者立即进行气管切开，面罩间歇或持续正压通气（压力＜30cmH_2O）（1cmH_2O＝98.0665Pa）或呼气末正压通气（PEP 压力＜5cmH_2O）。

④ 对症支持治疗

a. 一般治疗：对于情绪紧张、烦躁不安、躁动的患者除给予语言安慰外，需给予镇静药，如地西泮（安定）5～10mg，或异丙嗪 25mg 肌内注射，注意避免使用有呼吸抑制作用的制剂如吗啡等。维持血压稳定、呼吸平稳，血压下降者给予多巴胺（40～80mg 加入 250～500mL 的 5%葡萄糖注射液或 0.9%氯化钠注射液中）等血管活性药物维持血压。对呼吸衰竭者可用尼可刹米 0.375～0.75g 和（或）洛贝林 1～3mg 加入 250～500mL 的 5%葡萄糖注射液或 0.9%氯化钠注射液中静滴。

b. 防止感染：初期需积极预防感染，可通过局部雾化吸入抗生素如庆大霉素，静滴抗生素如头孢类或喹诺酮类等来控制。

c. 维持水、电解质平衡：需合理掌握输液量，一般不超过 1000mL，尽管初期强调补液利尿促进毒物的排泄，但对气态化学物质中毒作用有限，反而易诱发肺水肿等不良后果。

d. 防治脑水肿、保护脑细胞：对昏迷或有颅压增高的患者需给予甘露醇 125～250mL 快速静滴或呋塞米（速尿）20～40mg 或地塞米松 10～20mg 等防治脑水肿。

e. 其他对症治疗：应用 H2 受体拮抗剂西咪替丁或奥美拉唑等保护胃黏膜等。

⑤ 肺水肿的治疗　肺水肿是刺激性化学物质中毒后最严重的危害之一，肺水肿的治疗是这类中毒病人救治的最关键治疗。

a. 糖皮质激素：是防治肺水肿的必要措施。基本原则为早期、足量、短程。轻症患者可予地塞米松 5～10mg 静脉注射；重症患者可予地塞米松 20～40mg 静脉推注或静脉滴注；危重患者可予地塞米松 40～60mg，必要时可＞60mg 静脉推注或静脉滴注，通常连用 3～5d，足剂量应用一般不超过 1 周。为防止某些刺激性化学物质引起肺纤维化，可在肺水肿控制后，小剂量口服糖皮质激素 1～2 周。

b. 改善微循环药物：氢溴酸东莨菪碱、盐酸消旋山莨菪碱有松弛平滑肌、减少黏液分泌、改善微循环的作用；低分子右旋糖酐有减少微血栓形成等作用；中药如丹参注射液、川芎注射液等亦有改善微循环的作用。

c. 气雾剂或雾化剂：重症及危重患者立即给予吸入必可酮、丙酸倍氯米松、喘乐宁等气雾剂或超声雾化吸入液，一般用生理盐水或 5% $NaHCO_3$ 溶液，根据病情加入地塞米松、抗生素及支气管解痉剂等。

⑥ 特效解毒剂　对于化学毒物明确的中毒，要及时给予相应的特效解毒剂治疗。有机磷酸酯类中毒选用抗胆碱药物如阿托品、盐酸戊乙奎醚及胆碱酯酶复能剂如碘解磷定、氯解磷定、双复磷、双解磷等。金属中毒选用依地酸二钠钙、二巯基丙磺酸钠等。氰化物中毒选用亚硝酸钠-硫代硫酸钠疗法、亚甲蓝-硫代硫酸钠疗法及 4-二甲氨基苯酚。有些中毒虽无特效解毒剂，但可根据其作用机制及毒理特性给予一些针对性药物，如氢氟酸中毒，需静脉给予葡萄糖酸钙，以避免在 12h 内血钙低谷期发生严重心律失常等急症。

（5）化学灼伤的处理　对于皮肤灼伤患者现场救治时应立即脱去受污染的衣服、鞋袜，若灼伤衣物与创面粘连，则把衣裤剪开，避免强行脱去加重损伤。用大量流动清水冲洗受损皮肤至少 15min 以上。创面经清水冲洗后化学残留物仍不能完全清除，则需用各种中和剂冲洗湿敷，如强酸灼伤用5%碳酸氢钠溶液、强碱灼伤用3%硼酸溶液中和，氢氟酸灼伤用钙镁制剂湿敷或外涂。用苯扎溴铵溶液消毒创面，若有水泡予以剪除，防止残留毒物对深部组织的损伤。头颈部创面可采取暴露疗法，躯干、四肢创面一般外涂磺胺嘧啶银冷霜，行半暴露或包扎疗法。头面颈部化学灼伤时要特别注意防止局部水肿压迫气道引起窒息。眼化学灼伤时应立即拉开眼睑，用大量清水反复冲洗至少15min。

(6) 现场救治后转运　转运过程中应服从统一指挥调度，合理分流患者，做好患者交接，及时汇总上报。在转运过程中医护人员必须密切观察患者病情变化，随时采取相应急救措施确保其生命体征稳定。特别要注意把患者转运到具有中毒救治条件的医院救治，如硫化氢气体中毒需要高压氧治疗，所转送医院应具有相应治疗条件。

按照检伤分类原则，黄标患者在给予现场急救措施后立即转运至具备中毒治疗条件的医院进行治疗；红标患者应在现场急救点进行急救处理，症状得到初步控制后，保证生命体征稳定后再转运至中毒专科医院或综合医院；绿标患者在给予现场急救措施后，应先在中毒现场急救点进行医学观察，待黄标和红标患者转运完毕后，再转运至具备中毒治疗条件的医院治疗。转运过程中应特别注意患者发生急性上呼吸道水肿导致呼吸阻塞。

上述中毒患者送到医院后，由接诊医护人员与转送人员对中毒患者的相关信息进行交接并签字确认，然后按医院内救治方案进行相关救治。

第四节　化学事故应急救援预案编制

在危险化学品的生产、储存、运输、经营、使用和废弃化学品处置过程中，若在任何一个环节出现不安全行为都有可能发生化学事故。化学事故危害大、涉及面广、处理复杂，事前做好化学事故应急救援预案的编制工作就尤为重要。一旦发生事故，立即启动应急救援预案，按照应急救援预案采取必要的处置措施，可使事故损失降到最小限度。应急救援预案包括综合应急预案、专项应急预案、现场处置方案三类。

一、综合应急预案[9,10]

综合应急预案是生产经营单位应急预案体系的总纲，主要从总体上阐述事故的应急工作原则，包括生产经营单位的应急组织机构及职责、应急预案体系、事故风险描述、预警及信息报告、应急响应、保障措施、应急预案管理等内容。

1. 总则

（1）编制目的　为及时控制危险源，抢救受害人员，指导群众防护和组织撤离，消除危害后果。

（2）编制依据　依据《中华人民共和国突发事件应对法》《中华人民共和国安全生产法》《中华人民共和国环境保护法》《中华人民共和国消防法》《生产安全事故报告和调查处理条例》《危险化学品安全管理条例》《国家安全生产事故灾难应急预案》《国家危险化学品事故灾难应急预案》等法律、法规和有关文件的规定，制定本预案。

（3）适用范围　说明预案适用于处置某级行政区域内在危险化学品生产、经营、储存、运输、使用和废弃处置等过程中发生的火灾、爆炸、泄漏和中毒事故。

（4）应急预案体系　说明危险化学品应急预案体系的构成情况，可用框图形式表述。

（5）应急工作原则　说明生产经营单位危险化学品事故应急工作的原则，内容应简明扼要、明确具体。

2. 生产经营单位概况

主要包括单位地址、从业人数、隶属关系、主要原材料、主要产品、产量、生产工艺流程或作业方式、设备设施、应急力量、应急资源、安全监控及设施等内容，以及周边重大危险源、重要设施、目标、场所和周边布局情况。必要时，可附平面图进行说明。简述生产经营单位存在或可能发生的事故风险种类、事故发生的可能性以及严重程度及影响范围等。

3. 应急组织机构及职责

明确生产经营单位的应急组织形式及组成单位或人员，可用结构图的形式表示，明确构成部门的职责。应急组织机构根据事故类型和应急工作需要，可设置相应的应急工作小组，并明确各小组的工作任务及职责。

4. 预警及信息报告

（1）预警　根据生产经营单位监测监控系统数据变化状况、事故险情紧急程度和发展势态或有关部门提供的预警信息进行预警，明确预警的条件、方式、方法和信息发布的程序。

（2）信息报告 按照有关规定，明确事故及事故险情信息报告程序，主要包括：

① 信息接收与通报 明确24h应急值守电话，事故信息接收、通报程序和责任人。

② 信息上报 明确事故发生后向上级主管部门或单位报告事故信息的流程、内容、时限和责任人。

③ 信息传递 明确事故发生后向本单位以外的有关部门或单位通报事故信息的方法、程序和责任人。

5. 应急响应

（1）响应分级 针对事故危害程度、影响范围和生产经营单位控制事态的能力，对事故应急响应进行分级，明确分级响应的基本原则。

（2）响应程序 根据事故级别和发展态势，描述应急指挥机构启动、应急资源调配、应急救援、扩大应急等响应程序。

（3）处置措施 针对可能发生的事故风险、事故危害程度和影响范围，制定相应的应急处置措施，明确处置原则和具体要求。

（4）应急结束 明确现场应急响应结束的基本条件和要求。

6. 信息公开

明确向有关新闻媒体、社会公众通报事故信息的部门、负责人和程序以及通报原则。

7. 后期处置

主要明确污染物处理、生产秩序恢复、医疗救治、人员安置、善后赔偿、应急救援评估等内容。

8. 保障措施

（1）通信与信息保障 明确与可为本单位提供应急保障的相关单位或人员通信联系方式和方法，并提供备用方案。同时，建立信息通信系统及维护方案，确保应急期间信息通畅。

（2）应急队伍保障 明确应急响应的人力资源，包括应急专家、专业应急队伍、兼职应急队伍等。

（3）物资装备保障 明确生产经营单位的应急物资和装备的类型、数量、性能、存放位置、运输及使用条件、管理责任人及其联系方式等内容。

（4）其他保障 根据应急工作需求而确定的其他相关保障措施（如：经费保障、交通运输保障、治安保障、技术保障、医疗保障、后勤保障等）。

9. 应急预案管理

（1）应急预案培训　明确对本单位人员开展的应急预案培训计划、方式和要求，使有关人员了解相关应急预案内容，熟悉应急职责、应急程序和现场处置方案。如果应急预案涉及社区和居民，要做好宣传教育和告知等工作。

（2）应急预案演练　明确生产经营单位不同类型应急预案演练的形式、范围、频次、内容以及演练评估、总结等要求。

（3）应急预案修订　明确应急预案修订的基本要求，并定期进行评审，实现可持续改进。

（4）应急预案备案　明确应急预案的报备部门，并进行备案。

（5）应急预案实施　明确应急预案实施的具体时间、负责制定与解释的部门。

二、专项应急预案

1. 事故风险分析

针对可能发生的事故风险，分析事故发生的可能性以及严重程度、影响范围等。

2. 应急指挥机构及职责

根据事故类型，明确应急指挥机构总指挥、副总指挥以及各成员单位或人员的具体职责。应急指挥机构可以设置相应的应急救援工作小组，明确各小组的工作任务及主要负责人职责。

3. 处置程序

明确事故及事故险情信息报告程序和内容、报告方式及责任人等内容。根据事故响应级别，具体描述事故接警报告和记录、应急指挥机构启动、应急指挥、资源调配、应急救援、扩大应急等应急响应程序。

4. 处置措施

针对可能发生的事故风险、事故危害程度和影响范围，制定相应的应急处置措施，明确处置原则和具体要求。

三、现场处置方案

1. 事故风险分析

主要包括：

① 事故类型；

② 事故发生的区域、地点或装置的名称；

③ 事故发生的可能时间、事故的危害严重程度及其影响范围；

④ 事故前可能出现的征兆；

⑤ 事故可能引发的次生、衍生事故。

2. 应急工作职责

根据现场工作岗位、组织形式及人员构成，明确各岗位人员的应急工作分工和职责。

3. 应急处置

主要包括以下内容：

① 事故应急处置程序。根据可能发生的事故及现场情况，明确事故报警、各项应急措施启动、应急救护人员的引导、事故扩大及同生产经营单位应急预案衔接的程序。

② 现场应急处置措施。针对可能发生的火灾、爆炸、危险化学品泄漏、坍塌、水患、机动车辆伤害等，从人员救护、工艺操作、事故控制、消防、现场恢复等方面制定明确的应急处置措施。

③ 明确报警负责人以及报警电话及上级管理部门、相关应急救援单位联络方式和联系人员，事故报告基本要求和内容。

4. 注意事项

主要包括：

① 佩戴个人防护器具方面的注意事项；

② 使用抢险救援器材方面的注意事项；

③ 采取救援对策或措施方面的注意事项；

④ 现场自救和互救注意事项；

⑤ 现场应急处置能力确认和人员安全防护等注意事项；

⑥ 应急救援结束后的注意事项；

⑦ 其他需要特别警示的注意事项。

四、附件

1. 有关应急部门、机构或人员的联系方式

列出应急工作中需要联系的部门、机构或人员的多种联系方式，当发生变

化时应及时更新。

2. 应急物资装备的名录或清单

列出应急预案涉及的主要物资和装备名称、型号、性能、数量、存放地点、运输和使用方法，管理责任人和联系电话等。

3. 规范化格式文本

应急信息接报、处理、上报等规范化格式文本。

4. 关键的路线、标识和图纸

主要包括：

① 警报系统分布及覆盖范围；

② 重要防护目标、危险源一览表、分布图；

③ 应急指挥部位置及救援队伍行动路线；

④ 疏散路线、警戒范围、重要地点等的标识；

⑤ 相关平面布置图纸、救援力量的分布图纸等。

5. 有关协议或备忘录

列出与相关应急救援部门签订的应急救援协议或备忘录。

第五节 化学中毒事故应急救援案例

案例一 江苏省苏州市昆山市中荣金属制品有限公司粉尘爆炸事故

2014 年 8 月 2 日 7 时 34 分，位于江苏省苏州市昆山市昆山经济技术开发区的昆山中荣金属制品有限公司抛光二车间发生特别重大铝粉尘爆炸事故。事故共造成 97 人死亡、163 人受伤，直接经济损失 3.51 亿元。

1. 事故发生经过及原因

2014 年 8 月 2 日，车间员工上班开启除尘风机，抛光轮毂打磨作业过程产生的高温颗粒在集尘桶上方形成粉尘云。车间 1 号除尘器集尘桶锈蚀破损，桶内未及时清理的超细铝粉颗粒受潮，发生氧化放热反应，达到粉尘云引燃温度，引发除尘系统甚至车间系列爆炸。由于没有泄爆装置，爆炸产生的高温气体和燃烧物瞬间经除尘管道从各吸尘口喷出，导致车间所有工位操作人员直接受到爆炸冲击，造成事故。

2. 现场处置及应急救援

（1）启动应急响应，成立现场指挥部　2014 年 8 月 2 日 7 时 35 分，昆山市公安消防部门接到报警后，立即启动化学品爆炸事故Ⅰ级应急响应，省市领导立即赶赴现场成立应急救援指挥部，调动公安、消防、交通、环保、医疗卫生等专业机构和部门人员，组建各应急处置队伍开始现场应急处置工作。

（2）现场救援和伤员救治　消防部门前后组织了25个消防小组赴现场救援，每组限制人员数量，并做好记录。救援人员戴空气呼吸器，穿戴防护装备，携带救生器材迅速进入现场，疏散附近人群，设置现场分区和警示标志。本次事故用水和泡沫扑救，控制住燃烧范围，8时03分现场明火被扑灭。现场救援组将遇险受困人员转移到安全区域，救出被困人员130人。将警戒隔离区内与事故应急处理无关人员撤离至安全区，在安全区设置临时医疗救治点，医护人员在此区域对伤员进行检伤，重伤患者进行现场救治，待生命体征稳定后由救护车转运至相关医院做进一步救治。其他轻伤员则由交通部门调度的其他车辆运送至各医院治疗。

（3）交通管制和人员疏散　交警部门在通往事故现场主干道实行了交通管制，设置了警戒区，警戒区设警示标志，禁止无关人员进入警戒区。此外，将事故发生地附近无关人员向爆炸事故上风侧进行紧急撤离。

（4）询情和侦查　安全监管部门与职业卫生专家询问现场人员情况，迅速检查车间内是否存有其他危险源，防范次生事故的发生。同时使用快速现场检测仪器，判定并检测现场泄漏物质性质、浓度、扩散范围等。分析可能存在会引发爆炸或燃烧的各种危险源，防范次生灾害的发生或加重。环保部门立即关闭工业废水总口，防止废水排入外环境，同时组织现场监测人员展开现场水体及大气应急监测。

3. 应急响应的终止

遵循应急响应的终止条件，2014年8月2日晚爆炸危险源及相关危险因素得到了有效控制，多数病人病情得到基本控制后。经专家论证，上报突发事件应急指挥部批准后终止应急响应，同时上报上级人民政府。

案例二　江苏省盐城市响水县化工企业爆炸事故

2019年3月21日14时50分，位于江苏省盐城市响水县陈家港镇的江苏天嘉宜化工有限公司旧固废库内硝化废料自燃，引发爆炸事故。事故共造成78人死亡、76人重伤、600多人住院，直接经济损失19.86亿元。

1. 事故发生经过及原因

2019年3月21日14时45分，旧固废库房顶冒出白烟，之后5min内“6罐区”废库房顶烧穿，出现明火，随后发生爆炸。事故的直接原因是天嘉宜公司旧固废库内长期违法储存的硝化废料持续积热升温导致自燃，燃烧引发硝化废料爆炸。储存在旧固废库内的硝化废料属危险废物，具有自分解特性，分解时释放热量，且分解速率随温度升高而加快。温度升高发生自燃，火势蔓延至整个堆垛，堆垛表面迅速燃烧，内部温度迅速升高，硝化废料剧烈分解从而引发爆炸。

2. 现场处置及应急救援

（1）启动应急响应　2019 年 3 月 21 日下午，国家应急管理部接报后立即启动应急响应。主要负责人在部指挥中心调度了解救援情况，指挥救援工作。江苏省消防救援总队指挥中心立即调派各市消防救援支队的 35 个中队、86 辆消防车、389 名指战员赶赴现场处置。省市领导在现场成立现场指挥部，现场指挥应急处置工作。

（2）现场救援和伤员救治　现场救援人员戴空气呼吸器，穿戴防护装备。设置现场分区和警示标志，疏散附近人群，禁止无关人员进入现场。此次事故首先由现场救援人员喷水冷却容器后将容器移到开敞空间，防止含苯原材料或产物发生泄漏，用泡沫或干粉局部灭火，并对油罐进行冷却灭火。3 月 22 日 7 时，大火全部扑灭。伤员救治方面，3 月 21 日晚指挥部调派第一批医疗专家组成现场救治小组，赶到事发地配合医务人员开展医学救援工作，按照检伤原则，重伤患者进行现场救治，待生命体征稳定后由救护车转运至相关医院做进一步救治，其他轻伤员则由交通部门调度的其他车辆运送至各医院治疗，现场确定已经死亡的人员，设置标识不再救治。3 月 22 日上午，由重症医学、急诊科专家和中国疾病预防控制中心中毒控制、公共卫生专家组成的第三批国家医疗卫生应急专家组参加现场处置及紧急救援工作。3 月 25 日零时，现场搜救工作结束，成功搜救 164 人，幸存 86 人。

（3）交通管制和人员疏散　交通部门在通往事故现场主干道实行了交通管制，设置了警戒区，警戒区设警示标志，禁止无关人员进入警戒区。此外，将事故发生地附近无关人员向爆炸事故上风侧进行紧急撤离，防止有毒气体污染。

（4）询情和侦查　安全监管部门与环境等部门工作人员询问现场人员情况，了解爆炸现场是否存有其他危险源，防范次生事故的发生。同时使用快速现场检测仪器，判定并检测现场泄漏物质性质、浓度、扩散范围等。2019 年 3 月 21 日 17 时、18 时左右，当地环境部门环境监测站在爆炸区域下风向 200m、1000m、3500m 处进行采样监测；2019 年 3 月 22 日 9 时 30 分、14 时 30 分分别在事故地下风向 3500m 处进行现场毒物检测；2019 年 3 月 23 日 21 时，对事故地下风向 1000m、2000m、3500m 处进行了监测。

3. 应急响应的终止

指挥部协助地方制定事故区域大气和水体的环境监测方案，对河道内污染水体、核心区残余化学品、污水及固体废物等情况进行检测排查，提出了污染治理工作方案。各部门积极调度周边区域应急池、储罐、运输罐车等资源，做好污水处置设施、园区污水厂技术对接工作，确保设施尽快投入运行。同时制定了应对降雨预案，提前做好人员调配和物资准备工作。截至 2019 年 4 月 26 日，事故现场已处理污水 $19.9\times10^4m^3$，其余化学性废物已处置 430t 左右，周边环境质量持续稳定达标，环境风险总体可控，事故环境应急处置工作转入常态应急阶段。

参考文献

[1] 王云辉. 化学事故应急救援行动问题研究 [D]. 南昌：南昌大学，2016.

[2] 赵正宏. 危险化学品事故救援的原则程序方法 [J]. 现代职业安全，2016 (1)：10-11.

[3] 纪国峰，翟良云. 化学事故应急救援知识讲座　第五讲　化学事故现场处置基本程序 [J]. 劳动保护，2004 (2)：72-74.

[4] 盛慧球，陆一鸣. 危险化学品泄漏事故现场医疗应急救援 [J]. 职业卫生与应急救援，2013，31 (1)：27-28.

[5] 王陇德. 卫生应急工作手册 (2005 年版) [M]. 北京：人民卫生出版社，2005.

[6] 孙承业. 中毒事件处置 [M]. 北京：人民卫生出版社，2013.

[7] 王卫群，申捷，强金伟. 急性化学损伤应急救援与救治 [M]. 北京：化学工业出版社，2010.

[8] 李思惠，邹和建，孙道远，张雪涛. 刺激性化学物中毒诊断与救治 [M]. 北京：人民卫生出版社，2017.

[9] 孙维生. 化学事故应急救援预案编制 [J]. 职业卫生与应急救援，2010，28 (5)：233-236.

[10] 党胜男. 化学事故与应急救援探讨 [A]. 中国化学会. 公共安全中的化学问题研究进展 (第二卷) [C]. 中国化学会：中国化学会，2011：4.

[11] 李德鸿，赵金垣，李涛. 中华职业医学 [M]. 北京：人民卫生出版社，2019.

[12] 李智民，李涛，杨径. 现代职业卫生学 [M]. 北京：人民卫生出版社，2018.

第八章

化学品安全使用的行为干预

第一节 安全行为干预与化学品的安全使用

工业革命以来社会飞速进步，科学迅速发展，化学品种类、产量和使用量也越来越多。化学品的使用给经济增长带来巨大利益，给人类生产生活带来诸多方便，但是化学品一旦在生产、使用过程中管理不善，就有可能给人类身心健康和生存环境带来各种危害，尤其是具有爆炸、燃烧、助燃、腐蚀和毒害等性质的危险化学品。我国是化学品生产大国，化学品产业涵盖十余类子行业，生产使用的化学品 45000 余种，已经全面渗透入社会生产和生活的各个领域。化学工业产品已越来越多地替代工商业产品中的天然材料，如石化润滑剂、涂料、染料、黏合剂、去垢剂、香味剂、塑料正在替代传统植物、动物和陶瓷性产品，众多科研机构也越来越多地开发出复杂、新型的化学合成物制造各式产品[1]。截至 2019 年末，我国石油和化工行业规模以上企业 26271 家[2]。我国是危险化学品的生产和进出口大国，危险化学品行业的原料、成品和半成品所涉及的危险化学品种类多、数量大、危险性高。当前，我国的化工行业数目多、规模小、底子差，安全管理系统和发展规划缺失，员工的职业技术和专业素养较低，从业人员缺少安全生产知识和意识的现象很普遍。为了降低化学品给人类健康和生态环境带来的不利影响，必须运用科学的办法针对化学品的生产、经营、储存、处置、运输、使用进行有效管理[3]。

国内外大量事故的统计分析表明，大部分事故是由人为因素造成的。例如：1961 年美国空军的 313 起飞机事故中有 234 起是人为失误造成的；1984 年印度博帕尔农药厂因错将 240 加仑水倒入甲基异氰酸盐的罐内，造成剧毒气体大量泄漏，致使 2500 多人死亡，20 多万人受伤的悲剧。2005 年吉林双苯厂事故的直接原因是当班操作工停车时，未将阀门及时关闭导致进料系统温度过高，最终酿成重大安全环境事故。美国的海因里希曾经调查了 75000 件工伤事故，认为98%的事故是可以预防的，在可预防的工业事故中，以人的不安全行为为主要原因的事故占88%[4]。杜邦公司的统计结果表明，96%的事故是由于人的不安全行为引起的；美国安全委员会（NSC）得出90%的安全事故是由于人的不安全行为造成的结论；我国的研究表明，85%的事故由于人的不安全行为引起[5]。2015年“天津港8·12特大爆炸事故”是我国化学灾害史上最严重的化学爆炸事故，集中暴露了我国在化学安全和事故防控方面存在的问题。如安全意识不强、监管不力、违规经营、危险化学品从业人员和救援队伍的化学防护专业知识缺失、应急救援技术能力不足、媒体和民众缺乏化学危害和防灾应急知识等问题。2019年以来，全国化工行业先后发生了江苏响水“3·21”、山东济南“4·15”、河南三门峡“7·19”三起重特大事故，伤亡惨重、影响恶劣，引起社会广泛关注。河南三门峡“7·19”事故暴露出事发企业安全意识、风险意识淡薄，风险辨识能力差，装置泄漏后处置不及时、带病运行，设备、生产等过程管理存在重大安全漏洞，事故还暴露出工厂设计布局不合理，对空气分离等配套装置安全生产重视不够等突出问题[6]。人的操作失误、设计失误、管理失误和救援失误等都可能成为引发事故和扩大事故影响的重要原因。

不安全行为是人表现出来的，与人的心理特征相违背的非正常行为，而且这些非正常的行为会造成人身伤亡或财物损失等，包括引起事故发生的不安全动作、不安全操作、不安全指挥等行为，也包括应该按照安全规程去做而没有去做的行为，当然也包括违反劳动纪律、操作程序和方法等具有危险性的做法。所以严格来说，一切不安全的、会引发危险后果的行为，都是不安全的行为。因此，人的安全行为（safety behavior）在化学品安全使用和化学防灾减灾过程中至关重要，一切行为都必须建立在安全之上。安全行为干预（safety behavior intervention）对于确保工作场所化学品的安全使用具有十分重要的意义。

第二节　事故致因理论模型

事故致因理论，即阐述事故发生机理的理论。事故致因与事故预防学说最早是由美国的海因里希在1931年提出。目前为止，比较有影响的现代事故致因理论模型主要有REASON模型、人因分析和分类系统（human factor analysis and classification system，HFACS）模型、事故致因“2-4”模型和人为因素与事故模型[7-9]。每种事故致因理论模型中，人为因素都是主因。因而，了解和掌握事故致因理论，对理解人为因素、并解读其背后原因，进而采取有效行为干预措施具有重要意义。

一、REASON 模型

REASON 模型，即瑞士奶酪模型，是由英国曼彻斯特大学心理学教授 J. Reason 在 1990 年正式提出，该模型开始只用于航空领域的事故分析，后来被广泛地应用于煤炭、化工、机械等行业。

如图 8-1 所示，每一片奶酪上都有许多洞，这些洞就是风险通过的管道。如果风险只穿透一层或两层奶酪，就不会被注意到或者不会造成较大的影响；如果风险穿透多层奶酪，就会造成显而易见的事故。事故的发生不仅是一个事件本身的反应链，更是因为存在着一个被穿透的组织缺陷的集合，才使反应链能够贯通重重阻隔而发生。奶酪中的孔洞来源有两种原因：主动失效和潜在失效。主动失效是人的不正确行为，潜在失效是来自组织系统内不可见的原因，如高层的决策、不完善的制度等，这些潜在因素可能在工作时带来人为错误，从而引发事故。

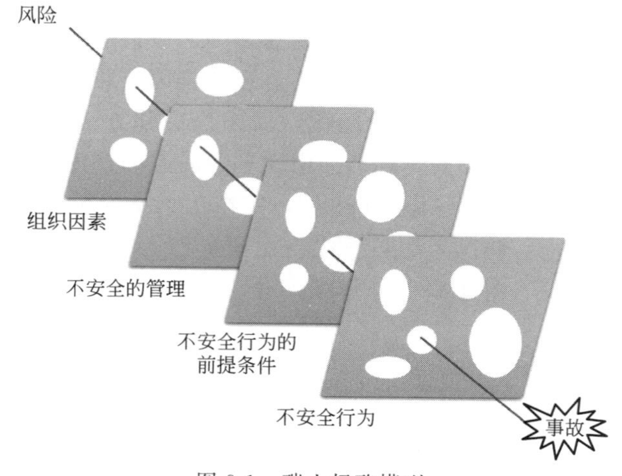

图 8-1 瑞士奶酪模型

二、HFACS 模型

Shappell 和 Wiegmann 设计并重组了 Reason 的瑞士奶酪模型，创建了一个相对完整的人因分析和分类系统（HFACS）。HFACS 模型总结了导致事故发生的 4 个层次原因，包括组织影响、不安全监管、不安全行为前提条件和不安全行为，如图 8-2 所示。这 4 个层次因素是由组织影响作为初始，经过一系列的反应导致不安全行为，最终引起事故的发生。如果其中有 1 个层次因素被制止，则事故就不会发生。

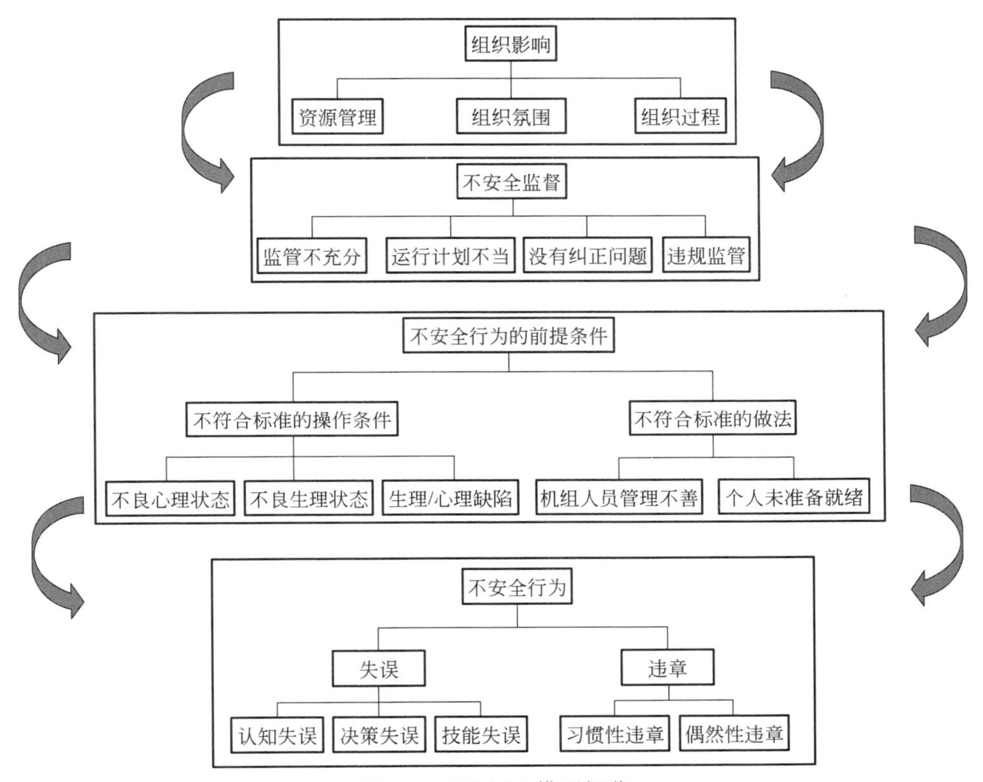

图 8-2　HFACS 模型概览

三、事故致因“2-4”模型

事故致因“2-4”模型将事故原因分为事故引发人所在组织的内部原因和外部原因。将内部原因分为组织和个人两个行为层面。组织层面的事故原因为组织安全文化缺失（根源原因）和组织管理体系缺失（根本原因），个人层面的事故原因为个人安全知识不足、安全意识不强、安全习惯不佳（间接原因）和人的不安全动作和物的不安全状态（直接原因）。这 4 类原因分别对应事故发生 4 个阶段的行为。由于 2 个行为层面、4 个阶段的行为控制缺失而导致事故发生，事故致因“2-4”模型如图 8-3 所示。

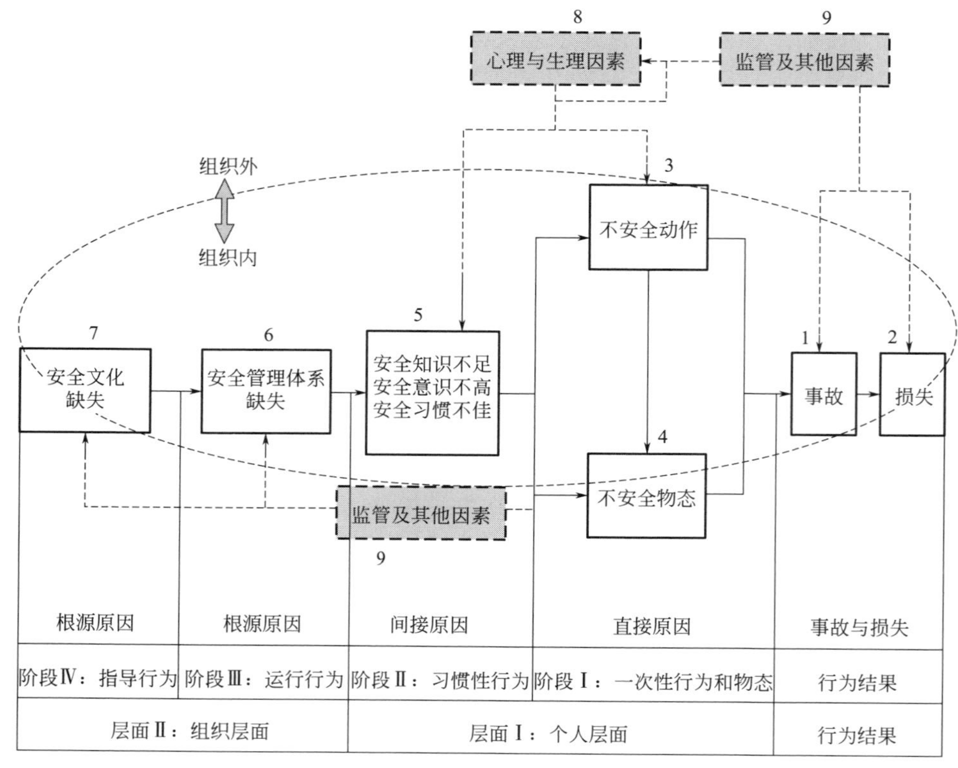

图 8-3 事故致因“2-4”模型

组织内部原因；组织外部原因；密切影响关系；一般影响关系

四、人为因素与事故模型

当存在人为因素导致事故发生的可能时，事故发生与否取决于人的感觉、人的认知和人的行为三个过程。如图 8-4 所示，如果人在整个过程中能够作出积极、正确的反应，不安全状态就会解除；反之，任何一个环节给予消极、错误的反应，那么不安全状态就会产生、延续，从而引发事故。这一模型也引发我们对于人的感觉、认知、行为背后的原因进行探索，在不安全信号的传递中，人为什么会有这样或是那样的反应？怎样让人作出积极、正确的反应？对显而易见和隐在背后的原因进行清晰解读，将是开展行为干预的关键所在。

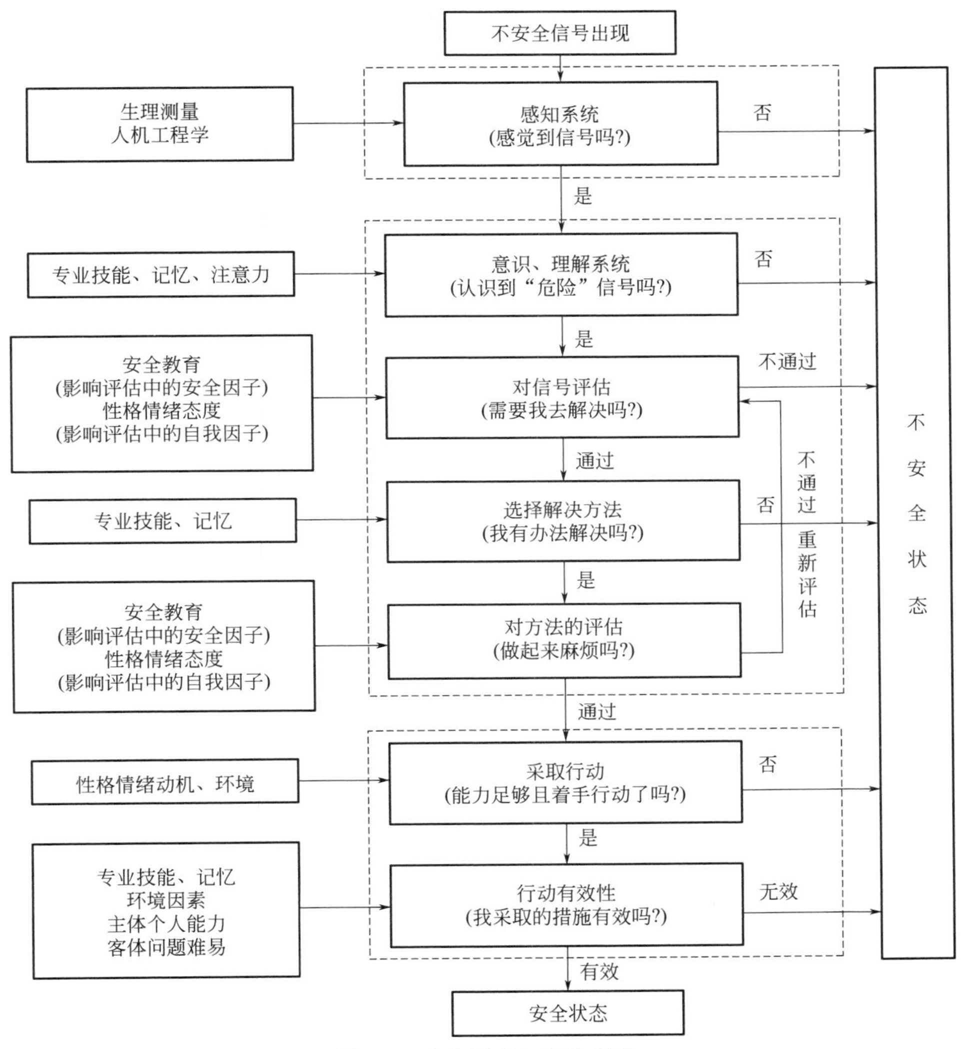

图 8-4　人为因素与事故模型

第三节　几种常见的安全行为干预方法

安全行为干预是指在人的行为过程中，采取明确有效的措施，预测、引导和强化安全行为，避免或抑制不安全行为的出现，改善那些有不安全行为征兆或正在实施不安全行为的人可能导致事故发生的各种条件，以防止事故的发生[5]。下面，介绍几种安全行为干预方法与项目[10-13]。

一、行为安全干预

行为安全（behaviour based safety，BBS）干预方法是20世纪30年代由B. F. 斯金纳提出，并在其研究和教学中开展了实验行为分析和应用行为分析。多年来，BBS理论与实践在全世界范围内蓬勃发展。各种书籍详细介绍了BBS的原理和程序，大量的文献综述为该方法在风险管理和伤害预防方面的有效性提供了客观证据。英国、爱尔兰等国家职业健康与安全管理部门，运用BBS方法制定了本国工作场所行为安全指南。

1. BBS的4步改进过程

（1）定义安全行为　如使用特定的个人防护用品（personal protective equipment，PPE）。表8-1为一份通用目标安全行为清单，员工参与行为清单的制定，也是参加了一个改善外在（行为）和内在（感受和态度）的动态的训练过程。

表8-1　目标安全行为清单

操作程序	观察到的安全行为	观察到的危险行为
身体定位/保护 如避开射线、使用个人防护用品、设备维护等。		
视觉聚焦 眼睛和注意力专注于正在进行的工作。		
交流 影响安全的语言或非语言交流。		
工作节奏 如适当的工间休息		
搬运物体 提升、推拉时的身体力学		
锁定/标记 遵守锁定/标记程序		
作业许可 如获得密闭空间作业、高温作业等的许可并遵守相关要求。		

（2）观察 当人们相互观察安全或危险的行为时，会意识到他人做的危险行为，在自己身上也会发生，有时甚至并没有意识到这样做是危险的。根据表 8-1“挑毛病”的过程，其实是一个“发现安全”的过程、一个“学习”的过程，有助于发现需要被改变或继续降低职业风险的行为和条件。需要注意的是，如果没有被观察人的明确许可，就不能进行行为观察。观察者和被观察者应该以开放的心态，从观察后的反馈中相互学习尽可能多的安全知识和行为。

中国石油化工集团公司自 2007 年开始推行了自己的观察方法——“HSE 观察”（健康安全环境观察），2009 年颁布了《HSE 观察管理规定（试行）》。该方法是一种行为安全管理的有效工具，通过主动观察员工在作业区域内行为表现、设备设施状态等方面，确认已有的制度、要求是否得到有效执行，同时寻找可以改进的方面，并通过有效沟通来提高安全意识、规范安全行为，是一种积极的事故预防方法。推行 HSE 观察，一方面创造了全员关注安全、平等沟通、相互提醒的氛围，另一方面通过对观察发现的问题进行原因分析和及时整改，减少了不安全行为和不安全状态，降低了事故率。

（3）干预 在这个阶段，将会设计和实施干预措施，以增加安全行为的发生或降低危险行为的发生频率。干预意味着改变系统的外部条件，包括发现不完善的管理制度或管理者的行为，使员工更有可能采纳安全行为。在设计干预措施时，鼓励或激励原则至关重要，用惩罚的方式来激发安全行为后果是消极的，不推荐采用。因为惩罚会影响人们的感知。这种观点也反映了一种认识，即干预过程会影响感觉状态，这些状态可能是愉快的，也可能是不愉快的，可能是可取的，也可能是不可取的。换句话说，内部感受或态度受到实施的以行为为中心的干预程序的直接影响，这种关系需要 BBS 项目的开发人员和管理人员认真思考。使用积极的方式而不是消极的方式来激励行为的基本原理，是基于由积极的强化和惩罚所引起的不同的感觉状态。同样，我们实施安全行为干预的方式可以增加或减少员工赋权增能感，建立或破坏信任感，培养或抑制团队精神和归属感。因此，评估干预过程同时发生的感觉或感知状态是非常重要的。这可以通过非正式的一对一访谈和小组讨论来完成，也可以通过正式的感知调查来完成。通过 BBS 的干预理念，向员工提供积极主动的学习方法，促进“我要安全”的理念与行为，而不是“要我安全”的被动消极的行为改变。

当某些行为在一段时间内频繁而持续地发生时，它们就会变得自动自发性。有些习惯是可取的，有些是不可取的，这取决于它们的短期和长期后果。如果实施正确，奖励、认可和其他积极措施的影响可以促进行为从自我导向状态向习惯状态转变。当然，自我导向的行为并不总是可取的。举例来说，当员工在承担一定的风险时，他们会故意选择忽视安全预防措施，或者选择走捷径，以便更有效地工作，或者更舒适、更方便。在这种状态下，人们明知有危险，将自我导向的行为从危险状态转变为安全状态通常是困难的，因为这种转变通常需要个人动机的相关改变。在坏习惯变成好习惯之前，目标行为必须是自我导向的。换句话说，人们需要意识到他们的不良习惯（如危险行为），然后才有可能进行调整。如果人们被激励着去改善（可能是纠正性反馈或激励或奖励计划的结果），他们新的自我导向行为就会变成自动性的。

（4）测量　测量干预的效果，以对干预措施进行调整或改进。如果达到了预期干预目标，可以转向对另一组行为的干预实施。

2. 安全行为的三种干预方法

BBS 理论在干预阶段一般遵循 ABC 模式（activator-behavior-consequence model）的原则，应用于设计干预措施以改进个人、团体和组织层面的行为。其中 A 表示激活因子，B 表示行为，C 表示结果。激活因子和结果可以是内部的，也可以是外部的。激励或奖励计划是外部的，它在情境中加入了一个激发者（一种激励）和一个结果（一种奖励）来指导和激励人们所期望的行为。超过 40 年的行为科学研究已经证明了这种方法的有效性。在 BBS 理论框架下有三种行为干预方法：

（1）指导性干预　通常使用激活因子或先行事件来启动新的行为，或将行为从自动（习惯）阶段转移到自主阶段。或者用于改善已经处于自我指导阶段的行为。这样做的目的是引起参与者的注意，并指导他们从知晓风险转向知晓安全。这种类型的干预主要由激活因子组成，例如化学品安全讲座、培训练习和指导反馈等。

（2）支持性干预　一旦一个人学会了做某事的正确方法，实践就显得尤为重要，通过不断练习，强化正确的行为成为自然习惯的一部分。然而，实践并不容易，人们需要支持性干预，让他们相信自己在做正确的事情，以便鼓励他们继续前进。指导性干预主要由激活因子构成，支持性干预则侧重于积极结果的应用。因此，当人们获得对某一安全行为的有价值的反馈或认可时，他们会感到被欣赏和肯定，并更有可能再次做出这种行为。所期望的行为的每一次出现都会促进保持，并有助于养成良好的习惯。支持性干预通常没有特定的激活因子，也就是说，实施支持性干预的前提是这个人已经知晓哪些是安全的行为。

（3）动机干预　当人们知道该做什么却不去做时，他们需要一些外部的鼓励或压力来改变。仅仅指导显然是不够的，因为他们是故意做出错误的行为。在安全方面，这被称为计算风险。当人们意识到风险行为的积极后果比消极后果更有力量时，他们就会冒适当的风险。比如过马路，人们可以选择绕远走斑马线的安全行为或直接穿过马路的危险行为，方便和效率是危险行为的积极后果，而其产生消极后果（车祸或受伤）的可能性很小。在这种情况下，激励或奖励的办法更有效，它通过向人们承诺一个积极的结果（激励或奖励）来激发特定的目标行为（安全过马路的行为）。

二、其他行为干预方法与项目简介

1. 安全暂停

安全暂停（time out for safety，TOFS）最初是英国石油公司为其钻井队开发的一种安全行为干预工具，后来要求整个平台的工作人员都来使用。TOFS 工具使员工能够在有安全顾虑的情况下立即停止工作，在充分的监督和管理支持下，团队共同讨论员工所顾虑的安全问题，只有当所有人都对安全性感到满意时，工作才会重启。TOFS 简单、易学并且不拘泥于形式，实践证明其效果也较好。

2. 花两分钟

20 世纪 90 年代初，埃克森石油公司在英国汉普郡福利油田推出了花两分钟（Take 2）措施。主管及其团队成员在每个工作活动开始前，花 2min 时间讨论工作活动的各个方面，包括潜在危险、工具、天气等因素，以及可能出现的问题，并实施相应的安全预防措施。

3. 心理成像

心理成像（mental imaging），这是对古语“三思而后行”的集中体现。该方法训练人们去想象他们计划做的事情可能会带来的最坏结果。这种想象作为一种心理表征储存在我们的记忆中。利用过去的经验来处理新的问题是人类思维方式的一个基本特征。在潜在的事故发生之前对其进行描绘，能够使核心价值观和信念发生永久性的改变，使人们修正其危险行为，采用更适宜和更安全的行为，从而避免真正的事故发生。

4. 安全与不安全行为讨论

安全与不安全行为讨论（safe and unsafe acts discussion，SUSA™）是约

翰奥蒙德管理咨询有限公司的商标产品。这是一个旨在赞扬安全的行为、并确定实际的或潜在的不安全行为的一对一讨论工具。使用结构化、质疑的形式来讨论、理解以某种特定方式完成任务的原因。使用心理成像过程来形成行为矫正和行为改变的承诺。SUSA™ 也可以作为自我安全与不安全行为检视的工具，帮助单独作业的工人形成安全行为。

5. 安全文化成熟度模式

安全文化成熟度模式（the safety culture maturity model，SCMM）由 Keil 中心开发，已成功应用于英国等国家的石油、天然气、石化、铁路、医疗、化工和钢铁行业。它由从“新兴”到“持续改进”5 个安全“成熟度”等级组成，每个等级有 10 个要素。根据评估结果制定改善工作场所安全文化成熟度水平的行动计划。这个模式的三个主要优点是：①能够比较不同地点和不同时间的结果；②提供关于安全文化问题的明确概况；③评估者们对其所确定的问题会提出解决方法。

第四节　工作场所健康促进与化学品的安全使用

劳动者在工作场所的不安全行为是影响化学品安全使用的因素之一。劳动者在劳动过程中违反劳动纪律、操作程序和方法等的不安全行为可能造成严重的不良后果。使劳动者产生不安全行为的因素可以是劳动者不正确的劳动态度、技能或知识不足、不佳健康或生理状态以及设施条件、工作环境、劳动强度和工作时间等劳动条件。例如，自我防护意识不强，忽视使用必须使用的个人防护用品或用具，不配戴呼吸器等个体防护用品进入有毒作业场所；情绪异常、过度紧张等心理状态异常导致注意力不集中、操作失误致使有害气体泄漏，对易燃易爆等危险品错误处理等。人员失误在生产过程中是不可避免的。它具有随机性和偶然性，往往是不可预测的意外行为。工作场所健康促进（health promotion）通过提供健康信息和教育，提高劳动者的自我防护意识，改善劳动者的健康相关行为以及生活、工作方式，提升个人技能，促进个人行为的转变，进而确保工作场所化学品的安全使用。

健康促进（health promotion）[14] 是健康教育的进一步延伸，不仅包括健康教育、健康传播全过程，还包括一系列的社区健康教育促进活动和以促进社会和社区健康为目标的社会预防性服务、行政干预措施以及社会支持体系。人的一生大部分时间是在工作，正是工作带给人们生活的意义和秩序，因此人们应该有一个安全、健康、舒适、愉悦的工作场所。工作场所健康促进牢牢把握住职业人群这一社会发展的主力群体，通过改善工作环境、保障员工健康以促进人类社会的可持续发展，是保护职业人群、促进工作场所健康安全的重要手段。实践表明，开展工作场所健康促进，既改善了作业条件，又能有效地改善员工健康状况、减少医疗成本、提高工作效率、增强工作满意度；也为企业提升了形象、赢得了人才。

一、基本概念

1. 健康行为

健康行为（health behavior），主要是指日常生活中有益于健康的基本行为。不仅指个体或群体可观察到的、外显的行动，也包括人的思维、心理活动和情感状态等内含特征；既包括个体行为，也包括群体行为；不仅包括可观察到的，还包括无法直接观察到的，如思维、心理、情感等。按其对健康的影响，健康行为可分为：①维护健康的行为，如合理营养、平衡膳食、适度锻炼、积极的休息与充足睡眠等；②预警行为，包括预防事故发生以及事故发生后的正确处置，如驾车时系安全带、儿童使用安全座椅，掌握消防安全常识与技能；③保健行为，合理地利用与接受医疗卫生和保健服务，如定期体检、预防接种、发病后及时就诊或咨询、遵从医嘱、配合治疗、积极康复等行为；④避害行为，避免对健康造成危害的行为，如避免与生活、工作环境中的各种有害因素接触，室外活动时对强日照与紫外线的防护，在空气污染严重或雾霾天气时，减少室外活动时间等。

2. 健康教育

健康教育（health education），是旨在帮助人群或个体采纳健康相关行为的系统社会活动。健康教育通常是在调查研究（需求评估）的基础上，采用健康信息传播等干预措施，促使人群或个体自觉采纳有利于健康的行为和生活方式，从而避免或减少暴露于危险因素，帮助达到预防疾病、促进疾病的治疗与康复，提高健康水平的目的。健康行为养成是健康教育的核心，也是大多数健康教育干预项目的评价指标和项目目标。健康教育涵盖了从疾病的危险因素的预防、筛检到疾病的诊断和治疗，以及康复等内容的长期、连续的过程，包括了职业病、传染性疾病和慢性非传染性疾病等的预防、治疗和康复过程。健康教育的开展通常以场所为基础，包括工作场所、生活社区等。工作场所对劳动者的健康影响最为强烈，且全面而广泛，对预防慢性病的意义更大。健康教育的实施方式多样，可以是面对面咨询、小组讨论，也可以是通过大众媒体，如电视广播，还可以借助于手机微信、社交网络、单位内的局域网及因特网等多种传播形式实施，健康教育的信息通过不同的形式和渠道，最终传递给受众。工作场所健康教育的对象（又称为受众）可以是单独的个体，也可以是特定小组，或者将用人单位所有劳动者整体作为目标人群。健康教育的第一步就是要对他们的需求进行评估，可从其社会人口学特征、文化背景、生命周期阶段、疾病或健康危险因素等方面综合考虑，在需求评估的基础上采取有针对性的干预措施。

3. 健康促进

健康促进是“促使人们维护和提高他们自身健康的过程，是协调人类与环境的战略，它规定个人与社会对健康各自所负的责任”，其内涵远远超出了以通过信息传播和行为干预帮助个人和群体采纳有利于健康行为和生活方式的健康教育，它要求应同时调动社会、政治和经济的广泛力量，改变影响人们健康的社会政策和物质环境，从而促进人们维护和提高他们自身的健康。

健康教育是健康促进不可或缺的组成部分，而且深深植根于健康促进之中。健康促进离不开健康教育，没有健康教育，健康促进变成类似于环境整治的社会工程；没有健康促进，健康教育的效果无法深入而持久。相关研究表明，影响个体行为的，不仅仅是知识、态度、技能等个体因素，还受到周围环境的影响。目前已经形成共识：个体水平、人际水平、组织水平、社区水平以及公共政策等不同水平的因素均可影响人们的行为。这些不同水平的因素都可以直接或间接地影响行为，而不同因素相互间又存在着交互作用。因此，健康促进需要关注更广泛的层次。

二、健康促进的活动领域

采用健康促进理念来指导实践时，必须考虑健康促进的工作领域。

1. 建立促进健康的公共政策

健康促进关注了政策对健康问题的影响。健康公共政策包括法令、规章和制度。健康的公共政策应考虑的因素包括可获得工作、有资金保障、足够的住房、普及有质量的教育、保障安全的和有利于健康的食物供应、保障安全的交通、有娱乐和体育锻炼场所、有发展生活技能的机会、建立社会支持性网络。

在工作场所健康促进中，用人单位可以根据工作性质、作业内容和劳动者健康状况等，制定、完善与劳动者健康相关并符合国家法律法规、标准规范要求的各项规章制度，来促使人们调整行为。

2. 创造健康支持环境

在促进人群健康的过程中必须创造支持性环境，使物质环境、社会经济环境和社会政治环境都有利于健康。通过健康促进，系统地评估环境的迅速改变对健康的影响，倡导有利于健康的社会规范和共识，创造一种安全、舒适、满意、愉悦的生活和工作条件。

在工作场所健康促进中，需要用人单位的领导与内部各部门和员工代表合作，促进员工的参与，建立内部的支持环境，将健康促进融入用人单位的文化中，促进劳动者的赋权增能，建立行动计划，创造健康的和支持性的场所，如健康食堂、体育场馆和设施、培训场所等。

3. 加强社区行动

社会公正与公平是人们获得高水平的健康和幸福生活的先决条件。没有个人和社区居民的参与，就不可能创建和谐、健康的环境。企业与所在社区之间相互影响。企业社区参与是指企业参加所在社区的活动或为社区提供自己的专业指导和资源，为社区健康发展提供支持。通过具体和有效的社区行动，包括确立优先问题、做出决策、设计策略及其实施，达到更健康的目标。企业社区参与，尤其应关注影响员工及其家人身心健康、安全和福祉的因素。

4. 发展个人技能

健康行为的调整是需要有相应的技能做支撑的，掌握适当的技能将有助于个人进行行为的转变，这依赖于个人技能的提升。拥有了相应的技能的个体，才能更有效地维护自身健康和生存环境。通过提供健康信息和教育，帮助劳动者提高作出健康选择的能力，改善健康相关行为和工作、生活方式，并支持个人和社会的发展。用人单位有责任在发展个人技能方面提供帮助，指导劳动者提高保持健康的技能。用人单位应指定具有相应能力的专业人员，遵循健康教育的基本原则，采用适宜的形式从知识、意识和技能提升等多角度对员工开展化学品安全生产、使用的健康教育，促进接触化学品的员工采纳健康行为，还应对效果进行评估。

5. 调整卫生服务方向

调整卫生服务方向的目的就是更为合理地解决资源分配问题，改进服务的质量和服务的内容，提高人们的健康水平。应该将疾病的预防和健康促进作为服务模式的一部分。要以健康为中心，把完整的人的总需求作为服务对象。

在工作场所健康促进中，工作场所的卫生部门（医务室、保健所等）及其相关部门，如食堂、环境安全部门等，更应该主动将以疾病医疗为主的服务理念，转变为针对特定生命阶段的健康问题的全面健康管理，控制环境中职业性有害因素。将服务内容从针对特定疾病的医疗，转变为针对员工面临的主要健康危险因素的管理，通过健康教育来促进人们行为与生活方式转变，以增进健康。

三、健康促进的步骤

工作场所健康促进实施步骤是以 WHO 健康工作场所行动模式为理论依据，提出具体要求，包括组织动员、整合资源、需求评估、优先排序、制订计划、活动实施、项目评估和持续改进[15]。

（1）组织动员　高层管理者做出开展化学品健康促进的承诺；提高全体员工对健康促进工作的认识，并达成共识。

（2）整合资源　成立由相关部门组成的健康促进委员会，成员应包括决策层领导、相关部门及员工代表；由专（兼）职人员负责具体工作，加强领导，配备所需人、财、物资源，综合调配资源和设施，确保不与内部其他的计划和项目相冲突。

（3）需求评估　首先，应进行需求评估，确保用人单位能准确地识别员工在化学品安全生产和使用过程中的主要问题，让资源得到最佳利用。通过系统收集工作场所各种化学品安全使用有关的资料，并对这些资料进行整理、分析，明确或推测与化学品安全问题有关的行为和影响因素，确定健康教育资源可及性，从而为确定健康促进干预目标、策略和措施提供基本依据。

其次，采用多渠道、覆盖面广的评估方式进行需求评估，得到全面的、高质量的评估数据，以了解和评估用人单位和员工的化学品安全生产和使用现况，以及如何改善的意愿、观点和建议。评估方式有资料查阅、问卷调查、访谈调查等。

（4）优先排序　根据需求评估结果，梳理问题和差距，确定紧急和重要问题的优先级；结合风险、难易程度、科学性、可行性、参与度、成本效益、与组织文化协调性等实际问题综合考虑，确定优先解决的需求。

（5）制订计划　根据收集的资料和评估结果，以优先确定的需求和问题为基础，制订3～5年化学品健康促进规划和年度计划。

（6）活动实施　遵循以下原则：科学的理论基础、明确的目标、专业的培训、高质量的研究和评估方法、管理层的持续支持、高质量的计划执行、各方的积极参与和互动以及对正向结果的积极宣传；确保计划中的每一项具体活动都应明确责任人，确保落实到位。实施过程中避免出现以下情况：没有足够的时间和资源投入，实施人员缺乏专业技能，组织和领导支持不足，缺乏持续的技术援助，缺少监测程序等。每项活动的制定需遵守需求匹配、可接受、易获取、科学性、安全性及高效的原则；根据计划中所包含的时间、内容、策略、监测和评估等方面开展具体干预活动，并在必要时争取社区组织或专业机构等外部援助。

（7）项目评估　按计划时间开展项目评价，通过监控、测量、记录等方式了解化学品健康促进项目的开展情况，获得经验、教训和反馈。项目评价包括形成评价、过程评价、影响评价（近、中期效果评价）和结局评价（远期效果评价）；组织来自不同层级、不同岗位的员工参与制定评估计划，包括评估的问题设置和数据的收集方式等；依据自身情况对评估结果进行展示，展示形式可为口头陈述（非正式谈话、现场会议）、工作报告、研究论文以及新闻稿件等。

（8）持续改进　定期对化学品健康促进效果以及目标达成程度进行回顾，总结和分析未达到计划目标的原因，对发现的缺陷与不足实施改进，进一步制定可持续健康促进发展战略。

四、与工作场所化学品安全使用相关的健康促进要点

1. 提升劳动者个人健康素养

与化学品打交道的人员都应至少接受如下知识和技能的健康教育，以提高个人健康素养：

① 化学品相关法律、法规和标准；

② 化学品危害控制的单位内部规章制度；

③ 所接触的化学品对健康与安全的危害；

④ 标准操作规程；

⑤ 正确使用和维护个人防护用品；

⑥ 应急与急救措施。

2. 培养劳动者个人的健康工作和生活行为

① 维护生理和心理健康，如合理营养、平衡膳食、适度锻炼、积极的休息与充足睡眠等；

② 预警行为，包括工作场所化学品安全使用、预防化学中毒事故发生以及事故发生后的正确处置的常识与技能；

③ 保健行为，合理利用与接受职业健康监护和保健服务，如定期职业健康检查、发病后及时就诊或咨询、遵从医嘱、配合治疗、积极康复等行为；

④ 避害行为，避免对健康造成危害的行为，如避免与生活、工作环境中的各种有害因素接触，加强工作场所职业病危害防护等。

五、对职业紧张的干预与援助

在经济社会快速发展与科学技术广泛应用的时代背景下，人类面临的工作要求、工作内容与工作方式都发生了深刻变化。目前，职业环境变化的突出特点是——工作方式与工作要求的转变。工作强度大、工作要求高，在单位时间内往往并行多重任务；劳动者需完成原有工作任务外，同时要求具备创造性和灵活性；知识结构更新换代速度加快，劳动者需持续学习，快速应用新知识与新技术；加之，学习内容复杂，迫使学习时长增加，以求不断“储能增电”来提升个人价值。由于这种时代背景与工作模式的现实存在，导致多数职业人群面临着较为严峻的职业心理健康问题。职业群体受适配问题困扰现象愈加普遍，加剧了工作环境紧张程度，成为急需关注的新兴紧张源。

劳动者在职业活动中心理状态也在变动，适度的紧张是作业活动中的正常心理状态。但是，如果心身处于高度紧张状态，久之会造成不良后果。职业紧张是个体所在工作岗位的要求与个人的能力、资源或需求不匹配时出现的生理和心理反应，若持续存在，可导致身心健康损害[16]。职业紧张的发生涉及所有职业环境，即便是传统制造业也同样存在不可忽视的职业紧张问题，而现代技术企业的工作模式会持续加重职业紧张，潜在诱发各类疾病。导致工作场所紧张的因素包括能使劳动者产生心理紧张的环境事件或条件，如不良劳动条件，如接触生产毒物、噪声、高温职业性有害因素，以及通风不良、光线和设备/工具不符合人体工效学要求等；工作组织，如工作单调、轮班、加班；工作负荷，如工作量大、监督多、工作责任不清等；工作经历，如岗位变动，职务降级、退休；紧张的人际关系；以及性别、个性特征及家庭等个人与社会因素等。

职业紧张是职业人群社会心理损伤的典型代表。情绪异常、过度紧张等心理状态异常可导致劳动者在工作中的注意力不集中、工作效率低下、生产能力下降，甚至产生敌对行为，容易发生操作失误，致使有害化学气体泄漏，对易燃、易爆等危险品处理错误等。及时发现、预防和控制职业紧张的发生，有助于保证劳动者在工作场所安全使用化学品，保障劳动者的身心健康。

鉴于职业紧张主要表现为心理状态的异常，工作场所健康促进、健康教育、心理疏导与援助是预防和控制职业紧张的重要手段。用人单位应当采取有效措施，营造健康、安全、舒适的工作场所，明确界定劳动者工作责任和要求，让劳动者在工作方面有话语权，采取多种方式加强健康知识的宣传普及，为劳动者提供继续学习机会，提高劳动者的技术能力和健康素养，了解工作岗位存在的职业病危害，知晓防护要点及所采取的预防控制措施，增强自我防护意识，掌握应急处置知识和技能，开展有益身心的文化活动，及时了解劳动者的心理健康状况及其影响因素，开展心理健康援助服务，及时提供调适情绪困扰/心理压力的培训或实施员工援助计划，发现可能出现心理危机苗头的，应当将其从从事危险化学品作业的岗位暂时调离，并及时寻求专业人员的技术支持。

参考文献

[1] 于相毅，毛岩，孙锦业. 我国化学品环境管理的宏观需求与战略框架分析 [J]. 环境科学与技术，2013，36(12)：186-189，217.

[2] 中国石油和化学工业联合会信息与市场部. 2019年中国石油和化学工业经济运行报告 [EB/OL]. (2020-03-6) [2020-04-25] . http: //www. ccin. com. cn/detail/89cfdbc17bc9461f3990364e2e700310/news.

[3] 吕达. 世界化学品管理概述 [J]. 环境保护与循环经济，2014，34(12)：71-75.

[4] 吴起，汪丽莉，匡蕾，等. 人的不安全行为对高危行业从业人员安全评价的影响研究 [J]. 中国安全科学学报，2008(5)：28-35.

[5] 张舒，史秀志. 安全心理与行为干预的研究 [J]. 中国安全科学学报，2011，21(1)：23-31.

[6] 中华人民共和国应急管理部. 应急管理部办公厅关于河南省三门峡市河南煤气集团义马气化厂"7·19"重大爆炸事故的通报(应急厅函〔2019〕447号) [EB/OL]. (2019-07-25) [2020-03-02]. https: //www. mem. gov. cn/gk/tzgg/tb/201907/t20190726_325359. shtml.

[7] 米丰瑞，余金龙，李少翔. 事故致因链的分析与对比 [J]. 中国公共安全(学术版)，2014(1)：41-44.

[8] Shappell S，Wiegmann D. Applying Reason：The Human Factors Analysis and Classification System (HFACS) [J]. Human Factors and Aerospace Safety，2001，1：59-86.

[9] 周琳，傅贵，刘希扬. 基于行为安全理论的化工事故统计及分析［J］. 中国安全生产科学技术，2016，12（1）：148-153.
[10] Health and Safety Authority. Behaviour Based Safety Guide［M］. Dublin：the Health and Safety Authority，2013.
[11] Geller E S . Behavior-based safety and occupational risk management［J］. Behavior Modification，2005，29（3）：539-561.
[12] 贾文耀. 员工不安全行为的自我识别与防范［M］. 北京：人民日报出版社，2018.
[13] 张晓华，丁晓刚. 应用 HSE 观察改进安全管理［J］. 劳动保护，2011（1）：94-95.
[14] 李霜，张巧耘. 工作场所健康促进理论与实践［M］. 南京：东南大学出版社，2016.
[15] World Health Organization. Healthy workplaces：a model for action：for employers，workers，policymakers and practitioners［M］. Switzerland：WHO Press，2010.
[16] 职业健康促进名词术语［S］. GBZ/T 296—2017.

索 引

N

P

Q

R

S

Z